高也陶◎著

少男少女情综

中国华侨出版社

图书在版编目(CIP)数据

少男少女情综 / 高也陶著. — 北京:中国华侨出版社,2012.3
ISBN 978-7-5113-2141-1

Ⅰ.①少… Ⅱ.①高… Ⅲ.①青少年心理学 Ⅳ.①B844.2

中国版本图书馆CIP数据核字(2012)第008023号

● 少男少女情综

著　　者 / 高也陶
责任编辑 / 文　筝
装帧设计 / 回归线视觉传达
版式设计 / 大燃图艺
经　　销 / 新华书店
开　　本 / 710mm×1000mm　1/16
印　　张 / 17　字　数 / 220千字
印　　刷 / 北京高岭印刷有限公司
版　　次 / 2012年3月第1版　2012年3月第1次印刷
书　　号 / ISBN 978-7-5113-2141-1
定　　价 / 48.00元

中国华侨出版社　北京市朝阳区静安里26号通成达大厦3层　邮编：100028
法律顾问：陈鹰律师事务所　　编辑部：(010)64443056　　64443979
发 行 部：(010)64443051　　传　真：(010)64439708
网　　址：www.oveaschin.com　E-mail：oveaschin@sina.com

前言

　　1997年，时在上海第二军医大学东方肝胆外科医院，台湾润泰集团总裁尹衍樑先生正赞助医院建设新病房大楼，所以多有接触。谈到苏联解体颇有感慨。社会主义与资本主义两大阵营在军备竞赛中，不相上下。同样都冲出了地心引力，进入太空；爆炸了核弹，可以毁灭地球几十次。为何苏联一夜之间竟然解体。从科学研究上看，我个人认为苏联忽略了两方面的研究。

　　一是遗传学方面的研究。1948年8月召开的全苏农业科学院会议上，李森科宣读了经斯大林亲自审查修改并由苏共中央批准的大会报告《论生物科学现状》。他宣称，这次会议"把孟德尔—摩尔根—魏斯曼主义从科学上消灭掉，是对摩尔根主义的完全胜利，是具有历史意义的里程碑，是伟大的节日"。至今，俄罗斯等国在基因研究方面远远落后于其他国家。

　　一个是心理学方面的研究。马克思列宁主义是以唯物主义为核心理论与指导思想的。当西方社会被佛洛伊德带来的精神分析理论深深地震动，并在各个领域引发深远的影响和变革时，苏联人却视其为唯心主义，对人性的深入分析和解剖，显然对社会和人群的影响，具有不可磨灭的作用。作为社会学三大先驱之一的马克思，从来就是这么认为的：人首先必须满足本能的需求，然后才能讨论意识形态方面的上层建筑。

　　也许是我的幼稚言论，让尹先生见笑了。不日即遣其下属给我送了两大箱共63本书来，让我学习。其中主要是当时科学最前沿的基因研究，以及南怀谨先生的系列著作。当时南先生的书介绍到大陆来出版的还不多，都是台湾原版的著作。使我大长见识，眼界更张。

　　一晃12年过去，人类基因序列在2001年大白天下。人与香蕉的基因相同约50%，与老鼠的基因相同约90%，与黑猩猩相同达99.2%。该项目的领军人物文特尔（Venter）在研究完成后告诫世人：要避免两种错觉：1）决定论（Determinism），认为人的所有特征都是由基因决定的；2）简化论（Reductionism），以为我们可以用基因的理论来解释人类的各种特性，认为我们理解基因的功能和相互作用只是时间迟早的问题。"人类生物学的真正挑战，远远不止是发现基因怎样编构和维持我们不可思议的身体。我们的最终目标是，探索我们的思维怎样才能成功地组织起优秀的思想，以看清我们自身的存在。"

当代心理学对佛洛伊德的看法也渐渐冷却，他的理论许多地方似乎也不再符合事实。人们可能忽略了一个重要事实，心理学与社会的发展是相伴而行的。在佛洛伊德生活时期的社会与当今社会已经相去百年，基本不可同日而语。因此，心理学理论也应当发展。

现代心理学还能够接受的佛洛伊德的理论，大概也只有个性心理学（Personality psychology）和性心理的发展（Psychosexual development）。过去读书至此，总有疑问。从对婴幼儿的观察来看，前三期口腔（Oral）、肛门（Anal）与生殖器（Phallic）期与第五期的成熟期（Genital）似乎都能够成立，但是，第四期潜伏期（Latency）却是云里雾里，不知所云。

2009年8月，在网上与网友聊到但丁与《神曲》时，联想到Henry Holiday的那幅著名的油画（见封面），顿然开悟。1972年，因伤从建设兵团回泉州休养，读郑振铎的《文学大纲》，第一次看到书中的这幅插图时，当即在内心引发重大冲击，一直不能忘怀。至此，其中缘由，昭然而揭。

一幅画能够对百年后，不同文化的读者，影响长达三十多年不能消失和平静，绝不仅仅是画面人物、线条、光线和色彩所能够解释的。生于医学环境，长于医学氛围，学于医学院校，工作于医学单位的我，对生老病死，见多不怪，名利地位，过眼云烟，但知生命永恒，万法唯缘，有因有果，无一不爽。

前言

近百年前，佛洛伊德用俄狄浦斯（Odipus）、伊列克特拉（Electra）、那西索斯（Narcissus）、摩西（Mose）……等一系列古代神话传说或人物，以及著名的病案：安娜O（Anna O）、小汉斯（Litter Hans）……建立了精神分析的系列专业名词：恋父情综、恋母情综、自恋情综、父亲崇拜……似乎，我们也可以继续发扬光大。但丁（Dante）与贝雅特莉齐（Beatrice）的故事或许可以用来更进一步地表达个性心理学的第四期，乃至第五期。

因此，我把这个情综命名为但丁－贝雅特莉齐情综（Dante-Beatrice complex），或者少男少女情综（Boy-girl complex）。

虽然手头还有两本书在末尾阶段，还是一鼓作气把书的提纲写了出来，发给北京出版界的朋友高福庆。感谢他一直以来对我写的东西不断鼓励。高先生一收到我的提纲，马上给我发了短信，愿意帮助运作出版我的书稿。这下子，又给自己增加了许多工作。但是，该你完成的，你总是要完成的！

本书写爱情，写情综，写性，这是非常麻烦的事情。瓜田李下，桑间濮上，引出多少流言蜚语。李义山诗《有感》："非关宋玉有微词，却是襄王梦觉迟。一自高唐赋成后，楚天云雨尽堪疑。"因为有了巫山云雨的故事，人们一见风起云涌，多会生起无尽的风流联想。所以，谨把本书献给我最亲爱的太太吴丽莉，以免去后人的七猜八想。

顺便说一句，本书所述的故事发生于700多年前的佛罗伦萨。而佛罗伦萨于1980年2月22日与南京结成友好城市。能够在南京写成此书，也是大有因缘。

感谢所有爱我的和我爱的人，也感谢所有曾经影响过我的人。感谢南京明基医院给我提供研究的条件。感谢生命，感谢上苍。

高也陶
2010年12月于南京明基医院

目录

少男少女情综

前言 ……………………………………………………………… 1
第一章　绪论：性心理发展研究 ……………………………… 1
第二章　但丁与神曲 …………………………………………… 22
　　一、但丁生平简要和后人评论 …………………………… 23
　　二、政治家但丁 …………………………………………… 26
　　三、诗人但丁 ……………………………………………… 29
　　四、浪漫的但丁 …………………………………………… 31
　　五、《神曲》 ……………………………………………… 37
第三章　但丁与贝雅特莉齐：魂断佛罗伦萨 ………………… 46
　　一、贝雅特莉齐 …………………………………………… 47
　　二、《神曲》中的贝雅特莉齐 …………………………… 52
　　三、贝雅特莉齐的不朽 …………………………………… 59
第四章　佛罗伦萨：历史文化 ………………………………… 63
　　一、佛罗伦萨的地理 ……………………………………… 63
　　二、佛罗伦萨的历史和光荣 ……………………………… 65
　　三、佛罗伦萨的文化 ……………………………………… 72
　　四、但丁对佛罗伦萨的爱与恨 …………………………… 79
第五章　亨利·霍利代的油画：但丁邂逅贝雅特莉齐 ……… 89
　　一、前拉斐尔派 …………………………………………… 89
　　二、亨利·霍利代 ………………………………………… 95
　　三、油画：但丁邂逅贝雅特莉齐 ………………………… 98
　　　　1. 油画的表现 ………………………………………… 99
　　　　2. 油画的场景 ………………………………………… 100
　　　　3. 油画的人物 ………………………………………… 102
　　　　4. 油画的色彩 ………………………………………… 105
　　　　5. 油画的结构 ………………………………………… 110
第六章　红衣女子 ……………………………………………… 121
　　一、红衣女子 ……………………………………………… 121
　　　　1. 万娜夫人 …………………………………………… 121
　　　　2. 万娜与但丁 ………………………………………… 123

目录

少男少女情综

　　二、红衣女子的表现 …………………………… 125
　　　　1. 红色的心理学意义 ……………………… 126
　　　　2. 红衣女子的方位 ………………………… 128
　　　　3. 红衣女子表现的胴体 …………………… 131
　　三、宋玉：登徒子好色赋 ……………………… 138
　　四、少男少女情综之一 ………………………… 143
　　　　1. 定义 ……………………………………… 143
　　　　2. 性心理发展研究的背景 ………………… 143
　　　　3. 分析 ……………………………………… 149

第七章　蓝衣女子 …………………………… 153

　　一、蓝衣女子是谁 ……………………………… 153
　　二、蓝衣女子的表现 …………………………… 153
　　　　1. 蓝色的心理学意义 ……………………… 153
　　　　2. 蓝衣女子的方位 ………………………… 165
　　　　3. 蓝衣女子的含情脉脉 …………………… 165
　　三、秦观：两情若是久长时，又岂在朝朝暮暮 … 168
　　四、少男少女情综之二 ………………………… 170
　　　　1. 定义 ……………………………………… 171
　　　　2. 分析 ……………………………………… 171

第八章　白衣女子 …………………………… 176

　　一、白衣女子 …………………………………… 176
　　二、白衣女子的表现 …………………………… 176
　　　　1. 白衣女子服色的心理学意义 …………… 176
　　　　2. 白衣女子在画中的方位 ………………… 179
　　　　3. 白衣女子的美丽 ………………………… 179
　　　　4. 白衣女子的清高矜持 …………………… 182
　　三、陆游：山盟虽在，锦书难托 ……………… 187
　　四、少男少女情综之三 ………………………… 192
　　　　1. 定义 ……………………………………… 192
　　　　2. 分析 ……………………………………… 193

CONTENTS

目录

少男少女情综

第九章　黑衣男子 …………………………………… 198
- 一、黑衣男子 ……………………………………… 198
- 二、黑衣男子的表现 ……………………………… 199
  1. 黑衣男子服色的心理学意义 ……………… 199
  2. 黑衣男子在画中的方位 …………………… 200
  3. 黑衣男子的痛苦 …………………………… 201
  4. 黑衣男子与蓝衣女子 ……………………… 202
- 三、李商隐：无题：心有灵犀一点通 ………… 203
- 四、少男少女情综之四 …………………………… 208
  1. 定义 ………………………………………… 208
  2. 分析 ………………………………………… 208
  3. 但丁的爱情：骑士之恋 …………………… 209
  4. 但丁的爱情：柏拉图之恋 ………………… 216

第十章　少男少女情综 …………………………… 224
- 一、定义 …………………………………………… 224
  1. 少男少女情综之一 ………………………… 224
  2. 少男少女情综之二 ………………………… 225
  3. 少男少女情综之三 ………………………… 225
  4. 少男少女情综之四 ………………………… 226
  5. 人类大脑发育成熟的过程 ………………… 226
- 二、四位一体（Quaternity）…………………… 229
  1. 女性意向和男性意向 ……………………… 229
  2. 四元论和四位体 …………………………… 230
  3. 其他四元说 ………………………………… 234
- 三、自性与原型 …………………………………… 239
  1. 性欲与原始意向 …………………………… 239
  2. 自性与自我 ………………………………… 240
  3. 禅宗的自性 ………………………………… 241
- 四、意识：心理与生理 …………………………… 247
  1. 意识的传统概念和定义 …………………… 249
  2. 意识的特性 ………………………………… 250
  3. 人类历史事实 ……………………………… 255
- 五、潜伏期的通过 ………………………………… 256

第一章
绪论：性心理发展研究

奥地利医生佛洛伊德·西格蒙德（Freud Sigmund，1856～1939）1900年出版《梦的解析》一书时，可能没有想到，他创建的精神分析（psychoanalysis）会引发西方社会思潮一系列的重大改革，深入地影响了人类文明世界，并且如水落地，渗入到各个领域。一如他自己所评价的，人类对自身的认识，经历了三个重大的转折，而这三个转折是与三个人的重大发现相关的。

第一，哥白尼（Nicolaus Copernicus，1473～1543）。1543年，哥白尼的日心说使人类认识到他们所居住的地球不过是围绕太阳旋转的众多星球中的一个，并不像此前宗教所说，地球是宇宙的中心。

哥白尼的学说改变了那个时代人类对宇宙的认识，而且动摇了欧洲中世纪宗教神学的理论基础。由于时代的局限，哥白尼只是把宇宙的中心从地球移到了太阳，并没有放弃宇宙中心论和宇宙有限论。虽然哥白尼的观点并不完全正确，但

图1.1 临终的哥白尼[1]

是这一理论的提出给人类的宇宙观带来了巨大的变革。恩格斯在《自然辩证法》中评价哥白尼的《天体运行论》说："自然科学借以宣布其独立并且好像是重演路德焚烧教谕的革命行动，便是哥白尼那本不朽著作的出版。他用这本书（虽然是胆怯地而且可说是只在临终时）来向自然事物方面的教会权威挑战，从此自然科学便开始从神学中解放出来。"

凭借光学与数学的发展，使哥白尼得以较前人更精确地观测宇宙，最终提出地球是围绕着太阳旋转的日心说，与教会及《圣经》的说法截然相反。据说，1543年5月24日，刚刚印完的《天体运行论》送到因中风卧床很久的哥白尼面前，他用颤抖的手抚摸了自己终生心血凝就而成的著作后，就与世长辞了。

哥白尼之书震撼了整个神学世界。最耸人听闻的事件莫过于是意大利人布鲁诺（Giordano Bruno，1547～1600）之死。他是多明尼克派（Dominican）的教士，但极富反叛精神，是一个"狂热分子"。他从哥白尼的系统向外推展，否定了天球之说。他出版了《无限宇宙论》（Dell infinito Universo e Mondi），明白地主张：太阳是众多的恒星之一，地球亦是行星之一。他提出宇宙无限，没有中心，从而也否定上帝存在，更主张人类在宇宙中也不是唯一的。这种主张与当时教会对圣经的解读起了严重冲突。1592年5月23日，布鲁诺在威尼斯被捕，次年押往罗马宗教裁判所。据说布鲁诺还有一个身份是英国伊丽莎白女王的间谍。在长达七年的审讯中，布鲁诺坚持己见，于1600年被判火刑。布鲁诺听完宣判后说："你们宣判时的恐惧，甚于我走向火堆。"在刑场上罗马教廷再一次劝他忏悔，可以免刑。布鲁诺回答说："我愿意做烈士而牺牲。"从容就刑。

历史学家把16世纪至17世纪称作科学革命之世纪，伽利略（Galilei Galileo，1564～1642）被称作现代科学之父。1632年3月，伽利略发表了《关于托勒密和哥白尼两大世界体系的对话》，对地球中心说发起最后攻击。8月，教会下令禁书。伽利略于次年3月12日在罗马受到宗教审判。据说老人遭到严刑拷打，不得不签字抛弃哥白尼学说。6月22日，法庭判他终生监禁。据说这位70岁的老人听了宣判后喃喃自语："可是地球仍在转动！"1980年，罗马教廷正式宣布当年对伽利略的审判是错误的，这时地球又绕太阳转动了347圈。

伽利略与本书中的男、女主人公及他们生活的城市具有极深的渊源。我们将在后面的章节中提及。

中世纪的科学与现代科学大相径庭，是基于理性与信仰之上，其主要目的是要去理解事物的内涵与意义，而非预示和控制。中世纪的科学家探求不同自然现象背后的目的，考虑与上帝、人类灵魂及最高意义上的、与伦理有关的问题。

伽利略在现代科学中所起的作用是不可估量的。在经验主义方法和用数学描

第一章 绪论：性心理发展研究

述自然这两个方面，伽利略做了重要的开创工作，成为17世纪科学的开路先锋，至今仍是现代科学理论的重要奠基人。他第一个用数学语言将发现的自然规律以公式化，并与科学实验相结合。1623年，伽利略说："哲学，就被写在我们眼前这本巨大的书本——就是宇宙万物上，但是如果我们不先学会书写它的语言及符号，就无法理解它。这个语言就是数学，符号就是三角、圆和其他的几何图形。没有它们，人们无法理解世上任何一个简单的意义；没有它们，人们将在黑暗迷宫中徘徊。"

值得一提的是，伽利略在这里所说的哲学（Philosophy），就是后来人们所说的科学。国人从西方引进科学（Science）这一名词后，因为历史原因，对科学一词使用的范围远远超出了西方的概念。对西方人来说，生理学、医学和社会学都不属于科学的范畴。

图1.2 布鲁诺之死[21]

第二，达尔文（Charles Robert Darwin,1809~1882）。他的进化论使人类认识到自己只不过是从猿猴兄弟处进化而来的，比它们高尚不到几何。

1832年，年轻的查尔斯·达尔文以博物学家的身份参加了"贝格尔号"军舰为期五年的环球航行，当他在南美洲考察植物和动物种群时，收到了赖尔的第二部地质学著作。达尔文接受了赖尔对自然过程长期而缓慢作用的观点。

达尔文参加"贝格尔号"环球航行的关键性收获，是他对物种之间的微小差异的研究，尤其是在遥远的加拉帕戈斯群岛的一个岛上发现的物种与另一个岛上发现的物种之间的微小差异。在每个岛屿上，物种都是与邻近岛屿相隔绝而独立进化的。微小的差别可以在相似的环境中保存下来。

六年以后，达尔文读到马尔萨斯的《人口论》，其中关于人口压力和竞争的论述给达尔文重要启示。后来，他回忆道："……在为充分理解处处进行着的生存竞争作了充分准备以后，我从对动植物习性的长期、持续不断的观察中一下子便意识到，在这样的环境中，有利的变异将得到保存，而不利的变异则将被淘

图1.3　从猿到人[3]

第一章 绪论：性心理发展研究

汰。作为结果，将产生新的物种。这样，我终于得到了一种用以指导我的工作的理论。"[4]

这个理论就是今天众所周知的自然选择学说。这一学说以《物种起源》为名在1859年出版，距贝格尔号开始航行已是27年过去了。这一学说的主要论点是：偶然变异、生存竞争和适者生存。物种产生的偶然变异，由于生存竞争的压力，对物种有益变异的则保留下来，而不利变异的则自然淘汰，自然选择使物种进化。适者生存，不适者淘汰。

在《物种起源》中，达尔文还尽量避免提及人类。可是12年后（1871年），达尔文在《人类的遗传》中就人类的起源问题，作了透彻的论述。他力图证明：人类的祖先类人猿在自然选择过程中的缓慢进化，可用来说明所有的人类特征。人和大猩猩高度的相似性在当时已经受到了广泛注意。达尔文分析了人的直立姿势，较大的大脑体积和其他一些明显变化及产生的可能过程。达尔文始终认为，人类在道德和精神方面的能力只是在程度上，而不是在类别上不同于动物的原始感觉和交流的能力。

这样，人类与动物之区别没有了质的差异，而只有量的差异，使得上帝创造人的说法开始受到质疑与冲击。一直被视为神圣、至尊的人类自身的存在，也被纳入了受自然规律辖制的范围，并接受那些与说明其他生命类型的概念几乎完全相同的范畴的分析。自然是一种动态的过程，而非上帝创造的一种固定的等级森严的秩序。自然表现为一个有机体相互依存、相互作用的复合体。自然受到各种偶然性、随机性的创造和影响，而非遵循决定论。最后，自然包括了人类与文化。

哥白尼在天文学领域的贡献，使人所居住的地球不再是宇宙的中心。达尔文在生物学领域的贡献，使人在动物种群中的地位从特殊的超然于动物之外的、有着理智的存在，降到动物中一系列进化过程的最后一个环节。

其实，达尔文的进化论一直受到质疑，因为他不能解释在寒武纪断层里发现的五彩缤纷的生物化石。在中国云南省的澄江县发现的古生物群化石，"证实在距今5.4亿年~5.2亿年间，出现了地球上38亿年演化史上规模最宏大，影响最深远的生物事件——即'寒武纪生命大爆发'，在不到地球生命发展史1%的'瞬间'创生出了99%的动物门类，与达尔文所预示的生物演化模式完全不同，对达尔文物种起源中生物进化'渐变'论提出了挑战，揭开了前所未有的生命演化历史的序幕。'澄江动物群'的发现，为深入探索'寒武纪大爆发'提供了可能，被国际学术界称为'20世纪最惊人的发现之一'。"[5]

"澄江动物化石群和寒武纪大爆发"是中国2003年度唯一获得国家自然科学奖一等奖的项目。该研究成果证明了寒武纪确实存在"物种爆炸",而且不能用当代科学普遍认可的达尔文的进化论解释。那么可以用其他的理论,甚至是宗教观点来讨论吗?我们来看一下当代最为现代化高科技国家的美国的学者观点。

1925年,美国田纳西州德顿市的高中教师斯考普斯(John Scopes),因向学生教授进化论而被拘捕。1967年,田纳西州议会撤销了反进化论法案,实际上是为斯考普斯进行了真正意义上的平反。与达尔文进化论相对立的神创论,渐由"科学神创论"取代。1987年,路易斯安那州通过法律,要求在公共学校给"科学神创论"同等教育时间。但后来美国最高法院认定"科学神创论"是宗教,不能在公共学校作为科学理论传授,"同等时间法"也被判违宪。于是,又出现一种"智慧设计"(Intelligent design)论。2005年8月,美国已经有20个州准备立法挑战进化论教学,要求学校在讲授进化论的同时,应当由校长向学生宣读"进化不是事实,而仅仅是一种理论,大家要开明地对待它"。[6]著名的美国《时代》周刊杂志,以"进化论之战"作为封面报道。这一争论甚至将美国总统都卷入进去。[7]

2009年11月24日,是《物种起源》发表150周年纪念日。《物种起源》仍在遭遇诸多质疑和挑战。对进化论批评声音最大的是"智能设计论"的支持者,他们认为植物和动物的许多构造都具有超自然智能设计的、显而易见的标志。进化论与智能设计论之争表现为六个焦点问题。其中之一就是距今5.3亿年前寒武纪生命大爆发(Cambrian explosion),地球上在一个相对短的时间内突然出现了像捕食生物这样复杂程度前所未有的新物种。支持进化论的学者认为,所谓的寒武纪大爆发其实根本就不是"爆发"。古生物学家普罗特罗说:"它是具有30亿年历史的'缓燃引信',我们有化石记录证明这一点。此外,我们现在还有各种各样来自寒武纪大爆发前软体生物化石和只能在显微镜下看见的生物化石。你可以非常清楚地看到,结构复杂的生物体是如何从结构简单的生物体进化而来。"[8]但是,达尔文进化论的最大敌人不是神职人员,而是化石专家。在每个关键环节均缺少化石证据。[9]这足以见科学至今无法确定物种爆炸之谜。

作为人类思想对自身认识的第二个重要的里程碑,至今还在被热烈地讨论着。不管怎样,它毕竟是人类思想革命的第二个震动。实际上,这一震动还未到达极点时,人在自然界的位置又受到了第三次冲击。

第一章 绪论：性心理发展研究

第三，佛洛伊德的精神分析学说使人类知道自己的"无意识"中隐藏有大量不可告人、为社会伦理道德所不容的念头。

佛洛伊德主张应用建立在心理动力学理论基础上的精神分析理论和方法，来研究无意识领域中的心理冲突在疾病发生过程中的作用，强调人的内在矛盾或情绪紊乱是心理与行为变态的根源。20世纪，没有一门科学像精神分析这样几乎渗入到人类生活的每个领域，也没有一门科学像精神分析这样引起各方面的赞同与批判，褒贬之分，天上地下。

1856年5月6日，佛洛伊德出生于现在捷克一个小镇上的犹太人家庭。他的母亲是续弦，与丈夫年龄相差较大，21岁生下佛洛伊德。佛洛伊德从小对父亲就有敌意，父亲的葬礼也未参加。这些童年经历，对他日后研究精神分析学说都是十分重要的。根据专家们的说法，对佛洛伊德日后的事业较为重要的影响有：[10]

（1）最有意义的影响之一是生理学家霍尔姆赫兹。他在生理学实验中的巨大成就，使佛洛伊德接受了凡事必有因果的概念。

（2）达尔文在发生学方面的研究引导佛洛伊德注意到了生理和个体发生学之间的关系。

（3）莎士比亚和哥德的著作。

（4）犹太民族的传统。

（5）生活环境。佛洛伊德绝大多数时间住在维也纳。在维多利亚时代生活的环境下，禁欲主义是时代的一个特征。

图1.4 休闲的佛洛伊德

1885年，佛洛伊德到巴黎拜著名精神及人脑科学家 Charcot 为师，并受到 Charcot 研究歇斯底里症（hysteria）的影响，开始了他关于早期或童年创伤经历和情绪病的研究。其首个研究个案是联同Josef Breuer完成，病人化名Anna O 的病患记录。他们初期利用催眠和谈话疗法（Talking cure），为心理病患者提供了解心灵困扰的技术。后来，鉴于催眠虽然可以发现病患者在过去经历的创伤片断，但却无法为病者带来治疗的方法，佛洛伊德开始建立另一套无意识理论。

1909年，在美国麻萨诸塞州的克拉克大学，佛洛伊德作了一个具有历史意义的、非同反响的讲座"精神分析的起源和发展"。不仅引起世界范围的轰动，而且在美国建立起了精神分析学说。讲课的材料在1919年公开发表，并附了一篇《精神活动的历史》，标志着精神分析运动的第一个阶段的结束。这个阶段以产生了某种基本的性特征的本能结构学说为基础，清楚地表达了无意识动力理论，带着不同的隐藏倾向的、复杂的相互作用被综合到丰富的心理类型之中。

在第二阶段，佛洛伊德科学地提出了新的个性理论，就是上面所提到的由本我、自我和超我三种本能组成的个性结构。而在临床上，佛洛伊德在其心理治疗的过程中，明确提出移情（Transference）概念，成为心理治疗的中心。精神分析理论渐渐在欧洲、美国传播开来，成为心理学主要学说。同时，佛洛伊德将人类个性理论的发展向不同的文化现象中渗透转化。一时间，艺术、宗教、历史以及许多其他领域都树起了精神分析旗帜，使精神分析成为当代世界观中最为有意义的形象。

后人把20世纪之初佛洛伊德创立的精神分析称作"运动"，是因为这一理论掀起了一场人类对自身认识的革命和重新判定。虽然，一开始这一运动的先驱们就吵吵闹闹地各树旗帜，自立山头，但对复杂人性深层次的分析、演绎、归纳却都是万变不离其宗。

精神分析运动的轰动效应，有点儿像昙花一现。佛洛伊德的支持者、同事、学生，最后一个个离他而去。荣格（Jung G）、阿德勒（Aoller A）、弗朗兹（Ferenczi S）、斯特克（Stekel W）、栾克（Rank O）、霍妮（Horney K）、亚力山大（Alexander F）、孟宁格（Menninger K）、琼斯（Jones E）、格劳弗（Glover E）、克莱恩（Klein M）、苏利文（Sullivan H）等，这些精神分析学的先驱们最后都各自创立学派。包括佛洛伊德自己，也一直在修正自己的学说。直到1983年，美国精神治疗的学派已达169个。

佛洛伊德从始至终坚持把精神分析作为一种科学原理来建立，坚信它可以区分所有其他自然科学的有机原理，可以用来研究人类精神的结构与功能。虽然至今这种用自然的单位来表达心理学还有相当过程，但他反复强调精神分析来自自

第一章 绪论：性心理发展研究

然科学的学说，尤其来自物理学和医学。虽然他是从心理学来探讨精神病学，但不管是理论上还是实践上，他仍然是在生物医学模式的影响之下。

1896年，佛洛伊德写出《科学心理学规划》。这个规划一直到1950年才出版，完全是以赫尔姆霍兹和布吕克的原则为基础。[10] 佛洛伊德一开始就写道："本规划旨在用心理学理论把我们武装起来。心理学必将成为一门自然科学。也就是说，它的目的是要展现心理过程，而这一过程表现为可以详加枚举的物质微粒的定量形态，心理学就是要毫不矛盾地解释它们。"接下去心理学被描绘为"处于大脑心理学外衣之下"。尽管后来引起争论，但这一《规划》被看成极为重要的"神经心理学"文献。[11]

从精神分析的结构、功能、分析，可以明显看出佛洛伊德是以牛顿机械主义的方法来阐述和建立精神分析学的。佛洛伊德一生著作等身，其精神分析理论也在不断地变动修正之中，且包罗万象。现在经常被人们提及并为较多人所接受的，大概有以下几个方面：

1. **释梦：**

佛洛伊德认为梦是一种心理现象，梦是一种潜意识的表现，因而可以通过一定的规律解释梦境，并把梦境分成各种潜意识的元素。释梦可以遵循三种规律：

A. 摒弃梦的表面意义，探求其隐含的潜意识。

B. 不必考虑替代其意义的观念是否合适或离梦的表面意义是否太远。

C. 耐心等待我们所要寻求的隐含的潜意识自然出现。

佛洛伊德发明了自由联想作为精神分析的工具，以揭示和渲泄压抑的无意识。

2. **意识的层次：**

佛洛伊德把意识（Consciouness）分成三个层次：意识（Conscious），外表显现的内容，如思想概念；前意识或亚意识（Preconscious or subconscious），经过删减的继发表象，如记忆、存储知识；无意识（Unconscious），未知的、被压抑的内容，如恐惧、暴力、自私的需要、羞耻的体验、不可告人的欲望等。

无意识也称潜意识，是指那些在正常情况下根本不能变为意识的东西。比如，内心深处被压抑而无法意识到的欲望就像一座冰山，露出水面的只是一小部分（意识），但隐藏在水下的绝大部分却对其余部分产生影响（无意识）。佛洛伊德认为无意识具有能动作用，它主动地对人的性格和行为施加压力和影响。佛洛伊德在探究人的精神领域时运用了决定论的原则，认为事出必有因。看来微不足道的事情，如做梦、口误和笔误，都是由大脑中潜在因素决定的，只不过是以一种伪装的形式表现出来。

佛洛伊德认为人的心理状态就像漂在大海上的冰山。表面看到的那一小部分是意识，海水下面是前意识，再下面是无意识。无意识的部分最大，同时构成心理结构的本我（Id）部分。前意识以上属于超我（Superego）部分，而自我（Ego）却根据不同的场合需要而任意漂浮。

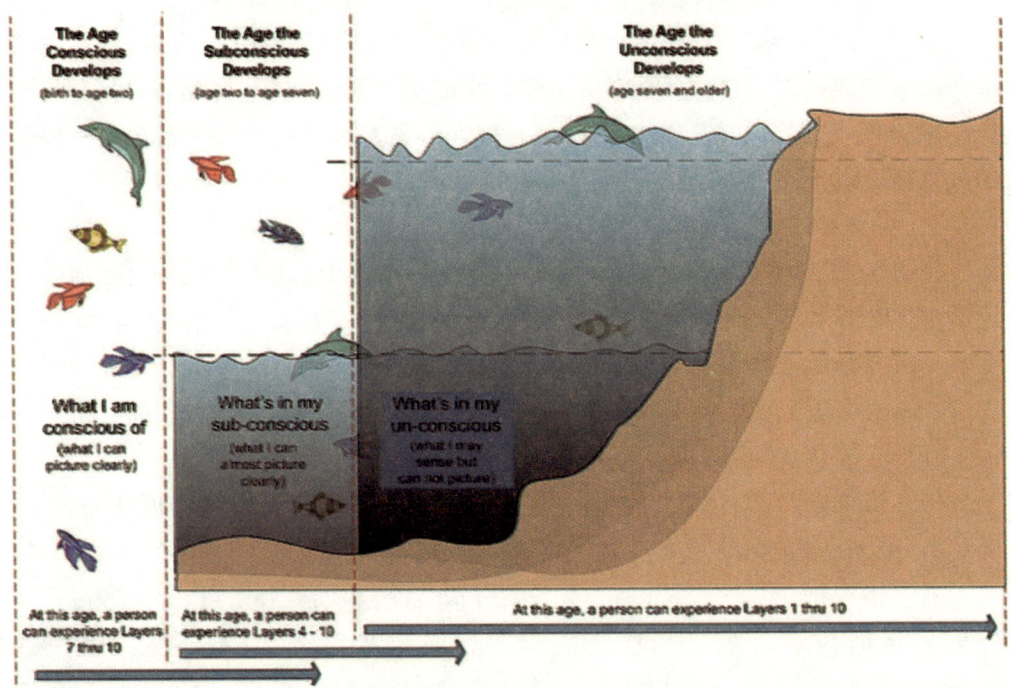

图1.5　21世纪学者们对意识层次的阐述[12]

佛洛伊德第一次用地形图（Topographical model）的概念阐述了意识的层次。21世纪的学者在佛洛伊德的基础上，又将三个层次分成十级。[12]如图1.5。

图1.5由三幅图组成。图的右侧海水层次图，是通常的表达。海面上是意识，可以清楚地表达；海面下是亚意识或前意识，如鱼翔浅底；海水深层是无意识，可以感觉但无法说出，甚至是毫无感觉，更无法表达。

图1.5的左侧图为出生后到两岁时的个性发展，是意识形成的时期，是海水

第一章 绪论：性心理发展研究

的最上层。可以清楚地看到水中来回游荡的鱼儿。这一时期中，个体形成意识的第十层到第七层。

第十层：最佳联系层（Divine connections），也许还可以译作"神明联系层"，是最高等级的意识。对于具有宗教信仰者来说，这个层次有其特殊的含义。

第九层：个人联系层（Personal connections）。在此层，意识略少。

第八层：孤独层（Layer of aloneness）与前两层相比，甚至与所有其他层次相比，此层经验最少，也是最痛苦的层次。

第七层：需要层（Layer of need）。这一层是我们最痛苦的完全反应，使我们感受与爱分离的痛苦。在这一层，我们需要爱，我们相信只有这样才能够解脱痛苦。

图1.5的中间图为出生后到七岁时的个性发展，是意识和前意识形成的时期。意识的形成由出生后到两岁，前意识的形成是两岁后到七岁。图中海水代表意识与前意识。值得注意的是，在此，前意识与意识的形成无绝对的界限。在这里，意识的层次一共是六层。上面四层：第十层到第七层如上所述，第五、六两层为前意识层。

第六层：阻断层（Layer of blocks）。两到七岁间，生活中发生的痛苦悲伤的事件，使个体渐渐形成是非与好坏观念，逐渐形成判断事物的能力，甚至可以由"因"及"果"。这些能力很可能仅是模糊的，就像用眼角的余光视物，或者像梦中模糊的影子。

第五层：症状层（Layer of symptoms）。在父母的强化下，社会的道德观念逐渐形成，对自然世界的认识也开始不断地增加，个体逐渐学会如何规避自己不喜欢、不愿意发生的场景，对生活有自己的选择。

图1.5的右侧图为出生后到十岁时的个性发展，是意识、前意识和无意识形成的时期。意识与前意识已如上述，即图1.5的左侧和中间图。个体从七岁到十岁，逐渐开始形成无意识，即意识的最下面的四层。个性的所有基础都存在于最下面的四层。这些层的一个核心所在就是"归咎"，或者说是归责与怪罪的渊源。

第四层：原始归咎层（Layer of uncivilized blame）。此层与个体本能欲望的受限制相关。

第三层：时代局限归咎层（Layer of time limited blame）。此层与个体生存时代的限制相关。

第二层：文明归咎层（Layer of civilized blame）。 能见度降低。在这一层，我们对事物的绝大多数的感觉或理解是无意识的，是看不见的。

11

第一层：自身不存在层（Layer of personal non-existance）。能见度最低的层次。在这一层，我们对事物的感觉或理解是无意识的、几乎看不见的。

需要提醒的是，这四个层是相互渗透，无绝对分隔的。个性的最原始的神识的显现都在无意识层。成年后的许多精神问题，都是在这些层面受到的伤害造成的。其特征是：

（1）我们所经历的一切感觉、理解、判断和识别力都起源于此，所有性格产生的缘由都根基于我们一生经历中所体验和认知的因果关系。

（2）个性的第一到第四层存在于整个无意识层，与精神状态相关。

（3）这一"无意识"状态是我们所有伤害再体验的精神状态。

（4）这就使同一经历造成两种结果：伤害再体验和归咎（Blame）。事实上，归咎是一种涉及到逻辑受害的方式，是人们在生活中对可见的阻碍状态的反应。换句话说，就是当我们利用"逻辑推理"来决定我们行动时的一种方式。而"逻辑推理"就是一种归咎。

简单地说，人类个性的最下面的四层被称为"无意识"的精神水平。而且，这四层各有其不同的面貌，以期避免我们曾经的伤害再发生。

佛洛伊德的无意识理论，对20世纪人类文化有划时代的意义。它对"人"的观念影响巨大。有人说，20世纪有关探讨"人"的名家名著，几乎都是"踩"在佛洛伊德的肩上的。佛洛伊德的无意识学说对20世纪对"人"自身探讨的推动作用，有学者作了形象而中肯的说明："谁想在今后3个世纪内写出一部心理学史，而不提到佛洛伊德的姓名，那就不可能是一部心理学通史。"[13]

3．个性的结构

个性的结构由超我（Superego）、自我（Ego）和本我（Id）组成，与个性发展中的意识、前意识和无意识也是有所相关的。

超我基于道德行为的基础上，协调本我与自我，大多数时间支持后者对前者的控制，有时也支持前者对后者的反抗，是高层次的控制，属于意识范畴。

自我是一种意识与前意识的功能，但不完全是精神功能，表现为一种情绪、思想和逻辑，以令本我在社会允许的范围内表现。

本我是一种完全无组织的、原始的储藏能量，受本能驱动，在原始过程表达之下，受到自我的压抑，无法表现，常存在于一种无意识状态下。

第一章 绪论：性心理发展研究

4. 生与死的本能

生命体内有着生与死的本能，两者相互作用、相互影响。

生的本能（Eros）→	原则→	死的本能（Thanatos）
↓↓↓		
性的本能（Libido）→	本能→	侵犯本能
↓↓↓		
原始自恋（Narcissism）→	原发→	原始破坏性（原发受虐狂）
↓↓↓		
客观本能→	客观指导→	侵犯
↓↓↓		
继发自恋→客观本能再投射于自身 →	继发→	继发破坏性→受虐、侵犯投射于自身

图1.6 自恋－水仙花

自恋（Narcissism）是佛洛伊德取自古希腊神话中的人物来命名的一种个体本能的心理状态。美男子那喀西斯（Narcissus）因为拒绝了山林女神伊柯（Echo）的绝望求爱，中了她的咒语，只爱他自己。他每天只顾对着自己水中的倒影，不吃不喝，一直到死。现在，自恋一词更多地成为一种心理紊乱症状的命名。[14]

5．性心理发展分期

佛洛伊德认为在不同的年龄，性心理的需要可以定位在人体不同的部位。他将其分为五期：A.口腔期（Oral），出生至1岁；B.肛门期（Anal），1～3岁；C.阴茎期（Phallic），3～7岁；D.潜伏期（Latency），7～13岁；E.生殖器期（Genital），青春期。详见表2。

在以上各期中，性的欲望过分满足或不足都将引起个体成年时的心理问题。

1935年，佛洛伊德在为他的自传（1927年首版）写补记时说："我的自传有两个主题贯穿于始终，即我个人的经历和精神分析学的历史。这两条线是互相交织、密不可分的。这本自传既展述了精神分析学如何占据我的全部生活，又如实地告诉人们，我个人生活中没有任何其他经历能够超越我和精神分析学的关系。"[15]

佛洛伊德继续说："我这辈子沿着自然科学、医学和精神疗法绕了一个圈子，最后兴趣又回到了早年刚能思考问题时就使我为之入迷的文明问题上。1912年，在我的精神分析学研究处于巅峰期时，我就已试图在《图腾与禁忌》中用精神分析学的新发现去探讨宗教与道德的起源。后来，我在《幻觉的未来》（1927年）和《文明及其不满》（1930年）两篇文章中，把这一工作向前推了一步。我更加清楚地看到，人类历史中的重大事件，即人性、文明的发展和原始经验的积淀（宗教便是最明显的例子）三者之间的相互作用，只不过是精神分析学在个体身上所研究的自我、本我和超我三者动力冲突的一种反映，是同过程在更广阔的舞台的再现。在《幻觉的未来》中，我对于宗教基本上做了否定。不久我又找到一个更适合于宗教的公式。尽管宗教的力量来自它所包含的真理之中，然而那种真理并不是一种实体的（Material）真理，而是一种历史的（Historical）真理。"[15] 佛洛伊德在1927年写的《幻觉的未来》，遭到宗教界的强烈谴责。佛洛伊德认为，单靠愿望和恐惧的心理动机就足以形成宗教的信仰，尤其是对上帝永恒的信仰，根本不需要求助于什么超自然的力量。

佛洛伊德在生命中最后五年的大部分时间，把《摩西与神教》写了又写。该书在他逝世前几个月才得以发行。这是一本想象力极为丰富的书，把犹太教，同时也是基督教的伟大先知摩西推论为埃及人，被犹太人杀害。据说这一说法令许多犹太人无法接受。实际上，反过来也可以用佛洛伊德自己开创的精神分析学来对他进行分析：佛洛伊德深深爱恋着摩西，同时更爱的是摩西的宗教。佛洛伊德还曾专门写过一篇论文《论米开朗基罗的摩西》，对米开朗基罗雕塑的摩西像进

第一章　绪论：性心理发展研究

行了详细的分析。在论文的一开头，佛洛伊德就说："我并不是一个在行的艺术鉴赏家，不过是个门外汉。我常常注意到，艺术作品题材比形式和技巧因素对我具有更强烈的吸引力。尽管在艺术家们看来，后者的价值是重要的，它远在题材之前。"

佛洛伊德自认被摩西这一题材所吸引，而这种吸引用佛洛伊德最著名的"俄底浦斯情结"来解释可能是再好不过的。这不是一般的恋父，而是恋着宗教之父。佛洛伊德在文中继续写道："于是，这一有着极大肉体力量的巨大形体，便只是具体地表达了人所可能达到的最高的精神境界，即他为之献身的事业。为了这一事业，他同内心的感情进行着殊死的搏斗。"[16] 这可能也是佛洛伊德自己内心的写照：宗教先知的献身精神在召唤着他。

在佛洛伊德的学生与同事中，最早响应佛洛伊德的是荣格，走得最远的也是荣格。荣格先是反对佛洛伊德把性欲作为精神紊乱的关键因素，最终对科学方法失望而回复到古代信仰中，如巫术、炼金术、神秘主义。[17] 但荣格自己说："心理结构的理论不是来自童话和神话，而是植根于医学心理学的研究领域，植根于这领域中进行的经验主义的观察之中。它只是间接地通过比较象征的研究，在远离普通医疗实践的领域中获得进一步证实而已。"[18]

佛洛伊德器重荣格，称他为"我亲爱的儿子"，认为"当我所建立的王国被孤立的时候，唯有荣格一个人应该

图1.7　佛洛伊德（站立者）和荣格。佛洛伊德为首的"精神分析学"（Psychoanalysis）和以荣格为首的"分析心理学"（Analyticalpsychology）对梦境的解释各有千秋。

继承它的全部事业"。1911年，佛洛伊德不顾其他人的反对，推荐荣格担任了国际精神分析学会的第一任主席。但是，事实上荣格从一开始就倾向于把力比多（Lbido）看成是一种创造性的、指向未来并不可破坏的生命力，可以被导向不同的方向，性不是它唯一的、甚至也不是主要的形态。从东西方文化角度看，佛洛伊德代表着当时西方的主流文化，而荣格的理论体现着一种东方文化的精神。按照荣格的理论，灵魂本身只是个性对于无意识的反映，包括男性（Animus）和女性（Anima），以及个人或个人对外部世界的反应。人们对荣格的批评可能不少于对佛洛伊德的批评，但专家认为："部分过错应该归于荣格自己。他行为散漫，常常使人难以追随其思路。因为他的文章在人们知道不多和兴趣不大的题目上有着渊博的学识，这也使许多读者望而却步，不敢问津。"[17] 在20世纪70年代，西方学者渐渐开始注意荣格了。他的某些看法成为现代思想中最重要的基础和推力之一，很值得人们深思。

佛洛伊德的大多数事例取自病例或原始宗教，除了摩西。他几乎没有提及西方传统中的伟大圣人，他所攻击的大多是歪曲了的圣经宗教。在这里，自然主义信徒和有神论信徒之间的分歧，基本上不是一种科学与宗教间的争议，而是两种根本不同的信仰之间对宇宙性质和人类生命意义的两种解释之间的争议。但作为对宗教的总的解释，他的理论用一致性、综合性、证据的充足性这些标准来衡量时，便显示出严重的缺陷。这大概也是为什么精神分析学说有那么多不同派别的原因吧。

西方近代性医学的研究一直以佛洛伊德为先驱，以1905年出版的《释梦》和《性学三论》为标志。性的科学研究史始自1905年，佛洛伊德（Freud）出版《梦的解析》开始的精神分析运动，然后是霭理士出版《性心理学》。1910年以后，希尔西斐尔德发动德国性改革运动。1930年起，米德对性进行了人类学研究。20世纪30年代末期，金赛开始调查人类性行为，至1950年前后出版专著。20世纪60年代后期，马斯特和约翰森进行了性唤起和性无能研究。1970年，莫奈研究了性定位的错误。20世纪70年代初，性研究开始了社会心理和实验的研究。20世纪80年代初期，AIDS爆发引起了广泛的研究。20世纪90年代起，人们开始了现代的性综合研究。

1997年综合整理汇编，名为《人和动物的性唤起、高潮和女性射精》的性学研究的加注的文献目录，也是以佛洛伊德1905年出版的《性学三论》为标志。书的内容中前60年均与上述相同，但从20世纪60年代开始转向了生理学，最后转向了生理学乃至解剖学的研究。[19]足见性心理学的发展趋势。

第一章 绪论：性心理发展研究

20世纪50年代，弗洛姆（Erich Fromm，1900～1980）对佛洛伊德的心理学理论和马克思的社会学理论进行了深入的研究。他认为佛洛伊德理论帮助他理解了个体的人格，卡尔·马克思的理论解释了社会政治的影响。

弗洛姆的理论后来被称作新佛洛伊德主义，批评佛洛伊德把人类意识看作是两极之间的斗争是片面和狭隘的。他认为佛洛伊德早期与后期的理论大不相同，以第一次世界大战为界限。在第一次世界大战前，佛洛伊德把人类的心理驱动力看作是欲望与有压抑之间的张力；而在战后，他却认为人类的心理驱动力是泛生物学的（Biologically-universal）生存与死亡、爱神与死神（Eros and Thanatos，如上所述）之间的斗争。

弗洛姆认为，佛洛伊德精神分析学的片面性在于把人性片面地归结为饿、渴、性等生物需求，而实际上人性中还包含着属于社会过程的产物的需求。社会过程创造了人，也创造了人的需求。这里的社会需求是指人的逃避孤独、寻求与他人建立关联的需求。

弗洛姆综合了佛洛伊德的精神分析理论和马克思的人本主义观点，形成了他的社会文化人性观。他反对佛洛伊德主张的人性决定于性冲动和个人潜意识的内在动力，强调人的性格是社会文化的产物，但人性并非为社会文化塑造，人性中亦有独立一面。在弗洛姆看来，马克思主义在实质上是一种人道主义，马克思主义和佛洛伊德的思想有"共同的基础"。他称"怀疑、真理的力量和人道主义是马克思和佛洛伊德著作中的指导原则和动力"。他试图找出佛洛伊德学说中那些仍然闪烁着光辉的思想和那些需要修正的论断。弗洛姆思想的特色便是企图调和佛洛伊德的精神分析学跟马克思的人本主义学说，其思想可以说是新佛洛伊德主义与新马克思主义的交汇。[20]

弗洛姆认为爱是一门艺术，要求人们有这方面的知识并付出努力。对人类来说最大的需要就是克服他的孤独感和摆脱孤独的监禁。只有通过真爱才有可能达到这一目的。真爱的基本要素首先是"给予"而不是"得到"。"给予"是力量的最高表现。恰恰是通过"给予"，自我才能体验"我"的力量、"我"的"富裕"、"我"的"活力"。除了给予的要素外，真爱还有一些其他的基本要素。这些要素是所有爱的形式共有的，那就是：关心、责任心、尊重和了解。因此，弗洛姆把爱分成四大类：成熟的爱、亲子之爱、自爱与性爱。弗洛姆与佛洛伊德的"爱"的对比见下表。而本书所要讨论的主题与弗洛姆"关心与给予的爱"这一主题十分相近。[21]

表1　佛洛伊德与弗洛姆爱欲（Love）观的不同

佛洛伊德	弗洛姆
爱是性欲的表达。	爱是努力克服人性原始的孤独本性。
爱是释放性张力的一种努力。	人通过爱成为人类。
自我的爱（love of self）与利他的爱（love of others）是不相容的。	如果我们不爱我们自己，就不可能爱他人。
爱是自私的过程。	爱是关心和给予的过程。

美国出版的《20世纪人类全纪录》把《梦的释义》的出版作为20世纪的开端，把精神分析理论的问世当作一个划时代的标志。从此人类对自身的探索进入了一个新阶段，所以有些西方学者把20世纪称之为"精神分析的世纪"。《梦的释义》出版100年来，人们对精神分析学说毁誉参半，研究佛洛伊德的著作就达几千部。经过100年的洗礼，佛洛伊德的思想价值不但没有减弱反而增强了。因此要摆脱以往人们对佛洛伊德的错误认识，强调个人对佛洛伊德原著的特殊理解，并把这种理解与当代学术界的研究成果结合起来是十分必要的。首先，佛洛伊德不仅是一个精神病学专家，更重要的是，他作为一个人文科学思想家在历史上留下了宝贵的精神财富。当前，仅美国心理治疗的流派就有近200种。实际上佛洛伊德的思想已经渗透到当今世界的所有领域。

现代心理学还能够接受的佛洛伊德的理论，大概只有个性心理学（Personality psychology）和性心理的发展（Psychosexual development）。过去读书至此，总有疑问。从对婴幼儿的观察来看，前三期口腔（Oral）、肛门（Anal）与生殖器（Phallic）期似乎都能够成立，但是，第四期潜伏期（Latency）与成熟期（Genital）却是云里雾里，不知所云。

在上述性心理发展的五期中，我们可以看到口腔、肛门、性器与生殖期都是人类的生物本能的表现、成熟与发展，而潜伏期则是含糊的、非生理的、不明确的，这一期的本能如何表现、如何成熟、如何发展，基本是个谜，是一个未被深入研究的领域。在表2中，潜伏期性欲休眠，因此，其固着的后果是一空白。但在人体发育和成长中，是不可能存在这样的空白的。本书的目的就是要填补这一空白。

表2　佛洛伊德性心理发展模型

阶段	年龄	性感带	固着的后果
口腔期	0-18个月	口	口腔主动：口香糖、笔尖 口腔被动：吸烟/吃/接吻/口交/舔阴
肛门期	18-36个月	肠和膀胱排泄	忍便：迷恋组织或过分整洁 恣意排便：不计后果，粗心，挑衅，紊乱，粪便嗜好症
性器期	3-6岁	生殖器	恋母情结（男孩） 恋父情结（女孩）
潜伏期	7 - 13岁	性欲休眠	
生殖期	13岁以上	性成熟	性冷淡、阳萎、人际关系失调

　　本书按照佛洛伊德创立的精神分析的方法，利用典型个案，对其进行传统文化、历史发展、社会结构的深层分析，来理解和归纳人类生理与心理的内在规律。这一典型个案就是中世纪著名意大利诗人但丁与贝雅特莉齐的恋爱故事。分析从1883年英国画家亨利·霍利代（Henry Holiday）表现这一故事的著名油画（见封面）入手，逐一展开，以期表现少年男女在这一时期性心理的发展模式。

　　我们用但丁的著名诗句结束本章。《神曲》中地狱之门上铭刻着：

　　　　　　　　我永存不朽，
　　　　　　　　我之前，万象未形，
　　　　　　　　只有永恒的事物存在，
　　　　　　　　来者啊，快将一切希望扬弃！

参考文献：

[1] Wikipedia.Nicolaus Copernicus. http://commons.wikimedia.org/wiki/File:Death_of_Nicolaus_Copernicus.PNG

[2] Giordano Bruno http://oxfordseo.com/blog/?p=292

[3] 巴伯IG.科学与宗教.成都：四川人民出版社，1993

[4] 生命新闻. http://life.91sqs.com/uploads/090213/090213/%E8%BE%BE%E5%B0%94%E6%96%87%E8%BF%9B%E5%8C%96%E8%AE%BA_opt.jpg

[5] 2003年度报告："澄江动物化石群和寒武纪大爆发"取得重大理论突破. http://www.nsfc.gov.cn/nsfc/cen/ndbg/2003ndbg/02cgxl/006.htm

[6] 布什总统发动"起源大战" http://www.shunz.net/tag/%E7%94%9F%E7%89%A9%E8%BF%9B%E5%8C%96%E8%AE%BA/

[7] Wallis C. The Evolution Wars.TIMESAug. 15, 2005.

[8] 进化论之争六个焦点：寒武纪大爆发.http://tech.sina.com.cn/geo/science/news/2009-11-25/1045122.shtml

[9] 黎群武.进化论在古生物学上的缺环.医学与哲学，2010，31（11）：19～21

[10] Freedman, A.M. et al. ed. Modern Synopsis of Comprehensive Textbook of Psychiatry/Ⅱ.2nd ed. Baltimore, The Williams Wilkins Co. 1977

[11] 彼德·福勒.艺术与精神分析.成都：四川美术出版社，1987

[12] The Conscious, Subconscious, Unconscious: A New Look at an Old Metaphor.http://theemergencesite.com/Theory/Consciousness-Subconsciousness-2.htm

[13] E.G.波林.实验心理学史，北京：商务印书馆，1981.第814页。

[14] Wikipedia. Narcissism. http://en.wikipedia.org/wiki/Narcissism

[15] 佛洛伊德.佛洛伊德自传.上海人民出版社，1987

[16] Ehrenwald, J. ed. The History of Psychotherapy. Northvale, NJ. Jason Aronson Jne. 1991

[17] 霍尔等著.荣格心理学入门.北京：三联书店,1973

[18] 荣格（刘国彬，杨德友译）. 自传：回忆，梦，思考. 上海：三联书店，2009.

[19] An Annotated Bibliography on Sexual Arousal, Orgasm, and Female Ejaculation in Humans and Animals.

http://userwww.service.emory.edu/~kim/orgasm.html

[20] 心理学名人词典.弗洛姆.（2006-03-01）[2009-11-29] http://www.xlzxs.com/person/f/Fromm.E.htm

[21] 百度百科.http://baike.baidu.com/view/249651.htm

第二章

但丁与神曲

如果我们不知道但丁的故事，我们将无法展开讨论。所以，在上一章绪论中开宗明义地说明我们要讲述的题目后，必须再把但丁的故事阐述一番。

《但丁传》包括两部传记。一是大名鼎鼎的薄伽丘（Giovanni Boccaccio，1313～1375）的大作，一是布鲁尼（Leonardo Bruni，1370～1444）的著作。薄伽丘写的传记有十七章，文采缤纷，热情洋溢。[1]布鲁尼写的传记只有两章，朴实简略，平淡实在。该传记的第一章只是简单评论了薄伽丘所写的但丁传记，第二章才是正文，记录了他所知道的但丁。[2]

薄伽丘7岁时，但丁才去世。可见他是读但丁的文章长大的。但丁、薄伽丘和彼得拉克（Francesco Petrarca，1304～1374）被称作意大利文学三巨匠，薄伽丘还被誉为"意大利散文之父"。薄伽丘的《十日谈》在世界文学领域的声望，可能并不弱于但丁的《神曲》，在西方社会几乎一直是像中国的《金瓶梅》那样的禁书。评论家说，薄伽丘"对但丁的心仪和崇拜与对周围人的冷漠形成了巨大的反差。正像太阳下的金子会发出耀眼的光芒那样，但丁的创作越是像一条光线般地直泻而下，薄伽丘的心也就越来越激荡不已，终于狂热。薄伽丘一生都摆脱不了道德、女性和古典学这三大情绪的纠缠。"[3]

布鲁尼5岁时，薄伽丘去世。据说他是一位掌管佛罗伦萨宣传的文化官员。按照布鲁尼在他的《但丁传》中所说，他与但丁的后人有交情。他对但丁的描述与薄伽丘所述似乎是在描写两种不同性格的人，至于恋爱，乃至对贝

图2.1 但丁死后的面部拓模

雅特莉齐情有独钟一说,更是不值得一提。今天读来,一个很深的印象和感觉是,布鲁尼可能受到但丁后人的邀请,或是他本人对薄伽丘论述的不满,特别著书,以正视听。

图2.2　但丁画像

但是有一点可以肯定,薄伽丘和布鲁尼对但丁都是相当熟悉的。薄伽丘几乎与但丁生活在同一个时代,是但丁的儿子辈;而布鲁尼则是但丁的孙子辈。我们现在来看一下两种不同面貌的但丁。

一、但丁生平简要和后人评论

但丁全名为但丁·阿利吉耶里(Dante Alighieri,1265～1321),意大利诗人,现代意大利语的奠基者,欧洲文艺复兴时代的开拓人。恩格斯评价说:

"封建的中世纪的终结和现代资本主义纪元的开端,是以一位大人物为标志的,这位人物就是意大利人但丁。他是中世纪的最后一位诗人,同时又是新时代的最初的一位诗人。"

2006年出版的一部著作评价在现代与古代的界限之间,只有但丁和莎士比亚,找不到任何第三人可以与他们两人齐肩并坐。[4]

图2.3　佛罗伦萨但丁博物馆门外的但丁雕像

2005年,英国著名的科学杂志《自然》刊登了一篇文章:伽利略在1632年,曾经描述过他在一艘大船上体验到的不变性原理,随后,他照此命名了这个原理。虽然当前人们都把伽利略看作当代科学的创始人,但是,实际上伽利略的同胞,比他早300年的但丁在《神曲》中已经准确地描述了这个原理。[5]

但丁出生在意大利佛罗伦萨的一个没落的贵族家庭,生于1265年,出生日期不清。按他自己在诗中的说法"生在双子座下",应该是5月下旬或6月上旬。5岁时生母去世,父亲续弦,后母为他生了两个弟弟、一个妹妹。

据说但丁可能并没有受过正式教育(也有人说他在波隆那及巴黎等地念

第二章　但丁与神曲

书），从许多有名的朋友兼教师那里学习到不少东西，包括拉丁语、普罗旺斯语和音乐。他在年轻时可能做过骑士，参加过保卫佛罗伦萨的几次战争，当过市政官，最后被放逐，直至客死他乡。有人认为他12岁时就已经结婚，他的妻子为他生了6个孩子，只有4个（3男1女）存活。

后人对但丁的评论很多，简要引述如下：[6]

1. 但丁刻板、准确又坚定地相信永生，几乎像一个孩子那样，认为如果叫喊的声音足够大，死者就能听见。——沃尔特·佩特《文艺复兴：艺术与诗的研究》

2. 我们记得弗美尔完全不同于抽象的现代绘画的特点——对光线的热情。在这点上他和同时代的科学家和哲学家的联系更为密切，从但丁到歌德，所有的最伟大的对文明作出阐述的人都曾为光线所困扰过。——克拉克《文明》

3. 他是融合了最高水平的想象、道德、智慧和才艺的化身，这个人就是但丁。——拉斯金

图2.4　拉文纳的但丁墓

4. 但丁关于罗马的观点，汇集了中世纪多数前人的观念，并把它们整理成有序的、综合的历史神学。与其相比，甚至最为雄辩的文艺复兴时期的事实也显得有些黯然了。——理查德·詹金斯编《罗马的遗产》

5. 但丁的预言诗是超验诗唯一的体系，永远是超验诗最高的体系。莎士比亚作品的总汇性如同是浪漫主义艺术的核心。歌德的纯粹诗意的诗，是诗里最完善的诗。这就是现代诗中伟大的三和弦，在所有现代的诗歌艺术经典作家精选中，不论范围多宽多窄，这三个人都是最内在、最神圣的一组。——弗·施勒格尔《断片集》

6. 对于每一个从道德意义上思考的人来说，在战争中不持有任何立场是不可能的……但丁对那些在上帝和魔鬼的争战中恪守中立的天使表示极端鄙视并施予惩罚。这不仅因为这些天使犯下了罪行，损害了为权利而斗争的义务，而且因为他们对最切身、最真实的利益做出了错误判断。——卡尔·施米特《政治的概念·增补附论》

二、政治家但丁

从但丁的生平来看，他首先是政治家。有意栽花花不开，无心插柳柳成荫。可能他自己也从未想过，他竟然成为不朽的诗人。

图2.5　佛罗伦萨的但丁塑像

第二章　但丁与神曲

但丁生活的时代，已不同于10世纪前期欧洲社会发展相对缓慢、工商业极不发达、基督教完全垄断意识形态的状况。13世纪时，意大利北部的热那亚、威尼斯、佛罗伦萨、米兰等地，由于海上贸易和工商业的蓬勃发展，成为欧洲最富庶的地区。当时的意大利并不是今天意义上的统一国家，而只是一个四分五裂的地域名称，经济的发展也极不平衡。政治上主宰意大利的主要有两大势力，一为神圣罗马帝国皇帝，一为罗马教皇。所谓的"神圣罗马帝国"只是中世纪中期遗留下来的一个历史名称。公元962年，当时的教皇约翰十二世为德国国王奥托一世（936～973在位）加冕，封其为"神圣罗马帝国皇帝"，领有意大利。因此，历任帝国皇帝，均为日尔曼血统。由于德国本身内乱不息，其国王只是势力或强或弱的封建领主，统治中心一直在德国，对意大利的控制也时紧时松。罗马教皇则一直把意大利视作自己的势力范围，与帝国皇帝矛盾重重。意大利人民希望国家统一，而教皇与皇帝的斗争及他们各自的野心则是统一的障碍。他们采取分而治之的政策，唯恐统一的意大利对其统治构成危胁。错综复杂的矛盾，使意大利的政治生活异常活跃，政敌之间的对抗，不同阶级间的利益冲突，常以极为残酷的形式表现出来。但丁就是这种政治迫害的受害者之一。

但丁时代的佛罗伦萨政界有点像今天的美国，两派人马轮流执政。一派是齐伯林派（Ghibellines），效忠神圣罗马帝国皇帝，另一派是盖尔非派（Guelphs），效忠罗马天主教教皇。

但丁一岁时，即1266年，教皇势力强盛，盖尔非派取得胜利，将齐伯林派放逐。1294年，但丁29岁，当选的教皇卜尼法斯八世想控制佛罗伦萨，而一部分富裕市民希望城市的独立，不愿意受制于教皇，分化成"白党"，另一部分大多属于没落贵族，希望借助教皇的势

图2.6　佛罗伦萨的但丁塑像

力翻身，成为"黑党"。两派争斗白热化。但丁的家族属于执政的盖尔非派，然而但丁热烈主张独立自由，因此成为白党的中坚，并被选为最高权力机关执行委员会的六位委员之一。

图2.7　戴桂冠的但丁画像

1301年，但丁36岁，已经执政了7个年头。教皇特派法国国王的兄弟卡罗（Carlo di Valois）去佛罗伦萨"调节和平"。白党怀疑此行另有目的，派出以但丁为团长的代表团去说服教皇收回成命，但没有结果。卡罗到佛罗伦萨后立即组织黑党屠杀反对派，控制佛罗伦萨，并放逐但丁，宣布一旦他回城，任何佛罗伦萨士兵都可以处决、烧死他。从此，但丁付出后半生20年的努力，也没有再回到家乡。

流放初期，但丁在其政治学著作《帝制论》（Monarchia）中，运用经院哲学的推理方法，指出人类社会的目的是使人能够充分发挥潜在的全部才能，享受尘世生活的幸福与和平。此书的重要意义在于，但丁第一次从理论上阐述了政治和宗教平等、政教分离、反对教皇干涉政治的观点。书中又透露出对王权和开明君主的幻想。1308年，卢森堡的亨利七世当选为神圣罗马帝国皇帝，预备入侵佛罗伦萨。但丁给他写信，提示需要进攻的部位。消息传出，从此白党也开始痛恨但丁。1313年亨利去世，但丁的希望落空。

1315年，但丁50岁。佛罗伦萨由军人掌权，宣布如果但丁肯支付罚金，并在头上撒灰，颈下挂刀，游街一周，就可免罪返国。但丁回信说："这种方法不是我返国的路！要是损害了我但丁的名誉，那么我决不再踏上佛罗伦萨的土地！难道我在别处就不能享受日月星辰的光明吗？难道我不向佛罗伦萨市民卑躬屈膝，我就不能接触宝贵的真理吗？可以确定的是，我不愁没有面包吃！"

但丁在被放逐时，曾在几个意大利城市居住。有记载他曾去过巴黎，以著书排遣其乡愁，并将一生中的恩怨情仇都写入他的名作《神曲》中。1321年，56岁的但丁客死他乡，在意大利东北部的拉文纳去世。

三、诗人但丁

据薄伽丘的记载，但丁的母亲在分娩前做了一个梦，梦见自己躺在一棵高大的月桂树下，身下是绿油油的草地，旁边有一湾清澈的泉水。她在那里生下了一个男孩。男孩吃下从月桂树上掉下的浆果，喝了清泉中的水，转眼变成高大的牧羊人。牧羊人奋力向上跳跃，想要摘取月桂树的叶子，但他摔倒了。当牧羊人从地上站起来时，变成了一只孔雀。但丁的母亲猛然惊醒，不久，便产下了男孩。这个男孩被命名为但丁，取自拉丁名字Daphne，这是古希腊神话中的一位女神，常译作达芙妮，后来化为月桂树。

但丁母亲分娩前的梦以及但丁的名字，已经暗含了伟大诗人的命运：失意的政治家，却成为流芳千古的诗人。古今中外，都是这样。中国的屈原、李白、杜甫……举不胜举。

曾有学者将但丁与我国的屈原相比，谓屈原被逐乃赋《离骚》，但丁流放才有《神曲》。如果从两位诗人在颠沛流离过程中的精神境界不断升华，忧国忧民痴心不改的角度看，这种比附是有道理的。20年的流放使但丁对意大利社会的现实有了更深切的了解，逐渐将自己的命运融合于对民族前途的深沉思考之中。

在贝雅特莉齐去世后，悲伤的但丁将自己几年来陆续写给贝雅特莉齐的31首抒情诗以散文相连缀，取名《新生》（La Vita Nuova, 1292～1293）结集出版。诗中抒发了诗人对少女深挚的感情、纯真的爱恋和绵绵无尽的思念，风格清新自然，细腻委婉。诗歌带有中古的宗教神秘色彩，但它表达了摆脱禁欲主义、渴求生活的情怀。诗歌清新自然，语言纯朴优美，开文艺复兴抒情诗的先河。这部诗集是当时意大利文坛上"温柔的新体"诗派的重要作品之一，也是西欧文学史上第一部剖露心迹，公开隐秘情感的自传性诗作。

图2.8　阿波罗追逐达芙妮（Gianbattista Tiepolo 1744－1745）

但丁的作品基本上是以意大利的托斯卡纳方言写成的，对现代意大利语言以托斯卡纳方言为基础起了相当大的作用。因为除了拉丁语作品外，古代意大利作品只有但丁是最早使用"活"的地方语言写作的。他的作品对意大利文学语言的形成起了相当大作用，对后来欧洲的文艺复兴运动起了先行者的作用。

流放初年（1304～1307），但丁曾写了《飨宴》（Convivio）和《论俗语》（De Vulgari Eloquentia）两书。《飨宴》是意大利第一部用俗语写成的学术性论著，希望以道德和知识消除各城邦之间与城邦内部各派之间的倾轧、攻伐。《论俗语》是最早的一部关于语言学、诗律的著作，批驳只重拉丁语、轻视意大利语的倾向。这不仅表明但丁超越了狭隘的党派偏见，以理性意识思考民族现实与未来的胸襟，而且显示出他对民族语言文化的重视，提出把俗语作为意大利文学、科学语言的见解。但丁还主张诗歌应当歌颂人的安全、爱情和美德。《论俗语》为意大利民族语言和文学语言的发展奠定了理论基础。这对意大利文学的发展意义深远。

但丁在流放期间（1307～1321）完成的《神曲》更是千古不朽之作，我们在后面还会详细讨论。

四、浪漫的但丁

据古希腊罗马神话传说，太阳神阿波罗得罪了爱神丘比特。丘比特张弓用黄金打造的爱神之箭射中了阿波罗，又用铅制的绝情箭射中了河神潘尼乌斯（Peneus）之女达芙妮。阿波罗一看到达芙妮就深深地爱上了她，他对她的爱就像风暴一样无法控制。他如影随形地跟着达妮芙，而达芙妮崇尚月亮女神，愿意追随她成为一个永恒的处女。即使阿波罗为大神宙斯之子，又贵为太阳之神，也不能打动她的心，何况她又中了丘比特的绝情箭。因此，达芙妮不仅根本不理会阿波罗的追求，而且对所有男性都非常排斥。她躲进莽莽森林，远离世间。

可阿波罗并没有放弃。他弹起竖琴，用动人心弦的琴声引诱达芙妮从森林走出。阿波罗一见到了达芙妮，就走过去想向她表白。阿波罗走得越近，达芙妮越是恐慌。她远远地逃开，阿波罗不舍地追逐。达芙妮越跑越惊慌，阿波罗越追越要得逞。

终于，一条大河拦住了她的去路，而阿波罗就在她身后。

达芙妮向她面前的大河喊救："父亲，请你张开大口把我吞下去吧。"

河神向来疼爱这个美丽的女儿，立即施展神通，将达芙妮变成一株月桂树。当阿波罗的手刚刚触及达芙妮的身体时，碰到的是月桂树。阿波罗看到了变成月桂树的达芙妮，感到懊悔万分。他轻拥着月桂树向她道歉，诉说虽然她无法成为自己的妻子，但他对她的爱慕永远不变，他要用她身体变成的木材做成竖琴，用

少男少女情综
BOY - GIRL Complex

图2.9 1623年，乔凡尼·洛伦茨·贝尼尼所刻的《阿波罗与达芙妮》雕像。

第二章　但丁与神曲

她的花朵装饰他的弓箭，让她青春永驻，不必担心衰老。

由于阿波罗又是青春之神，因此，月桂树冬夏常青。在古罗马，人们常用月桂树枝编成花环，戴在杰出诗人的头上，就是我们今天常用的"桂冠"一词的来源。

以达芙妮（Daphne）的拉丁词根作为名字的但丁（Dante），个人感情生活与这个浪漫的古希腊罗马神话也有许多相类似的情况。但丁对贝雅特莉齐的爱情，很像阿波罗对达芙妮的热恋，也是剃头担子一头热。最后女主人公早早离世，而男主人公以其特别的才能让女主人公永世留名。

但是，我们在此必须要说明一下，在布鲁尼写的《但丁传》中，并不承认但丁的这一千古流芳的爱情，而且似乎有意要否认这一爱情。不知什么原因，布鲁尼一字未提这一故事，甚至还提供相反的证据以否认薄伽丘的《但丁传》所津津乐道的这一爱情。布鲁尼在他的《但丁传》中写道：

"但丁不仅活跃地与男性朋友进行社会交际，在年轻的时候他还为自己娶了一位妻子。她是多拿提家族的一位小姐，名字叫麦当娜·杰玛。但丁和她生了几个孩子，关于这点，在接下来的部分将有更多的描述。正是在这一点上，薄伽丘失去了所有的耐性。他说妻子是学习的障碍，他彻底忘记了苏格拉底这位历史上最伟大的哲学家也曾有过一位妻子和孩子，他在自己的城市里有公开办公的地方。还有亚里士多德，后人永远都无法超越他的智慧和学问，也曾经两度结婚，有过孩子和许多财产。此外，西塞罗、瓦罗和赛尼卡，所有的拉丁哲学大师都拥有妻子，并在共和国的政府里担当职位。所以，或许薄伽丘可以原谅我，因为他在这件事情上的判断都是错误和站不住脚的。所有的哲学家都异口同声地说男人是社会动物。丈夫和妻子组成人类第一个联盟，正因为这种联盟像雪球般地不断增加，才使城市的形成有了可能。没有婚姻的地方，没有什么是完美的。因为只有这种爱才是自然、合法和正当的。

"但丁在娶妻后就过起了正直、勤学的市民生活，他大部分的时间用在为共和国服务上。当他达到一定年龄时，成了佛罗伦萨的执政官之一。"

布鲁尼在此，对薄伽丘指名直呼，大声呼喊婚姻的重要性、妻子对丈夫的重要性，并以苏格拉底等众多古罗马的哲学家、政治家为例。很显然，布鲁尼在此是对薄伽丘对但丁婚姻的描写进行修正。薄伽丘就但丁的婚姻写道：

"但是现在，为了要讨好他的这位新夫人，他经常不得不从这些甜蜜的思考中醒来，去陪伴她。从前，但丁可以自由地随着自己的情绪欢笑或者哭泣、叹气或者歌唱。现在，他无法如愿了。因为他必须考虑到夫人的感受，不仅仅是一些重要的事情，甚至连轻轻的一声叹息，他也需要向夫人解释为什么叹息，而又为什么停止呢。不然的话，但丁细微的心情变化就被看成他爱上别人的证据；他的悲伤，也被当作是他对她的厌恶。"

　　薄伽丘在上述段落后面，又成篇累幅地大大批评妻子对丈夫的不良影响，因为不是本书要讨论的范围，就不再引述。但是，在这一章节的最后，薄伽丘说出了一个重要事件和结论："如果这些事情属实，我们可以想象有多少不愉快的事情藏在了人们的屋子里。我不能肯定这些不幸是否降临到了但丁的身上，因为我不知道他们夫妻之间发生过什么事情。且不管这些事情是不是就是但丁离开妻子的原因，我们可以肯定的是，但丁曾经离开过他的妻子一段时间。他从此再也没有回到她的身边，尽管他是她的几个孩子的父亲，但是她也没有去找回但丁。综上所述，我们可以得出一个结论，男人不应该踏入婚姻。但是我的看法恰恰与这个结论相反，我支持婚姻。但是，婚姻并非适合所有人。哲学家们应该把婚姻留给那些富有的傻子，留给那些贵族和农民。哲学家在哲学里找到快乐，比娶一个好妻子要多得多。"

图2.10　苏格拉底之死

　　众所周知，西方哲学乃至文明精神以苏格拉底、柏拉图和亚里士多德唯马首

第二章　但丁与神曲

是瞻。柏拉图是苏格拉底的学生，亚里士多德是柏拉图的学生。因此，苏格拉底几乎就是西方文明最重要的开山人物。据说苏格拉底有一位悍妻，经常对这位伟大的哲学家作狮子吼，拳打脚踢，谩骂有加。人们问苏格拉底为何不离开这样的女人。这位伟大的哲学家说："擅长马术的人总要挑烈马骑，骑惯了烈马，驾驭其他的马就不在话下。我如果能忍受得了这样女人的话，恐怕天下就再也没有难于相处的人了。"

据说，这位妻子听说苏格拉底被判了死刑时，痛哭流涕，泪流满面，说："苏格拉底，你是冤枉的呀！你不能无罪而死啊！"而苏格拉底却回答说："我无罪而死，死得很光明磊落啊！难道要我有罪而死吗？"

苏格拉底临刑前，对儿子说："对妈妈要和气……"

在苏格拉底的生命的最后，他的妻子仍高喊："他是我的！"她对苏格拉底说："过不了多久我就会去找你的。"看样子苏格拉底就是到了天堂，也躲不开河东狮子。

显然，西方最伟大的哲学家苏格拉底是在如此悍妻的家庭环境中成就的。因此，布鲁尼特别强调了但丁的家庭与婚姻，强调了婚姻和家庭的重要性。布鲁尼在他的《但丁传》中还有意无意地引用但丁的诗句：

"三位女士在我心头缠绕"；

"你们这些女士让我察觉到爱情的存在"。

他似乎在暗示但丁风流倜傥，并非钟情于一人。而在薄伽丘的《但丁传》中，却对此直言不讳。薄伽丘以热情洋溢的笔调讴歌但丁对贝雅特莉齐的钟情后，对但丁的风流史也进行了批评。薄伽丘写道：

"从他高尚的美德和勤奋的学习里，我们看到的只是这位天才诗人生活中的一部分，而放荡不羁的生活占了他的绝大部分时间。这些事情不仅发生在他的青年时代，同时也发生在他的成年时代。虽然不道德的行为对于当时的男子来说是自然、正常的表现，从某个方面来说更是必需的生理需要，但我们无法表扬这样的行为，更不能寻找借口为但丁正当地开脱罪名。但是，谁又可以做一个公正的审判员，对但丁进行谴责呢？肯定不是我。噢，薄弱的意志力啊！噢，男人野兽般的情欲呵！如果妇女们愿意的话，她们对我们的影响力无所不在。自古以来我们就注意到，妇女们拥有魅力、美丽、天然的情欲以及其他持续在男人心头发生作用的各种特质。

"为了证明这一切是真实的，我们不要忘记朱庇特和欧罗巴、赫拉克勒斯与伊奥勒、帕里司与海伦，这些古代英雄与美女之间的故事。因为这一切是诗的题材，所以很多人就把这些判定为只是寓言故事。但是，让一些众所周知的实际例子来为此作证吧。除了人类第一个父亲在女人的诱导下背叛了上帝以外，世界上是不是还有其他女人可以让男人们在她的蛊惑下，违背上帝口中说出的十戒呢？实际上，除了亚当以外还有一个，那就是大卫王。尽管大卫王拥有许多妻子，但是，当他接触到拔士巴的目光时，他马上忘记了上帝，忘记了他自己的王国，忘记了他自己和他的荣誉。他变成了一个通奸者和一个杀人者。对于他所做的事情，我们应该如何思考呢，是拔士巴对他的指令吗？还有所罗门，他不是遗弃了上帝赐予他的智慧，去取悦一个女子吗？为此他还跪倒在巴兰的面前。希律王呢？还有其他的许多人呢？但丁和这些伟大的人物一样，只是为了取乐。因此，我们的诗人在这条不道德的道路上并不是孤独的。我这样说，并不是要人们饶恕但丁的罪过。我只是想说，如果但丁是唯一的因为享乐而犯下错误的人，那么他会遭遇更多的怪责的脸色。我想，我对但丁的品质的描述，当前所述的这些已经足够了。"

之所以长篇累幅地引用上述文字，是因为这一段在后面分析但丁的心理是十分重要的，而且，对我们了解但丁的整个人生，以及他的爱情观都是不可缺失的。

布鲁尼在他的《但丁传》中最后说，但丁的子女中有一位叫彼埃罗的人，"拥有极大的名声和财富，在拉文纳（但丁去世的地方）的大部分地区拥有一定的社会地位。"这位麦瑟·彼埃罗有一个儿子（即但丁的孙子）也取名叫但丁，这位名为但丁的人还有一个儿子叫里昂纳多，也即诗人但丁的曾孙。里昂纳多曾经与几个朋友，专程从拉文纳到佛罗伦萨纪念他的曾祖父但丁。布鲁尼接待了但丁的这位曾孙。布鲁尼在他的《但丁传》最后说："我向他展示了诗人和他祖先的房子，唤起了他对许多事物的注意，因为他和他的家人离开自己的家乡已经很久了，这些东西对他来说都是新鲜的事物。就这样，命运之轮改变了这个世界，随着轮子的旋转，人类的命运也不断地发生着变化。"

据研究，莱奥纳多·布鲁尼是1400年前后任佛罗伦萨首相卢乔·萨卢塔蒂（Coluccio Salutati）的继任者和一位备受尊敬的学者。在佛罗伦萨的圣克罗切教堂，有他美丽的大理石墓，铭文上写道："当莱奥纳多与世长辞之时，历史之神感到悲伤，雄辩之神也陷入沉默。据说希腊和拉丁诗神也忍不住落下眼泪。"他是为佛罗伦萨的光荣作出贡献的众多人文主义者中的一流人物之一，他是掌握了令人难忘的、有教养的语言风格，深受尊重并在政府中举足轻重的外交官和高级官员。[7]

第二章　但丁与神曲

根据上述记载，我们或许可以揣测，当年富有的但丁曾孙里昂纳多带着一帮朋友，重返佛罗伦萨，瞻仰祖上故居，与佛罗伦萨负责接待的官员布鲁尼交谈甚欢，自然也要谈起家人，谈起前辈。但丁流传千古的《神曲》，以及那段动人心弦的恋情，在家人心中可能只会投射出阴影，要求社会重新认识已经不那么容易。薄伽丘想象力丰富，热情洋溢的动人文笔无人可敌。他所记载的《但丁传》中关于但丁的浪漫爱情随风而散，对其妻子与家庭生活的叙述乏善可陈，显然与这段爱情不无相关。但丁越是知名，这个爱情故事也传得越远，传得越神奇。布鲁尼要平复对但丁家庭伤害的用意也就更容易理解。

五、《神曲》

《神曲》是但丁最重要的著作。原名为《喜剧》（意大利文：Commedia），薄伽丘在其原名前加上一词，成为《神圣的喜剧》（意大利文：Divina Commedia）。翻译到中国来，成为《神曲》。

图2.11　《神曲·地狱篇》早年的一种版本

《神曲》写于1307年至1321年，正是但丁被放逐后。诗中以基督教神学的观点谴责当时罗马教会的腐败，歌颂自己的理想。

《神曲》全诗长14233行，为三部分：《地狱》、《炼狱》（也有译作《净界》）和《天堂》。每部33篇，开篇为一序诗，一共100篇。诗句是3行一段，连锁押韵（aba, bcb, cdc，……），各篇长短大致相等，每部也基本相等。（《地狱》4720行；《炼狱》4755行；《天堂》4758行），每部都以"群星"（stelle）一词结束。

近700年来，对《神曲》的研究不计其数。汇集前人研究概述如下。[8,9]

《神曲》代表了中世纪文学的最高成就。这样一部划时代的巨著得以产生，是与当时意大利的社会状况、诗人所具有的深厚学识和独特的个人经历分不开的。公元7世纪以后，东方伊斯兰教兴起，阿拉伯文化得到了广泛的传播。中世纪基督教的严密控制到12世纪时已显出力不从心。在其神学探讨过程中，常需借助柏拉图、亚里士多德等古希腊哲学的观念与逻辑论证方法，证明和论述神的存在及属性，阐述尘世与彼岸的关系。

图2.12 在维吉尔的陪同下，但丁渡过地狱冥河

第二章　但丁与神曲

　　12世纪后，更是出现了越来越多的古希腊、罗马时期著作的汇编。教会的本意是为自己的神学理论寻找方法论和依据，但研究者们却从中发现了与基督教理论完全不同的另一重文化境界。意大利出现了西欧最早的一批古典学者，但丁就是其中最博学者之一。《神曲》描述了诗人但丁在《地狱》、《炼狱》和《天堂》三界的游历过程。诗人自叙在大赦圣年的1300年春天的4月8日，正当自己35岁的人生中途，迷误于一座黑暗的森林之中。正当他努力向山峰攀登时，唯一的出口又被象征淫欲、强暴和贪婪的母豹、雄狮和母狼拦住去路。诗人惊慌不已，进退维谷。值此危急关头，罗马大诗人维吉尔突然出现，他受已成为天使的、但丁精神上的恋人贝雅特莉齐之托，救但丁脱离险境，并带其游历地狱和炼狱。

　　在维吉尔的带领下，但丁首先进入地狱，但见阴风怒号，恶浪翻涌，其情可怖，其景惊心。地狱分九层，状如漏斗，越往下越小。居住于此的，都是生前犯有重罪之人。他们的灵魂依罪孽之轻重，被安排在不同层面中受永罚。这里有贪官污吏、伪君子、邪恶的教皇、买卖圣职者、盗贼、淫媒、诬告犯、高利贷者，也有贪色、贪吃、易怒的邪教徒。诗人最痛恨卖国贼和背主之人，把他们放在第九层，冻在冰湖里，受酷刑折磨。

图2.13　地狱一景象

从冰湖之底穿过地球中心，就来到了炼狱。炼狱是大海中的一座孤山，也分九层。这里是有罪的灵魂洗涤罪孽之地，待罪恶炼净后，仍有望进入天堂。悔悟晚了的罪人不得入内，只能在山门外长期苦等。炼狱各层中分别住着以骄、妒、怒、惰、贪、食、色等基督教"七罪"中罪过较轻者的灵魂。但丁一层层游历，最后来到顶层的地上乐园。维吉尔随即离去。原来他尚无资格进入天堂，只能在"候判所"等待。此时天空彩霞万道，祥云缭绕。在缤纷的花雨中，头戴橄榄叶桂冠、身着猩红长裙，披着洁白轻纱的贝雅特莉齐缓缓降临。贝雅特莉齐一边温柔地责备诗人不该迷误于象征罪恶的森林，一边指引他饱览各处胜境。在她的指点下，但丁进入"忘川"，顿觉身心一爽，忘却了往昔的痛苦。随后贝雅特莉齐带他进入天堂。

图2.14　炼狱一景象

第二章 但丁与神曲

天堂共有九重天，即月球天、水星天、金星天、太阳天、火星天、木星天、土星天、恒星天和水晶天。天使们就住在这里。能入天堂者都是生前的义人，英明的君主、学界的圣徒和虔诚的教士，才能在此享受永恒的幸福。天堂宏伟庄严，流光溢彩，充满仁爱和欢乐。在第八重天，但丁接受了三位圣人关于"信、望、爱"神学三美德的询问，顿感神魂超拔，跟随圣人培纳多进入神秘明丽的苍穹，欲一窥"三位一体"的深刻意义。但见金光一闪，幻想和全诗在极乐的气氛中戛然而止。今天的读者看《神曲》，常觉其内容庞杂、情节离奇，意义晦暗不明，这是因为不熟悉此书的中世纪文化背景所致。实际上，《神曲》结构严谨，情节服从于全诗的主题，其中的人物、场景均有所指。这里我们仅从大的方面来谈谈有关问题。但丁对当时的罗马教皇卜尼法西八世和已故的一些罪恶滔天的教皇切齿痛恨，对宗教诞生之前的蒙昧认识也持鲜明的否定态度。但丁具有坚定的基督教信仰。但丁笔下天堂的九重天结构，则是以被教会接受的托勒密天体论为依据的。诗中所谓的"永久的轮盘"，正是托勒密关于宇宙是由同一轴心上的九重天构成的球面体理论的写照。

图2.15　天堂一景象

但丁写于1309年的《帝制论》第三卷最后一章，是理解《神曲》的一把钥匙。但丁认为，人生有两种幸福："今生的幸福在于个人行善；永生的幸福在于蒙受神恩。""此生的幸福以人间天国为象征，永生的幸福以天上王国为象征。此生幸福须在哲学（包括一切人类知识）的指导下，通过道德与知识的实践而达到。永生的幸福则须在启示的指导下，通过神学之德（信德、望德、爱德）的实践而达到"。这其实是奥古斯丁在《上帝之城》中提出的"人间天国"与"天上王国"的翻版。

在《神曲》中，但丁精心安排了两个人物作为自己的导师，一为象征理性、知识的维吉尔，一为象征信仰、虔敬的贝雅特莉齐。基督教认为人人都是罪人。因此，地狱、炼狱中所囚之人，都是有罪的灵魂，区别只在罪的性质不同，罪的轻重不一。他们都是现实社会中各色人等的体现。天堂中的人是经过炼狱洗尽罪恶后的灵魂，可以与神同享荣耀。

图2.16　天堂一景象

第二章 但丁与神曲

但丁在进入炼狱之前，天使用利刃在其额头刻下七个象征罪恶的"P"字（意大利语中"罪过"一词的首字母）。诗人在炼狱中每登上一层，即有一位天使将"P"字抹去一个。及至走出炼狱山，七个"P"字全被抹去，表明罪恶已清，可上天堂。地狱、炼狱和天堂分别对应着"人间天国"和"天上王国"。

象征理性的维吉尔只能在"人间天国"里充当诗人的引路者，象征信仰的贝雅特莉齐才有资格带领诗人进入"天上王国"。这清楚地说明，但丁是将信仰置于理性之上的。

《神曲》的主题，意在探索诗人自身、意大利民族，乃至人类的未来命运。但丁的结论是，意大利民族和整个人类必须在信仰的启示下，以理性规范行为，实行道德完善和精神境界的不断超越，才能与最高真理合一，获得光明的前途。《神曲》中表现出的深刻批判精神和新思想的萌芽，使诗人成为文艺复兴新时期即将到来的预言者。但丁借对古希腊、罗马的先贤如柏拉图、亚里士多德、荷马、维吉尔等人由衷地赞佩，肯定这些异教时期灿烂文化的代表者，肯定知识和理性精神，客观上批判了中世纪的文化专制主义和蒙昧主义。尽管作为一个基督徒，但丁不可能将他们直接安排进天堂，但却把这些"高贵的"异教徒放进地狱中一个毫不受苦的美丽幽静之处。但丁还同情为爱情而遭残害在地狱中受苦的保罗和弗兰采斯加，批判了教会的禁欲主义。长诗多处流露出期待结束党派纷争，实现民族统一的强烈愿望。对祖国的挚爱，常使诗人情不自禁。

《神曲》在艺术上取得了极高的成就，是中世纪文学哺育出的瑰宝。诗人借助基督教救赎观念和地狱、炼狱、天堂三界的神学教义架构全诗，将纷繁复杂的素材纳入严谨的构架之中。长诗各部诗行大致相等，不仅工整、匀称，结构本身也富有象征含义。诗中的许多人物虽然是但丁笔下的鬼魂，但由于均有现实依据，因此写得血肉丰满、性格鲜明，令读者难以忘怀。诗人继承了先知文学和启示文学的传统，将澎湃的激情与匪夷所思的幻想相结合，将对现实的评判与对"天国"诚挚的信仰相结合，展示出诗人惊人的想象力，把以梦幻、寓意、象征为特点的中世纪文学艺术推向了高峰。

美国历史学家罗伯特·E·勒纳在他的《西方文明史》中，对《神曲》的庞大体系作了一个十分精彩的描述："每一个人都会对但丁这一恢宏作品表示惊叹和满足。一些人（尤其是懂意大利文的）对但丁关于语言和想象力的精研和独出心裁感到惊奇。另一些人则为他的诗歌的精致复杂和匀称而震慑；还有一些人则被它精深的学术,主人公和各个故事的生动所迷住;更有一些人为他高超的想象力所折服。令历史学家们特别感到惊奇的是,但丁居然能把中世纪的优秀学术成果总结得如此令人满意。但丁强调救赎的重要性,但他又认为尘世是为了人类的利益而存在……但丁最强有力地表达了中世纪全盛期的主要心态。"[10]

《神曲》对其后世文化的各个方面都有着重要的影响,几乎在各个领域都能够看到但丁的痕迹。[11]在此就不赘述。

"我们全都是因受暴力而丧命,
直到最后一刻才成为悔罪之人,
那时节,上天之光才使我们悟清我们的罪行,
我们悔恨过去,饶恕敌人,
我们与上帝重归和睦之后离开人寰,
而上帝也唤起我们想谒见他的强烈心愿。"

《炼狱篇·第五首》[12]

参考文献：

[1] 薄伽丘（周施适译）《但丁传》. 桂林：广西师范大学出版社，2008年，3～96.

[2] 布鲁尼（周施适译）《但丁传》. 桂林：广西师范大学出版社，2008年，99～117.

[3] 周施廷（周施适译）《但丁传》导言. 桂林：广西师范大学出版社，2008年，1～16.

[4] Aldo S. Bernardo & Anthony L. Pellegrini. Companion to Dante's Divine Comedy: A Comprehensive Guide for the Student and General Reader, Revised Edition. Published under the auspices of the Center for Medieval and Renaissance Studies. Harpur College, Binghamton University: Global Academic Publishing. 2006

[5] Ricci L. History of science: Dante's insight into Galilean invariance. Nature 2005, 434 (7034):717.

[6] 互动百科. http://www.hudong.com/wiki/%E9%98%BF%E5%88%A9%E7%9B%96%E5%88%A9%C2%B7%E4%BD%86%E4%B8%81

[7] Gombrich EH（李本正译）. 佛罗伦萨的光荣. 文艺复兴：西方艺术的伟大时代. 北京：中国美术学院出版社，2000，17～28.

[8] 神曲. http://zh.wikipedia.org/wiki/%E7%A5%9E%E6%9B%B2

[9] 神曲. http://baike.baidu.com/view/41044.htm

[10] 走进《神曲》. 天津：社会科学院出版社，2004

[11] Dante and his Divine Comedy in popular culture. http://en.wikipedia.org/wiki/Dante_and_his_Divine_Comedy_in_popular_culture#Visual_arts

[12] 但丁（黄文捷译）. 神曲. 广州：花城出版社，2000。以下各章引用《神曲》皆出于此，不再另注。

第三章
但丁与贝雅特莉齐：魂断佛罗伦萨

但丁之名源自古希腊罗马神话传说中达芙妮的拉丁词根，似乎注定了阿波罗与达芙妮爱情故事的重演。现实中的故事发生在13世纪末的佛罗伦萨，男主人公但丁虽然用了传说中达芙妮名字的拉丁词根为名字，却也像中了丘比特的金箭的阿波罗一样，对女主人公一往情深，单相思恋。而现实生活中的女主人公贝雅特莉齐却与传说中的达芙妮一样，冷若冰霜，不为所动。

同样，传说中的阿波罗让变成月桂树的达芙妮青春永驻，而现实生活中的但丁让早逝的贝雅特莉齐与他的《神曲》永远流传。

图 3.1　贝雅特莉齐（Marie Spartali Stillman，1895）

第三章 但丁与贝雅特莉齐：魂断佛罗伦萨

一、贝雅特莉齐

贝雅特莉齐的全名是贝雅特莉齐·波提拉里（Beatrice Portinari），或说她还有一个别名是贝托（Beato），昵称贝丝（Bice）。她的父亲是佛罗伦萨的福尔科·波提拉里（Folco Portinari）。她出生于1266年。1287年与银行家西蒙·德·巴第（Simone de'Bardi）结婚。结婚三年后于1290年6月8日去世。年仅24岁。[1]

前拉斐尔派发起人之一的罗塞第（Dante Gabriel Rossetti，1828～1882）对但丁无限崇拜，以致用但丁作为自己的第一个名字，并以自己的妻子伊莉莎白（Elizabeth Siddal）为模特创作了许多贝雅特莉齐的画像，如Beata Beatrix。（图3.2）

图3.2　贝雅特莉齐（Beata Beatrix）（Dante Gabriel Rossetti，1864）

有人怀疑贝雅特莉齐只是但丁创作出来的人物。但是据当代研究但丁最权威的英国学者Paget Jackson Toynbee （1855～1932）的分析：薄伽丘是在但丁去世的50年内向佛罗伦萨的市民们讲述但丁的故事。当时，贝雅特莉齐的娘家以及夫家均为佛罗伦萨的大家族，地位显赫。薄伽丘绝对不可能信口开河，随心所欲地乱讲。否则，他早就承担诽谤之罪名了。[1]另外，薄伽丘的父亲与贝雅特莉齐的夫家有亲密联系，曾经是后者在巴黎的代理人。在某一版本的但丁的诗作中，似乎也有提及诗人的儿子与贝雅特莉齐的夫家有所联系。[1]

薄伽丘在他的《但丁传》中，对贝雅特莉齐这样描述："相对同龄人来说，贝雅特莉齐的谈吐非常优雅有礼和讨人喜欢。她的言行举止比她的年龄成熟和端庄。她五官小巧，比例完美，除了美丽面容之外，还充满了纯洁的魅力。许多人觉得她就是一位小天使。她或许比我所形容的更加美丽。"[2]

贝雅特莉齐是但丁的邻居，两人仅相差一岁。据薄伽丘推测，两小无猜、青梅竹马的故事完全可能发生。也有学者根据但丁的诗作认为他们两人一生只见过两次面。也有人认为诗作毕竟是诗，是具有想象力和创造性的。而佛罗伦萨是个小城市，他们两家住得很近，每周都要去教堂，不可能不见面的。[3]

所有资料都记载了一个特别的日子：1274年。但丁9岁，贝雅特莉齐8岁。这年的5月节（May Day），春光明媚，花开草长，贝雅特莉齐的父亲邀请邻居们前来做客，家中子女全做节日妆扮。在这一天，但丁见到的贝雅特莉齐，肯定是美丽无瑕、动人心弦的。纯真的爱情来到但丁的心中。从此这个美貌的女孩就深深地烙在他的心里，有生之年再也没有消失。但丁自己是这样描述的："说真的，在那一瞬间，潜藏在我内心深处的生命精灵开始激烈地震颤，连身上最小的脉管都可怕地悸动起来。它抖抖索索地说了这些话，Ecce Deus fortior me, qui veniens dominabitur mihi.（拉丁文，意为：新生由此开始）"[4]

许多年后，但丁还能够细腻地描述出贝雅特莉齐那一天穿戴衣裳和腰带的颜色，以及简朴的装饰品。那个美丽的佛罗伦萨小姑娘，穿着深红色的罩袍，腰带上固定着一排小小的装饰品。她浅色的长发飘动时，脖子上的项链如星星闪耀。[5]

薄伽丘在他的《但丁传》中这样描述："尽管但丁对贝雅特莉齐的这份爱意无人知晓，但可以肯定的是，但丁在年幼的时候就已经成了爱情的最忠实的仆人。这可能是性格里的各种因素组合的结果，也可能是感到了天堂的特殊呼唤，也可能是宴会上的经历：悦耳的音乐、快乐的气氛、美味的食物和芬芳的美酒。这种场景不仅仅是年轻人，甚至是一个成年人，也会感受到心情舒畅，一不小心随时都会被爱情的纤手抓住。但是，不要以为这只是少年时代的一场偶遇。我想说的是，随着岁月的流逝，爱情的火焰燃烧得越发炽热，甚至到了这样的程度：除了贝雅特莉齐的身影，再也没有其他的事情可以给但丁欢乐、安慰，或者是平静的心情。为此，他放弃了所有的追求。他极度思念贝雅特莉齐，追随着她到任

第三章　但丁与贝雅特莉齐：魂断佛罗伦萨

何他认为可以看见她的地方。似乎只要看见她的面孔和她的眼睛,就可以得到所有的幸福和安慰。"[2]薄伽丘的描述并不比当代的心理分析师差。

但丁经常长时间地在佛罗伦萨的狭窄的路上等待着贝雅特莉齐的出现,只是为了看她一眼,默默地向她表达敬慕之心。一直到那次聚会的9年后的一个午后,但丁才再次听到贝雅特莉齐的声音。那天在佛罗伦萨的街头,身着白袍的贝雅特莉齐走在两位女友之间,看见但丁后,一边优雅地转身向他问好,一边款款而过。但丁如遭电击般地快乐而又困惑,还没有来得及说出一句话,贝雅特莉齐已经走过。[5]这次见面,是他们一生中的第二次见面,也是最后一次见面。这种一生仅见两面,而流芳百世的爱情传说,令这一爱情更加神圣,也更加脍炙人口。但根据但丁的《新生》来看,这种说法不足为凭。生活在同一小城的但丁与贝雅特莉齐有过多次的见面。

少男9岁,少女8岁,正是我们在第一章讨论的佛洛伊德性心理发展的潜伏期的年龄(7～13岁),正是本书要分析的少男少女的性心理发展的特性,正是本书讨论的主要题目。亨利·霍利代的那幅令作者心中震动的画(详见封面)就是以这个故事情节为蓝本而创作的。我们在后面将仔细展开作深入讨论。

图3.3　但丁参加贝雅特莉齐家的聚会：落入爱情

但丁在这次见面后,又梦见爱神引导他会见了贝雅特莉齐,给了他新的生命。于是，他心潮澎拜，诗兴大发，万千思绪流向笔端。但丁在追述这个梦时写道：

"我一面在回忆刚才的景象，一面想把这事讲给时下一些出名的诗人听听。不管怎么说，我发现自己已掌握了写诗的本领，所以准备写一首十四行诗，奉献给忠于爱情的芸芸众生。我要求他们对我梦中的幻象发表意见，于是就写了这首十四行诗：

这首诗献给每个热情的灵魂，
和每一颗温柔无比的心灵，
愿他们把阅读后的心得写明，
我以他们之主的爱神名义致敬。
长夜已过了三分之一的时辰，
每一颗星星在夜空闪烁不停，
这时在我面前忽然出现爱神，
我回想起他的面貌胆战心惊。

爱神在我面前显得十分欣喜，
他捧着我的心；在他怀抱里面，
一个披着薄布的女郎睡在那里，
然后他把女郎弄醒，她顺从地
吃了这颗燃烧的心，浑身打战，
不一会，我见他泪汪汪悄然别离。[4]

但丁从此就成为了一个诗人，不停地把对贝雅特莉齐的思念，以及与她相关的各种事件进行详细描述。这些用意大利本地语言写作的诗后来汇集在《新生》中。

1290年6月，但丁因全身剧痛而卧床，到了第9天，一种恐惧进入他的心中。他在床上辗转反侧，心想最高贵的贝雅特莉齐可能要离他而去。恍惚之间，他看见许多妇女走在一条路上。她们正在哭泣和悲伤。阳光灰暗，星星苍白，雷电交加，地动山摇。一群鸟儿张开翅膀与风暴搏斗，尽力高飞，最后无力地落到地上。

但丁隐隐感到有个人站在他的床边，说："你没有听说那件事吗？那位女士

第三章　但丁与贝雅特莉齐：魂断佛罗伦萨

之死是这样的美好。"

但丁听到这句话，哭泣着遥望苍天。他看见一群天使正簇拥着一朵洁白的云团向天空飞去。在梦中的但丁，心中明白这朵洁白的云团是贝雅特莉齐的灵魂。他能够听到天使们簇拥着洁白的云团向天空飞去时，唱着："和撒那（Hosanna），和撒那，赞美上帝。"

站在但丁床边的人说："来，看那女士。"但丁看见覆盖着的贝雅特莉齐的身体，脸上罩着白色的面纱。

照看但丁的护士发现睡梦中的但丁流淌着眼泪醒了过来，问他为何哭泣。他告诉她们，他梦见他心爱的女人的灵魂如一团白云飘上天空，她的身体静静地躺在地上。

她们安抚他，说他不过是做了梦，不必悲伤。但丁知道那是个梦，平静下来，身体也觉得好多了。他坐起来，挥笔写下他在梦中所见与所听的他心爱的女人的故事。当他写下他的梦中所见后的一天，贝雅特莉齐的死讯传来。[5]

图 3.4　贝雅特莉齐致意的研究　（墨笔画Dante Gabriel Rossetti，1849–1850）

24岁的贝雅特莉齐在婚后三年去世。根据但丁的《新生》来看，似乎她是因为父亲的去世过于悲痛。"她的离开，使但丁陷入无边的悲痛、忧伤和泪水之中。许多与他相熟的亲戚和朋友们相信只有死亡才能结束他所有的苦难。在但丁对任何安慰都置若罔闻的情况下，他们预期这一天很快就会来临。白昼如同黑夜，黑夜如同白昼。没有一个小时的流逝不附带着但丁的悲叹和他流之不尽的眼泪。他的眼睛就像是两股涓涓不断的泉水，以至于许多人对他可以流出那么多的眼泪感到奇怪。"[2]

根据薄伽丘的描述，因为贝雅特莉齐的去世，但丁痛不欲生，形销骨蚀。亲友们发现应当尽快地为但丁物色新娘，希望但丁结婚后，可以移情于新人。因此，有了我们在上一章引用的薄伽丘关于婚姻与家庭的抨击。但丁于1285年与多那蒂（Gemma Donati）结婚。在布鲁尼简洁的《但丁传》中，我们发现布鲁尼用孔子著《春秋》的笔法，说："但丁娶妻后就过起了正直、勤学的市民生活。"[6]然而，布鲁尼所说的但丁的结婚时间是在贝雅特莉齐逝世前五年，与薄伽丘撰写的传纪所说大不相同。布鲁尼批驳薄伽丘对但丁爱情的描述。

二、《神曲》中的贝雅特莉齐

不管布鲁尼如何评说，贝雅特莉齐不仅深深地烙在但丁的心里，而且也深深地刻在了《神曲》之中。

贝雅特莉齐在《神曲》中的作用是引导但丁从地上困境到天堂乐园。在《神曲》中，贝雅特莉齐的名字被提及63次，但没有一次是但丁直呼其名。在《地狱篇》中只出现了2次，《炼狱篇》中出现了17次，《天堂篇》中出现了44次。[1]

在《神曲》中，贝雅特莉齐指派维吉尔（Virgil, Publius Vergilius Maro, 公元前70～19）引导但丁在地狱和炼狱中穿行。维吉尔是古罗马诗人。

维吉尔生活在古罗马奥古斯都时期，是古罗马最伟大的诗人。在古代希腊罗马

图 3.5 但丁梦见贝雅特莉齐灵魂升天

第三章　但丁与贝雅特莉齐：魂断佛罗伦萨

文学作家中，公认维吉尔是荷马以后最重要的史诗诗人。其史诗《埃涅阿斯纪》是西方文学史上第一部人文史诗。他生于阿尔卑斯山南高卢曼图亚附近的安得斯村，在家乡受过基础教育后，去罗马和南意大利，攻读哲学及数学、医学。约公元前44年回到故乡，一面务农，一面从事诗歌创作。

维吉尔的代表作品包括《牧歌》、《农事诗》和《工作与时日》，主要抒发对爱情、时政以及乡村生活的种种感受。然而，维吉尔成就最高的作品却是史诗《埃涅阿斯纪》。全诗计12卷，长达近万行。维吉尔在创作《埃涅阿斯纪》的时候虽有意摹仿荷马史诗，但全诗强调使命感、责任感，洋溢着严肃、哀婉和悲天悯人的情调，是典型的罗马风格。维吉尔对后世的影响是巨大的。

维吉尔在生前就已被公认为最重要的罗马诗人，在他死后，他的声名始终不衰。由于罗马基督教会从公元4世纪起就认为他是未来世界的预言家和圣人，使得他在中古时代一直享有特殊的尊荣地位。

但丁以维吉尔为他的老师，认为维吉尔最有智慧，最了解人类，在他的作品中多次提到维吉尔，在《神曲》中更是让他作为地狱和炼狱的向导。文艺复兴以后，斯宾塞的《仙后》和弥尔顿的《失乐园》也有模仿《埃涅阿斯纪》的痕迹。许多用史诗体裁写作的欧洲著名诗人，如塔索、卡蒙斯、弥尔顿等都以维吉尔的史诗作为他们写作的范本。[7]

图3.6　维吉尔引领但丁渡过冥河 1822年

（Ferdinand Victor Eugène Delacroix，1798–1863）

在《神曲·地狱篇》中维吉尔告诉但丁,他是受贝雅特莉齐指派前来引导但丁的。[8]

"那位享有天国之福的美丽圣女召唤我,
而我自己也欢迎她对我发号施令。
她那一双明眸闪闪发光,胜过点点繁星;
她开始用柔和而平静的、天使般的声音,
向我倾诉她的心情:
'啊!曼图亚的温文尔雅的魂灵!
你的声誉至今仍在世上传颂,
并将和世界一样万古长存,
我的朋友——但他并不走运——
正在那荒凉的山地中受阻,
他受到惊吓,正在转身走回头路;
我担心他已经迷失路途,
我又不能及时赶去救助,
尽管我在天府听到他陷于危难之中。
如今请你立即行动,
用你那华美的言辞和一切必要的手段救他一命,
你能助一臂之力,也便令我感到心松。
我是贝雅特莉齐,是我请你去的;
我来自那个地方,我还要回到那里去,
是爱推动我这样说,是爱叫我对你说。
当我回到我的上帝面前时,
我一定要经常向他赞扬你。'"

在《神曲·炼狱篇》,诗人细腻地描述了贝雅特莉齐的出现:[8]

就在这从天使们的手中上升、
又在大车里里外外飘落下来
的一片花的云海当中,
一位贵妇在我面前出现,

第三章　但丁与贝雅特莉齐：魂断佛罗伦萨

她头缠橄榄枝叶，罩在洁白的面纱上边，
在绿色的披风下面，身着的衣衫颜色宛如鲜红的火焰。
尽管那么多的时间已经过去，
一旦见到她，我的精神仍是惊愕不已，
我浑身颤抖，四肢无力，
我不再是用眼睛把她认出，
而是由于她身上散发的神秘魅力，
我才感到旧情的巨大威力。
……
我的心灵充满了惊讶与欢乐，
品尝到这样的美味珍馐，
尽管已酒足饭饱，却仍感不胜饥渴，
这时，那另外三位表现出
更为高贵的仪态，向前迈步，
随着她们的天使的歌唱节拍，翩翩起舞。
"转过来，贝雅特莉齐，把圣洁的眼睛转过来"
这便是那乐曲的歌词，"看一看你那忠贞不二的人，
他为了见你，竟跋山涉水，走了这么多的路程！
请赏光，看在我们的份上，揭开面纱，向他显露
你的樱唇，让他看清
你所遮掩的第二个美丽的姿容。"
哦，闪烁着灿烂的永恒光辉的容颜，
有谁在帕尔纳索斯山的林荫之下
曾变得如此面色苍白，或是曾把此山的甘泉痛饮一番，
而不致显得头脑混乱，
同时又在上天用和谐的笔触把你描绘的乐园，
试图把你的本来面貌如实体现？
而此时，你把自身已融进这开阔的空气里边。

我的双眼是如此目不转睛和聚精会神，
来满足那长达十年之久的饥渴，
以致我的其他感官全部陷于停顿。

而双眼的这边和那边,都被无心他顾的墙壁所挡
——那神圣的笑容就是这样张开旧日的罗网,
把这双眼睛拉到自己的身旁!——
这时,那三位女神迫使我把面孔
转到我的左方,
因为我听到她们在呼唤:"你看得时间过长!"

图3.7　贝雅特莉齐引导但丁在天堂

在《神曲·天堂篇》,诗人细腻地描述了贝雅特莉齐的美丽和对她的感谢:[8]
正如太阳的最靓丽的使女
向前款款行来,同样,天空也在把一扇扇透露星光的窗户关闭,
直到最美丽的一颗星也不见踪迹。
那胜利的队伍也并无两样,

第三章　但丁与贝雅特莉齐：魂断佛罗伦萨

他们一直围绕战胜我的视力的那一点而雀跃欢唱，
那一点似乎是被他们所包拢，其实是它在包拢他们；
他们一点一点地熄灭在我的眼前；
正因如此，我看不到任何东西，又加上我的爱恋，
这便迫使我把眼睛转回到贝雅特莉齐的身边。
倘若把迄今为止谈到她的那些内容
全部归结为一句赞颂，
这也嫌微不足道，难以起到这个作用。
我所眼见的美丽不仅超出我们的表达能力，
而且我也确信无疑：
只有她的造物主才能欣赏这全部美丽。
我承认我被这个内容所战胜，
而且比那喜剧作者或悲剧作者
曾被他们的主题的某一点所难倒还甚；
因为正像太阳射在颤抖至极的视力上，
回忆把甜美的笑容也同样
使我的记忆力从我自己身上沦丧。
从我在这尘世间见到她的面容的第一天算起，
直到如今的相见，
就不曾有过什么能把我的继续歌唱打断；
但是，我现在不得不放弃
以诗歌来继续追踪她的美丽，
正如每个艺术家陷于才华用尽的境地。
对贝雅特莉齐的感谢
……
"哦，贵妇人啊，你是我的希望所寄，
你曾为了拯救我，不惜
把你的足迹留在地狱，
我感激你的恩惠与德能，
让我看到所有这些情景，
而这恩惠与德能又都是来自你的威力与善行。
你使我摆脱了奴役，获得了自由，

少男少女情综
BOY - GIRL Complex

经过所有那些途径，
把使你能做到这一点的所有方式都全部运用。
请把你对我的宽厚善加保存，
以便让我那被你医治痊愈的灵魂
能在脱离肉体时仍然令你欢欣。"
我就是这样祷告；而那一位，尽管显得如此之远，
却仍嫣然一笑，并看我一眼，
随即又转向那永恒的泉源。

图3.8　天堂里的贝雅特莉齐

第三章　但丁与贝雅特莉齐：魂断佛罗伦萨

但丁对贝雅特莉齐的单相思爱情，可望不可即，甚至不可望，那份痛苦，以及政治上的失意，在诗的创作中得到升华。因此，我们可以理解为什么但丁把这部伟大的诗作命名为《喜剧》。通过地狱、炼狱的经历，在心爱的人的佑护下，以及崇拜的导师的引领下，诗人终于到达天堂，跪倒在心爱的女子的脚下，目睹她的美貌，嗅触她的芳泽，聆听她的教诲，此中之大喜大乐，可想而知。

薄伽丘在但丁原书名《喜剧》之前冠名：神圣的。绝对不是因为这部伟大的诗作按照基督教的理论，描述了地狱、炼狱和天堂三界的景象。更重要的是，诗作始终以但丁的爱情为主要线索，最后，在升华的爱情下，得到天堂的欢乐。因此，书名若译作《神圣的喜剧》，可能会比译作《神曲》更符合诗人的原意。

三、贝雅特莉齐的不朽

三国魏文帝曹丕（187～226）在其《典论·论文》中说："文章经国之大业，不朽之盛事。"他在致友人的信中说："人生有七尺之躯，死为一抔之土，惟有立德扬名，可以不朽；其次莫如著编籍。"不管任何朝代和岁月，知道古人诗句的人远远比知道当时帝王将相的人要多。李白的"床前明月光，疑是地上霜。举头望明月，低头思故乡。"三岁小儿几乎皆会背诵，但他们可能要到很大的时候，学习历史后，才会知道唐太宗、唐玄宗的，而至于唐高宗、唐中宗、唐肃宗……恐怕知之甚少。他们的皇后、嫔妃、情人，就更是无人知晓了。

自唐朝以后，中国知识分子都以科举考试为进身之阶。宋朝柳永有词《鹤冲天》：

> 黄金榜上，偶失龙头望。
> 明代暂遗贤，如何向？
> 未遂风云便，
> 争不恣狂荡？
> 何须论得丧。
> 才子词人，
> 自是白衣卿相。

烟花巷陌，依约丹青屏障。
幸有意中人，堪寻访。
且恁偎红翠，
风流事、平生畅。
青春都一饷。
忍把浮名，
换了浅斟低唱。

据说当年宋仁宗在批核考中之人名单时，看到了柳永的名字，对其"且恁偎红翠，风流事、平生畅。青春都一饷"的人生态度，甚是不满，说："且去浅斟低唱，要此浮名何用！"大笔一挥，删去了柳永的名字。现在可能更多的人知道柳永的"今宵酒醒何处，杨柳岸，晓风残月"，"才子词人，自是白衣卿相"。因为喜欢柳词，而记住了宋仁宗，或许甚至不知道宋仁宗，只是知道一位皇帝开涮了他。

图3.9　贝雅特莉齐（Dante Gabriel Rossetti，1879）

第三章　但丁与贝雅特莉齐：魂断佛罗伦萨

贝雅特莉齐作为一个女性，美貌随着岁月流逝会衰老，再多财富也不可能带到另一个世界，再高尚的品质也会被遗忘。但是，因为但丁，使她永远被人们敬仰，永远被人们唱诵。只要人类文明存在，但丁的诗句就会流传，但丁的事迹就会被人们了解，贝雅特莉齐就会被人们传颂。

阿波罗，青春之神，使达芙妮月桂之树常青。但丁，伟大的诗人，使贝雅特莉齐不朽！

我们以但丁《新生》第32节的诗句作为本章结束：[4]

此刻，贝雅特莉齐已经上九天云霄，
在天使享受宁静处一起生活，
并与你们这些女士永久别离。
不是寒冬的冰霜把她冻倒，
也不像别人，死去是因为发热，
而是因为她仪容秀美，生性仁慈。
华光从她的温文谦恭里升起，
它以惊人的威力，直上云天，
连天主也为此而惊叹不已，
因此天主抱着一种甜蜜的希冀，
要把她召唤到自己的身边。
他召她前来，让她离开人世，
因为他看到尘世是一片污浊，
不配拥有这样一个珍贵的尤物。

参考文献：

1. Toynbee "Beatrice_1, summarized entry". ©Oxford University Press 1968. http://etcweb.princeton.edu/cgi-bin/dante/DispToynbeeByTitOrId.pl?INP_TITLE=Beatrice_1#

2. 薄伽丘.但丁传.桂林：广西师范大学出版社，2008年，3～96.

3. Beatrice Portinari. http://en.wikipedia.org/wiki/Beatrice_Portinari

4. 但丁（钱鸿嘉译）.新生. 上海：译文出版社，1993。1～117.

5. Stories from Dante. http://www.mainlesson.com/display.php?author=macgregor&book=dante&story=beatrice

6. 布鲁尼.《但丁传》.桂林：广西师范大学出版社，2008，99～117.

7. 埃涅阿斯纪. http://www.hudong.com/wiki/%E3%80%8A%E5%9F%83%E6%B6%85%E9%98%BF%E6%96%AF%E7%BA%AA%E3%80%8B

8. 但丁（黄文捷译）.神曲.广州:花城出版社，2000.

第四章
佛罗伦萨：历史文化

佛罗伦萨是世界著名的文化艺术之城。

我们的主人公但丁和贝雅特莉齐生活在佛罗伦萨，我们研究的主题发生在1284年的佛罗伦萨。但丁在佛罗伦萨的阿诺河（Arno river）的一个桥头邂逅了贝雅特莉齐。因此，我们有必要对佛罗伦萨的历史文化、风土人情进行了解，以便更好地理解我们讨论的主题。

一、佛罗伦萨的地理

佛罗伦萨（Florence，意大利语：Firenze，拉丁语：Florentia，意大利诗歌：Fiorenza，又译佛罗伦斯、非冷次、翡冷翠），欧洲意大利的一个城市。

意大利是个半岛（Italian Peninsula）。半岛的东面是亚得里亚海（Adriatic Sea），西面是第勒尼安海（Tyrrhenian Sea），东南是爱奥尼亚海（Ionian Sea），西南是地中海（Mediterranean Sea）。阿平宁山脉几乎横贯整个意大利，故这个半岛又被称作阿平宁半岛。

佛罗伦萨是意大利的一个中部城市，是托斯卡纳区（Tuscany）的首府，不但是意大利文艺复兴运动的发源地，也是欧洲文化的发源地。它的位置恰好在威尼斯（Venice）与罗马（Rome）之间，坐落在距离罗马西北方230公里的托斯卡纳平原中央，面积有102平方公里，濒临阿诺河及阿平宁山的侧沿，在罗马时代是翻越阿平宁山的交通要地。在它西邻不远处，就是扬名于世的比萨古城。佛罗伦萨是连接意大利北部与南部铁路、公路网的交通枢纽。

佛罗伦萨位于阿平宁半岛北部一个宽广盆地的中心，三面环绕着美丽的粘土山丘，北面是卡内奇山(Careggi)和瑞佛莱得山(Rifredi)，东北是菲埃索莱山（Fiesole）、东面是塞提涅亚诺山（Settignano），南面是波乔皇帝山（Poggio Imperiale）和贝罗斯伽多山（Bellosguardo）。城市就坐落在其中的平坦地区。阿诺河以及一些较小的河流（Mugnone、Terzolle、Greve）从其中流过。

当今的托斯卡纳区，包括佛罗伦萨、普拉托、皮斯托亚三省，是一个人口密集的地区，共有约150万人口。整个区域均属于人为强烈干预的环境，罕见自然环境。山丘地区历经千百年的农耕和居住，森林已经大为减少，特别是城市南部和东部。城市西部沿着阿诺河的平原湿地尚未成为都市化区域。

佛罗伦萨的气候通常归类为地中海气候，不过柯本气候分类法将佛罗伦萨的气候归类为亚热带湿润气候。由于地处群山环抱的山谷，阿诺河从中穿过的地理位置，佛罗伦萨的夏季缺少盛行风，从6月到8月炎热潮湿，气温显著超过托斯卡纳区的沿海地区，最高气温可达到40摄氏度。在夏季的少量降雨属于对流雨类型。由于逆温现象，佛罗伦萨的冬季阴冷而潮湿，最低气温有时会降到冰点以下，不过冰雪相当少见。该市有记录的最高气温为42.6摄氏度（1983年7月），而最低气温为-23摄氏度（1985年1月10日），均接近意大利全国气温的极限值。降水主要集中在冬季。[1]

位于阿平宁山脉中段西麓盆地中的佛罗伦萨，阿诺河横贯市内，两岸跨有7座桥梁。人口44.4万（1982）。其中的一座桥据说是欧洲最大的廊桥。而另一座则是本书主题之画的那座桥。

阿诺河发源于阿平宁山脉的法尔特罗那山（Monte Falterona），是意大利托斯卡纳区的主要河流。汇集了Sieve、Pesa、Elsa和Era等四大支流，经流240公里，灌溉8247平方公里，最后汇入第勒尼安海。

阿诺河先是向南奔流，在Arezzo转弯向西偏北流去。流到佛罗伦萨就开始了下游的路程。经过Empoli和Pisa，注入大海。在意大利阿诺河入海的这一部分海区，又称作利圭里安海（Ligurian Sea）。

阿诺河是意大利中部农业灌溉的重要水利设施，一直不断地被改善。文艺复兴时期著名的艺术家达·芬奇曾经参加过其中防洪的设计。

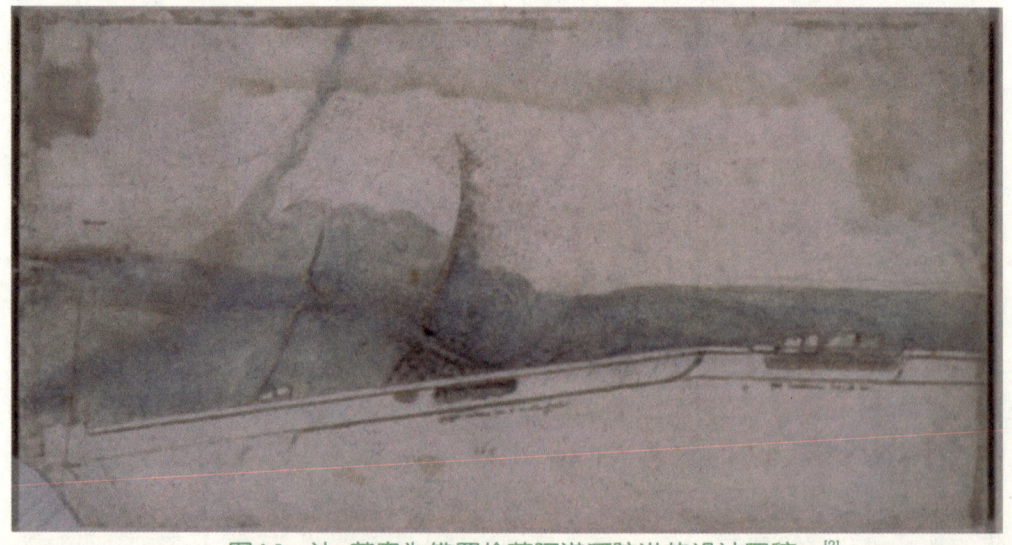

图4.1　达·芬奇为佛罗伦萨阿诺河防洪的设计图稿。[2]

第四章　佛罗伦萨：历史文化

阿诺河由佛罗伦萨城的南部流过，河流把城市分成东西两个部分。因此，连接两岸的桥梁就显得很重要。现在河上有七座桥梁。佛罗伦萨的桥梁世界著名，本书主题画的背景就在阿诺河的某个桥头。

从图4.2，我们可以看到阿诺河上的五座桥，从左到右依次是：Ponte Lespucci，Ponte alla Carraia，Ponte Santa Trinita（天主圣三一桥，或译为：Ponte Santa Trinità，圣特里尼塔大桥），Ponte Vecchio（老桥），Ponte alle Grazie（阿勒教堂大桥）。

贯穿全城的阿诺河上，横跨着很多座造型优美的古桥，每座古桥都记录着一个昔日的传说。最为知名的是位于圣三一桥下边的老桥，那是阿诺河上的唯一的廊桥，像一条"空中走廊"，把乌菲齐美术馆和碧提宫连成一体。这座饱经沧桑的老桥建于古罗马时期，1177年和1333年曾两次受到洪水侵袭，只剩下两个大理石桥墩。现在这座造型典雅的三拱廊桥是1345年在原有的桥墩上重建而成，桥面过道两侧坐落着三层错落有致的楼房，桥面的中段两侧留有约20米宽的空间作为观景台，这一别开生面的设计使得整个大桥显得奔放而和谐。1944年夏天，在第二次世界大战中，阿诺河上的七座古桥中的其他六座都被纳粹军队炸毁了，唯独老桥安然无恙。

老桥是意大利佛罗伦萨市内一座中世纪建造的石拱桥，位于阿诺河上。这是一座多孔闭肩圆弧石拱桥，最大跨距30米。老桥建于1345年，是欧洲出现最早的大跨度圆弧拱桥。老桥的另一个特别之处在于桥上建有店铺，最初为肉铺，现在则多是首饰店和旅游纪念品店。老桥是佛罗伦萨著名的地标之一。

在本书主题画上，我们可以远远眺见一座廊桥，那就是老桥。可见这幅画所描绘的但丁邂逅贝雅特莉齐的地方，不是像许多文章中所说的是在老桥，而是应当发生在老桥下游的圣三一桥（Ponte Santa Trinita）。但根据但丁的《新生》以及薄伽丘所说，他们的邂逅似乎发生在佛罗伦萨城中的某个路口。

二、佛罗伦萨的历史和光荣

为了研究方便，我们简要排列出佛罗伦萨的历史。从建城伊始，到1865年，[3]即但丁诞生600年，又是霍利代创作本书主题画的时代。这一年，佛罗伦萨成为意大利的首都，虽然时间并不长。

公元前5世纪：伊楚斯堪文明（Etruscans）在佛罗伦萨盆地建立了菲索尔（Fiesole）。

公元前59年：罗马军队在此驻扎。

405年，东哥特族人（Ostrogoths）包围佛罗伦萨。

5世纪末，东哥特族人占领佛罗伦萨。

774年，卡洛林吉人（Carolingians）占领佛罗伦萨。

962年，奥托一世（Emperor Ottone I st）给予城市六英哩的版图。

1082年，亨利二世（Emperor Henry II nd）包围了城市。

1154年，佛罗伦萨被皮斯托亚（Pistoia，意大利另一城市）打败。

1174年，佛罗伦萨与锡安纳（Siena）之间发生冲突。

图4.2　老桥（Ponte vecchio）及其他三桥（远处）

1207年，佛罗伦萨打败锡安纳。

1216年，佛罗伦萨的贵族分成两大派：教皇支持的盖尔菲派（Guelfs）和皇帝支持的齐柏林派（Ghibellines）。

1220年，佛罗伦萨与比萨（Pisa）的领主意见不合，导致长期的敌对。

1229年，佛罗伦萨与锡安纳爆发战争。

1248年，盖尔菲派被禁。

1251年，盖尔菲派恢复承认，某些齐柏林派家族被禁。

1252年，佛罗伦萨有了自己的流通币。

1258年，所有齐柏林派被禁。

第四章　佛罗伦萨：历史文化

1260年，佛罗伦萨被锡安纳击败。
1265年，齐柏林派还乡。但丁出生。
1268年，佛罗伦萨在与比萨的战争中取胜。
1269年，佛罗伦萨在与锡安纳的战争中取胜。
1280年，盖尔菲派和齐柏林派两党实现和平。

图4.3　薄伽丘名著《十日谈》中的插图

1300年，盖尔菲派分裂成白党与黑党。
1302年，白党被禁。
1306年，佛罗伦萨吞并邻城皮斯托意亚（Pistoia）。
1313年，薄伽丘诞生。
1321年，但丁去世。
1338年，佛罗伦萨买下卢卡城（Lucca）。
1348年，皮斯特（Peast）攻打佛罗伦萨。
1350年，佛罗伦萨吞并邻城柏拉托（Prato）。
1362年，佛罗伦萨与比萨爆发战争。
1374年，彼特拉克（Francesco Petrarca）去世。
1375年，薄伽丘去世。

1377年，菲利浦·布鲁内莱斯基（Filippo Brunelleschi，佛罗伦萨大教堂圆顶设计者）诞生。

1384年，佛罗伦萨买下阿雷佐城（Arezzo）。

1386年，多纳泰洛（Donato di Niccolò di Betto）出生，即大名鼎鼎的建筑艺术家Donatello。

图4.4 达·芬奇的名画：三博士的朝拜

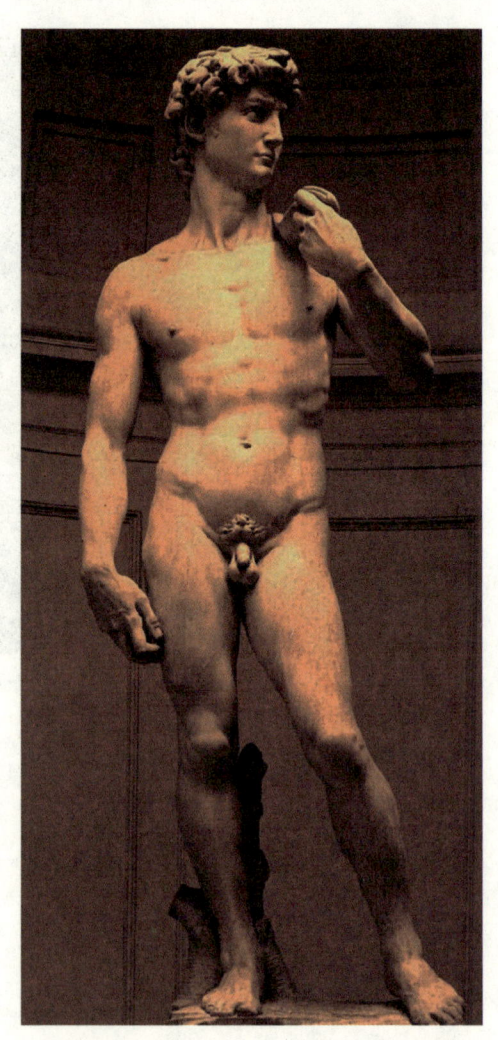

图4.5 米开朗基罗的著名雕塑《大卫》，被认作世界最美的男子，其复制品高高矗立在佛罗伦萨市中心的西尼奥列广场。

1400年，卢卡·德拉·罗比亚（Luca della Robbia，教堂装饰艺术家）出生。

1401年，乔万尼（Tommaso di ser Giovanni，即大名鼎鼎的Masaccio，与多纳泰洛齐名，标志着早期文艺复兴的开始）出生。

1406年，佛罗伦萨攻占比萨。

第四章　佛罗伦萨：历史文化

1421年，佛罗伦萨买下利沃莫（Livorno）。

1449年，"华丽的梅第奇"（Lorenzo de' Medici il Magnifico））诞生。

1451年，亚美利哥·维斯浦奇（Amerigo Vespuccin，发现亚马逊的航海家）诞生。

1452年，达·芬奇（Leonardo da Vinci）诞生。

1469年，马基雅弗利（Niccolò Machiavelli，政治家）诞生。

1475年，米开朗基罗（Michelangelo Buonarroti）诞生。

1492年，梅第奇（Lorenzo de' Medici）去世。

1498年，在领主广场（Piazza della Signoria，当今的市政广场），萨伏纳罗拉（Girolamo Savonarola，提倡清心寡欲的政治家）被烧死。

1527年，佛罗伦萨的梅第奇家族被禁。

1531年，查尔斯五世（Charles V th）赦免佛罗伦萨的梅第奇家族。

1533年，凯特琳娜·德·梅第奇（Caterina de' Medici）成为奥利安的亨利的妻子，未来的法国王后。

1539年，科西莫（Cosimo）与拿不勒斯亲王（vice king of Neaples）托莱多（Don Pietro di Toledo）的女儿伊莱昂罗拉（Eleonora）结婚。

1549年，婚后的伊莱昂罗拉（Eleonora de' Medici）买下碧提宫（Pitti palace）。

1564年，佛朗切斯科（Francesco），即科西莫的儿子成为佛罗伦萨城的领主（The city's lord）。米开朗基罗在罗马去世。

1569年，教皇保罗五世（The pope Paolo V th）授予科西莫整个托斯卡那地区。

1574年，科西莫去世。其子佛朗切斯科继承他的全部权力。

1587年，佛朗切斯科和卡佩罗（Bianca Cappello）去世，费尔丁南多（Ferdinando）获得他们的权力。

1600年，玛利亚·德·梅第奇（Maria de' Medici）与法国国王亨利四世（Henry IV th）结婚。

1609年，费尔丁南多去世。他的儿子费尔丁南多二世（Ferdinando II nd）继承权力。

1621年，科西莫去世。他的儿子科西莫二世（Cosimo II nd）继承他的权力。

1630年，皮斯特（Peast）攻打和包围佛罗伦萨。

1670年，费尔丁南多二世去世。他的儿子科西莫三世（Cosimo III rd）继承权力。

1691年，科西莫三世被授予"殿下"（Royal Highness）的头衔。

1718年，科西莫之子去世后。人们提议卡洛·德·波旁（Carlo di Borbone）继承科西莫三世。

1723年，科西莫三世去世。他的儿子加士顿（Gian Gastone）继承他的权力。

1731年，加士顿确认将权力过继给波旁。

1734年，波旁入侵拿不勒斯，佛罗伦萨的继承权受到威胁。

1737年，加士顿去世。洛雷纳皇帝（Francesco Stefano Lorena）授予克朗（Marco di Craon）继承权。

1740年，阿诺河发生超大洪水。

1765年，洛雷纳皇帝去世。他的次子继承了佛罗伦萨。

1790年，裘瑟佩二世皇帝（Emperor Giuseppe II nd）去世。列奥波多（Pietro Leopoldo）继承他的权力，并把佛罗伦萨给予他的儿子费尔丁南多三世（Ferdinando III rd）。

图4.6　梅第奇家族墓地，雕塑为米开朗基罗之作

第四章　佛罗伦萨：历史文化

1799年，法国人入侵佛罗伦萨。费尔丁南多三世逃跑。法国人抢去72幅画作。三天后，法国人放弃佛罗伦萨，奥地利人却接管了它。

1800年，法国人再次侵犯佛罗伦萨。

1801年，费尔丁南多三世将佛罗伦萨送予堂·洛多维科·德·波旁（Don Lodovico di Borbone）。

1803年，堂·洛多维科去世。他的儿子卡洛·洛多维科（Carlo Lodovico）继承权力。

1808年，佛罗伦萨加入法国。

1814年，费尔丁南多三世收回权力。

1816年，被法国掠夺的画作归还佛罗伦萨。

1824年，费尔丁南多三世去世。他的儿子列奥波尔多二世（Leopoldo II nd）继承权力。

1859年，列奥波尔多二世放弃佛罗伦萨。

1865年，佛罗伦萨成为意大利首都，但只有三年时间。

1980年2月22日，佛罗伦萨与中国的南京结成友好城市。

佛罗伦萨是欧洲文艺复兴发源的地方，不仅仅是因为但丁出生在这个城市，而是因为除了但丁之外，还有一系列的文艺大师。他们是一个群体。从14世纪开始，佛罗伦萨一直就是欧洲文化的重要的领军城市。薄伽丘在他的名著《十日谈》中，就曾经自豪地称作：佛罗伦萨的光荣。1988年，英国文艺史家贡布里希还曾以此命名他的文艺复兴的讲座。[4]

随着但丁的名声传遍整个意大利，传向全世界，佛罗伦萨想要抹掉但丁是在被佛罗伦萨放逐后而死的污点。他们极尽努力想要把但丁的遗骨移回。我们在第二章提到的那位在薄伽丘之后为但丁作传的布鲁尼先生热情款待但丁的后人不是没有缘由的。佛罗伦萨的执政者们为了使人们阅读但丁的作品，设立了官方的讲师职位，由市里付酬来阐释《神曲》。第一个担任这一职位的是薄伽丘。[4]

在1400年，佛罗伦萨与意大利的另一座城市米兰进行宣传战时，当时的首相就打出了文化牌。他先是赞扬了米兰的力量和财富，承认佛罗伦萨确实对这些望尘莫及，但是，佛罗伦萨在城市建筑和杰出的才智上，足以与米兰媲美。更令佛罗伦萨高出一等的是，这位首相最后问道："你们的但丁在哪儿？你们的彼特拉克在哪儿？你们的薄伽丘在哪儿？"

在上述的佛罗伦萨的历史记录中，我们可以看到那些建筑设计师的大名永垂青史，那些建筑现在依然矗立。在佛罗伦萨大教堂中的著名画家乔托的纪念碑上写道:"我是使失传的绘画艺术获得新生的人。"有了乔托,才有了后来的文艺复兴三杰。

在这里,我们不得不提及文艺复兴时期佛罗伦萨的实际统治者洛伦佐·德·梅第奇(Lorenzo de' Medici,1449~1492)。同时代的佛罗伦萨人称其为"华丽的洛伦佐"。他是外交家、政治家,也是学者、艺术家和诗人的赞助者。他生活的时代正是意大利文艺复兴的高潮期,他的逝世也意味着佛罗伦萨黄金时代的结束。他毕生努力维持的意大利城邦间的和平,随着他的去世土崩瓦解。洛伦佐死后的6个月,哥伦布发现新大陆。同时,伴随他的死亡,文艺复兴的中心由佛罗伦萨转移至罗马,并在那里又持续了一个多世纪。

在梅第奇家族府邸入口处有这样一段铭文提醒着游客,在这里:"拉丁和希腊文学得到恢复,视觉艺术得到培养,柏拉图哲学得到复苏…… 这仅仅是许多杰出人物而且也是智慧女神本人居住的住宅,即所有在此复兴的知识的聚居地。由衷地尊崇它吧。"[4]

三、佛罗伦萨的文化

知道了佛罗伦萨的历史,对佛罗伦萨的文化就一目了然了,也就可以理解为什么佛罗伦萨人以但丁为骄傲。佛罗伦萨成为世界最著名的文化名城之一,几乎是与但丁的诞生不可分离的。自从有了但丁之后,薄伽丘诞生,再后有伟大的达·芬奇和米开朗基罗,后两人在欧洲文艺复兴运动中占据重要地位。1506年,据说被称作文艺复兴艺坛"三杰"的达·芬奇、米开朗基罗和拉斐尔聚会于佛罗伦萨,成为艺术史上的千古美谈。

另外,诞生于此名声显赫的建筑家、教堂设计师、航海家、政治家……不一而足,应有尽有。被称作当代科学之父的伽利略也曾经在这个城市工作和研究。更重要的是统治佛罗伦萨300年的梅第奇家族,几乎搜罗了当时天下最优秀的艺术品。15至16世纪时佛罗伦萨是欧洲最著名的艺术中心,以美术工艺品和纺织品驰名世界。它的工业以玻璃器皿、陶瓷、高级服装、皮革为主,金银加工、艺术复制品等工艺品亦很有名。

文艺复兴时期是佛罗伦萨最为辉煌的时刻。梅第奇家族酷爱艺术,在其保护和资助下,当时集聚在佛罗伦萨的名人众多。而正是因为众多卓越的艺术家们创作了大量的闪耀着文艺复兴时代光芒的建筑、雕塑和绘画作品,佛罗伦萨才成为了文艺复兴的重中之重,成为了欧洲艺术文化和思想的中心。直到1737年美第奇家族最后一个统治者去世后,佛罗伦萨重又落于奥地利的统治。

第四章　佛罗伦萨：历史文化

图4.7　佛罗伦萨城徽（左）和臂徽（右）

几百年来，梅第奇家族的族徽玉簪花（百合花）成了今天佛罗伦萨的市徽。15世纪至18世纪中期，长达3个世纪的佛罗伦萨历史可以说是与梅第奇家族的兴衰紧紧联系在一起。当时，这一家族掌握了当地实际的政治和经济权力。

今天，市徽上的图案是白色背景的红色花朵，不过在古代，颜色正与今日相反。目前的颜色始于1251年，皇帝党在被赶出佛罗伦萨后，继续使用原来的市徽，于是控制佛罗伦萨的教皇党为了与对手相区别，将市徽改为今天的模样。但丁在世时，佛罗伦萨的城徽就是今天的模样。1809年，拿破仑下令废除这一古老的市徽，改为银色背景，绿色草地上一朵百合花，顶部为红色条带和三只金色蜜蜂（象征拿破仑）。佛罗伦萨人不满意这个改变，没有执行这一法令。由此，足见佛罗伦萨人不屈不挠的性格。

作为欧洲文艺复兴运动的发祥地，佛罗伦萨今天已经成为举世闻名的文化旅游胜地。市区仍保持古罗马时期的格局，多为中世纪的建筑艺术。全市有40多个博物馆和美术馆。乌菲齐和皮提美术馆举世闻名，意大利绘画精华荟萃于此。文化中心有大学，还有艺术、文学、科学研究院与图书馆等。

佛罗伦萨的意大利语Firenze意为"鲜花之城"。上个世纪中国新月派代表诗人徐志摩（1897～1931）根据意大利语首先将其译作"翡冷翠"。对于富有想象力的诗人来说，"翡冷翠"也许远远比译作"佛罗伦萨"来的更富诗意，更多色彩，也更符合古城的气质。徐志摩著有《翡冷翠的一夜》一诗，并以此诗之名命名后来的诗集。此后，作家徐鲁著有《翡冷翠的薄暮》，画家黄永玉著有《沿着塞纳河到翡冷翠》，80后诗人风来满袖著有译诗集《沿康河到翡冷翠》，都是对徐志摩诗意的一脉相承。[5]

徐志摩的《翡冷翠的一夜》中对佛罗伦萨之美几乎没有着落一个字，倒是在此为爱颠来倒去，死去活来的。大概佛罗伦萨这个城市就是爱情之都吧。可以看作是记叙了当时他和陆小曼之间的感情波澜、他的热烈的感情和无法摆脱的痛苦。[6]或许徐诗人也是深深地为但丁与贝雅特莉齐之恋所感动。这里不妨引用一段，供读者品味：

爱，就让我在这儿清静的园内，
闭着眼，死在你的胸前，多美！
头顶白树上的风声，沙沙的，
算是我的丧歌，这一阵清风，
橄榄林里吹来的，带着石榴花香，
就带了我的灵魂走，还有那萤火，
多情的殷勤的萤火，有他们照路，
我到了那三环洞的桥上再停步，
听你在这儿抱着我半暖的身体，
悲声的叫我，亲我，摇我，咂我……
我就微笑的再跟着清风走，
随他领着我，天堂，地狱，哪儿都成，
反正丢了这可厌的人生，实现这死
在爱里，这爱中心的死，不强如
五百次的投生？

  不过佛罗伦萨的基调并不真的如翡翠般嫩绿。这里最典型的天气——也是托斯卡纳最典型的天气——是阳光下的蓝天白云。色彩鲜艳的墙壁，深绿色的百叶窗，深红色的屋顶才是这里的标志。

  佛罗伦萨全市共有40所博物馆和美术馆，60多座宫殿及许许多多的大小教堂，收藏着大量的优秀艺术品和珍贵文物，因而又有"西方雅典"之称。它是世界上藏品最丰富的文艺复兴时期艺术品保存地之一。佛罗伦萨人会自豪地对你说，这个城市保存有世界上最美的男性和最美的女性。

  现在还可以领略到文艺复兴时期百花齐放的佛罗伦萨：[1]

  1.学院美术馆（Galleria del' Accademia）：藏有米开朗基罗的"大卫像"、四座未完成的"奴隶像"、第二座"圣母哀子像"和其他佛罗伦萨艺术家的作品。

  2.花之圣母大教堂（The Duomo）：花之圣母大教堂（又译百花大教堂、佛罗伦萨大教堂）是佛罗伦萨的地标，外观以粉红色、绿色和奶油白三色的大理石砌成，展现着如女性一般的优雅高贵的气质，故称为"花的圣母寺"（Santa Maria del Fiore）。（见图4.8）

第四章 佛罗伦萨：历史文化

图4.8 落日时分的佛罗伦萨市区

  花之圣母大教堂是1296年由Arnorfo di Cambio负责建造的，中央的巨大圆顶是由著名建筑家布鲁内勒斯基（Brunelleschi）所建造的第一座文艺复兴式圆顶，共花了十四年的时间才完成，是文艺复兴圆顶建筑的楷模。米开朗基罗在计划设计圣彼得大教堂的圆顶时曾说过："我可以盖个比翡冷翠教堂圆顶更大的圆顶，但绝无法及上它的美。" 教堂建造于1248年。佛罗伦萨人为了显示自己的地位，想把教堂的穹顶建为当时世界上最大的穹顶。尽管教堂完工的日期又因此被推迟了将近二十年，但是这一切都是值得的。这座前后花了一百五十多年时间，经过好几代人的努力才最后完工的大教堂已经成了佛罗伦萨的代名词。
  若想登上大教堂的屋顶，可从其右侧内的礼拜堂左边走廊进入，登上463级的阶梯。教堂正面经两次改建，教堂后博物馆里。收藏了许多伟大的艺术品。
  3.乔托钟塔（Campanile di Giotto）：百花大教堂旁边的82公尺高塔，由建筑家乔托于1334年开始建造，外观是一个四角形的柱状塔楼，把粉红、浓绿和奶油白三种颜色以几何学的配色方式调合，和旁边的百花教堂十分和谐，底部还有精致的浮雕，内部有楼梯可达顶部，共有290级台阶。（见图4.8）
  4. 圣乔凡尼礼拜堂（Battistero di San Giovanni）：面对百花大教堂的八角形教堂，建于5世纪～8世纪间，是托斯坎尼地区罗马式建筑的代表。（图4.9）

图 4.9　圣乔凡尼礼拜堂（Battistero di San Giovanni）

礼拜堂最具观光价值的就是三扇青铜门浮雕：入口处南侧的青铜门是由安德烈·比萨诺于1330年制作的，28幅图是关于约翰传教的故事；东侧青铜门是由吉尔伯提（Ghiberti）自1425年起花27年时间所制作，10幅图描述亚当和夏娃及旧约圣经的题材，被米开朗基罗誉为"通往天堂之门"；北侧青铜门也是吉尔伯提的作品，由28幅图组成，主题是表现基督及其12门徒的事迹。

图 4.10　波提切利的"维纳斯的诞生"。画中人被佛罗伦萨人认为是世界上最美的女性。

第四章　佛罗伦萨：历史文化

5．乌菲兹美术馆（Uffizi Gallery）：这是意大利文艺复兴的艺术殿堂，珍藏达·芬奇、乔托（Giotto）、拉斐尔、提香（Titian）、鲁本斯（Rubens）、卡拉瓦乔（Caravaggio）、米开朗基罗和波提切利（Botticellis）等人的杰作。重要作品有波提切利的"维纳斯的诞生""春"，达·芬奇的"三博士的朝拜"，拉斐尔的"金翅雀的圣母"和米开朗基罗的"圣家族"等名作。（图4.11）

图4.13　乌菲兹美术馆（Uffizi Gallery）

6．国立巴吉洛美术馆（Museo Nazionale Bargello）：佛罗伦萨最伟大的雕像美术馆，因收藏14到17世纪托斯坎尼地区的雕刻作品而闻名。这里收藏有多纳太罗的"大卫像"——中世纪以来第一座男性裸体雕像，以及米开朗基罗年轻时的作品"未完成的达彼得像""酒神像"等。

7．米开朗基罗广场（Piazzale Michelangelo）：广场位于阿诺河对岸，是眺望佛罗伦萨的最佳地点。广场中央有米开朗基罗的大卫雕像的复制品，而位于它后面的就是美得令人怦然心动的浪漫主义教堂San Miniato。

8．维琪奥王宫（Palazzo Vecchio）：这座防御完整的宫殿内部曾是梅第奇（Medici）家族的住所。米开朗基罗的"大卫像"从1873年以来一直陈列在门口左侧，不过现在所见是仿作。二楼大厅是共和国政府的大会议场，两侧的壁上有米开朗基罗的名作"胜利"。王宫前是佛罗伦萨最热闹的西纽利亚广场（Plazza della Signoria），"祖国之父"科西莫·梅第奇的骑马雕像睥睨全场。邻近王宫的集会所（Loggia dei Lanzi）有许多古代及文艺复兴式样的大理石人物雕像。

图4.12　国立巴吉洛美术馆（Museo Nazionale Bargello）

9.维琪奥桥（Ponte Vecchio），即前述老桥：建于1345年，为佛罗伦萨最古老的桥梁。Vecchio这个字是古老的意思。维琪奥桥上有二层楼的建筑，以前是乌菲兹宫通往隔岸碧提王宫的走廊。桥上两边都是特产品的专卖店，商店的背后伸展到河上。特产店以贩卖宝石和贵重金属艺术品为主。（图4.2）

西尼奥列广场位于佛罗伦萨市中心，这里有一座建于13世纪的碉堡式旧宫（现为市政厅）。旧宫上的塔楼高94米，它是意大利最夺人眼球的公共建筑之一。旧宫侧翼的走廊，当初为修道院院长和行政长官宣读文告的会场，现在连同整个广场成为了一座露天雕塑博物馆。其各种石雕和铜像作品栩栩如生，形象传神，如人们所熟悉的米开朗基罗的《大卫像》复制品等，令参观者和各国游客叹为观止。

图4.13　维琪奥王宫（Palazzo Vecchio）

建于1296年的圣玛利亚·德尔·弗洛雷大教堂，为佛罗伦萨众教堂之首。这是一座十分辉煌的罗马式建筑，是几代艺术家劳动的结晶。它那由白、绿和粉红色条纹大理石砌成的外墙极具魅力，而那独特的大圆顶和那别致的钟楼为其精华所在。您若登楼俯瞰，佛罗伦萨那迷人的古城风貌一定会令您难忘。

不论您是漫步在佛罗伦萨的大街小巷，还是来到博物馆、美术馆或教堂参观，定会感受到佛罗伦萨古城那浓郁的文化氛围。

第四章　佛罗伦萨：历史文化

四、但丁对佛罗伦萨的爱与恨

但丁青年时期就参加过保卫佛罗伦萨的战争，此事在薄伽丘撰写的传记中有明确记载。而从上述佛罗伦萨的历史来看，在但丁时代，佛罗伦萨始终面对着战争。

但丁成年后，成为佛罗伦萨的市政官之一，后来因为政治斗争被放逐，最后客死他乡。回归故乡是他后半生最大的愿望。当年，当政者曾经要他承认错误，以负荆请罪的形式回到故乡。但是，但丁宁死不受羞辱，以致终生未能回到故乡。在《神曲》中，他却对佛罗伦萨一往情深，大量着笔。

在《神曲·地狱篇》中，但丁对佛罗伦萨的腐败深恶痛绝地写道：[7]

"佛罗伦萨啊！新来的人和暴发的财富
已使你变得傲慢无礼和放肆无度，
这就使你深受折磨哀声痛哭。"
我就是这样扬起头来，大声疾呼。

《地狱篇·第16首》

佛罗伦萨，你且享受一番吧！既然你是如此伟大，
你展开双翼，翱翔在天涯海角，
而你的名字也传遍地府阴曹。
在那群盗贼当中，竟发现有五名是你的市民，
为此我感到羞耻，无地自容，
而你也不会因而提高身价，大受尊敬。
但倘若临近清晨时做的梦总是属真，
那么，你不久之后就会亲身体验
普拉托乃至其他城市都渴望你遭受的那种厄运。
而倘若这厄运业已发生，那也不算过早：
既然它总要发生，那就索性让它早日来到！
因为不然的话，这会使我更加痛苦，正如我会变得更加衰老。

《地狱篇·第26首》

而在《神曲·天堂篇》中，但丁见到了他的祖先，听他的祖先述说佛罗伦萨

的故事:[7]
　　这个魂灵开始向我答道：
　　"哦，我的枝叶，即使只是等待，我也感到喜悦欢欣，
　　我曾是你的根。"
　　接着他又对我说道："你的家族姓氏据以起名的那个人，
　　曾有一百余载，在那第一层，
　　环绕山岭而行，
　　他就是我的儿子，也是你的曾祖先尊；
　　理当由你用你的行动
　　来为他缩短那漫长的苦刑。
　　处在古老环城之内的佛罗伦萨，
　　从那旧城之上，曾经震响第三时和第九时的钟声，
　　那时的佛罗伦萨还曾和平、简朴和廉政。
　　她没有项链手镯，没有金冠头饰，
　　没有华丽刺绣的衣裙，没有丝带缠身，
　　这些装饰耀眼夺目，胜过那穿戴之人。
　　那时节，女儿降生，还不致令父亲受怕担惊；
　　因为年龄和妆奁
　　都不曾在各自一方超出限度规定。
　　家族的房屋不曾是空荡无人；
　　撒尔达纳巴洛还不曾来临，
　　显示房间中所能陈设的富丽情景。
　　蒙特马洛还不曾被你们的乌切拉托佑所战胜，
　　它固然在发达兴旺方面不曾逊色，
　　在腐化堕落方面则远落后尘。
　　我曾见贝林丘恩·贝尔蒂腰系骨制环舌的皮带，
　　也曾见他的女人从镜中
　　映照那不施脂粉的芳容；
　　我还曾见奈尔利家族的那个人和维基奥家族的那个人
　　满足于身披光秃的皮衣，
　　他们的女人手持纺锤和纱卷劳作辛勤。
　　哦，幸运的妇女啊！每个人都对自己的葬身之处怀满自信，

第四章　佛罗伦萨：历史文化

当时也还没有任何一个女人
因为法兰西而空闺独寝。
有的妇女把摇篮细心照看，
用从前父母抚爱的语言，
把婴儿哄睡安然；
另有妇女一边把纱卷缠在纱杆，
一边向她的家人讲述有关
托洛伊人、菲埃索莱和罗马的寓言。
当时，一个齐安盖拉、一个拉波·萨尔泰雷洛
会被看成是奇迹，
就像目前钦齐纳托和科尔尼利亚也会与奇迹无异。
玛利亚曾把我献给如此安静、
如此美好的市民生活，
献给如此甜蜜的环境，
她曾被高声呼叫不住；
在你们那古老的洗礼堂里，
我也曾同时成为卡恰圭达和基督教徒。
莫龙托和埃利塞奥曾是我的兄弟；
我的女人下嫁于我，来自波河流域，
你的族姓的形成也便以此凭依。
随后，我追随库拉多皇帝；
他把我收留为他的军队士兵，
我由于功勋卓著，深受他的垂青。
我随从他反对那项法律的不公正，
而正是出于那些牧者的罪行，
服从那法律的人民篡夺你们的正当权能。
在那里，我被那群乌合之众
斩断了与伪善世界的联系，
而对那伪善世界的热爱曾玷污多少灵魂；
我正是因以身殉教才来到这和平的仙境。"

《天堂篇·第15首》

哦，我们血统的高贵真是无足轻重，
倘若尘世间的人们以你为荣，
而我们在那里的感情又是那么脆弱不稳，
这也绝不会是令我感到惊奇的事情；
因为在天堂，欲念不会走上邪径，
我现在才在天上说，我是以你为荣。
你正是一件披风，很快便会缩短；
若不是一天天增加新料，
时间就会用剪刀把它的周边剪掉。
我的话语重新从"您"说起，
而这称呼最初是由罗马容忍，
它的居民现则更少坚持沿用；
于是，站在稍远处的贝雅特莉齐，
微微一笑，正像那位夫人
曾在吉妮维尔初露私情时咳嗽一声。
我开言道："您是我的父亲；
您给予我说话的充分勇气；
您把我抬举，使我胜过我自己。
我的心灵通过这许多渠道，洋溢无限欢欣，
它为此深感庆幸，
因为它能够担承而不致碎成齑粉。
那么，请您告诉我，我亲爱的祖宗，
您的祖先是哪几位，
您幼年度过的岁月又是怎样的情景：
请您告诉我那圣约翰的羊圈
当时究竟有多少羊群，
其中谁又是享有最高地位的人们。"

犹如燃烧的煤炭迎风一吹，冒出裂焰，
我目睹的景象也正是这般：
那光芒在我亲切的询问下顿显辉煌灿烂；
正如在我眼前，它变得更加美丽，

第四章　佛罗伦萨：历史文化

它的声音也同样变得温和甜蜜，
但是，它却不说现代这种言语，
那光芒对我说："从说出'万福'那一天起，
直到我的母亲身怀六甲、使我降生的那个妊娠时刻——
如今我的母亲已成为圣女，
这个火球已来到它的天狮星座，
有五百五十加三十次之多，
在那天狮的脚下，火光灼灼。
我的祖先与我都诞生在这个地方：
那里，以前曾是最后一个市区，
从那些参加你们每年赛马游戏的人的驰骋之地算起。
关于我的祖辈，只消听到这一点就已足矣：
他们究竟是什么人，又是从何处来到此地，
与其明言，倒莫如缄口不谈更为适宜。

图4.14　阿诺河夜景，老桥明确，其远处是圣三一桥等.

那时节，这里可以在玛尔斯与洗礼堂之间
持刀佩剑的所有那些人，
相当于如今活着的人们的五分之一。
但是，当时的居民都纯属一种，

直到最卑微的手工艺人,
而如今,这些居民则是由坎皮、切尔塔尔多和菲基内等地的人混杂而成。
哦,倘若我所说的那些人一直作为邻舍,
你们的地界一直维持在加卢佐和特雷斯皮亚诺,
那该多么好哟!
这会胜过让他们迁入城内,忍受
来自阿古利昂和西尼亚的那两名村野之夫的熏天臭气,
而后者早已为了进行交易,就使他的眼光变得如此犀利!
倘若那些在世上行为最为堕落的人
对凯撒不是像继母那样相待,
而是像慈祥的生母那样把她的儿子对待,
今日造就出这样的佛罗伦萨人,经营买卖,从事银钱交易,
也本会返转西米封蒂,
那里,他的祖先曾沿街兜揽生意;
蒙特穆尔洛本会依然属于伯爵领地,
切尔基家族也本会仍居住在阿科内教区长管辖区,
或许蓬德尔蒂家族也仍会留在瓦尔迪格里耶维府邸。
人员的混杂总是城市祸害的根芽,
正如饭食重叠,难以消化,
造成你们的身体不佳;
瞎眼的雄牛要比瞎眼的羔羊
会更快地跌倒在地,往外,
一把宝剑比五把宝剑能把人更多更好地刺伤。
倘若你考虑一下:卢尼和奥尔比萨利亚
如何灭亡,继其之后,基乌西和西尼加利亚
又是如何崩溃陷塌,
听到这些家族如何衰败凋零,
也不会令你感到是新奇费解的事情,
既然城市也要寿终正寝。
你们的东西都会走向死亡,
正如你们本身一样;但是,死亡也会在某些持续很久的东西内隐藏;
生命毕竟苦短难长。

第四章　佛罗伦萨：历史文化

犹如月球天的旋转
无休止地掩盖和显露海滩，
幸运女神也正是这样使佛罗伦萨发生衍变；
因此，我将谈到的那些佛罗伦萨高门大户的际遇，
也不该是什么令人惊奇的事，
他们的声名已隐没在时间的流逝。
我见过乌基家族，也见过卡泰利尼家族，
见过菲利皮、格雷齐、奥尔马尼和阿尔贝里基家族，
这些公民都是声名显赫，当时却都已趋于没落；
我还通过萨奈拉家族和阿尔卡家族的那些人，
见过那些既大又老的名门望族，
并见过索尔达尼埃里、阿尔丁基和博斯蒂基等家族。
在那大门的上部
——那大门如今负载着影响如此沉重的新的背信弃义行为，
这行为很快便造成沉船之苦——
曾居住过拉维尼亚尼家族，
圭多伯爵正是这个家族的后裔，
后来，不论是谁都曾把那高贵的贝林丘内的姓名沿袭。
普雷萨家族的那些人
早已知晓要如何进行统治，
而加利加佑也早已在他的门户，把剑柄和剑端镀上黄金。
那松鼠皮纹的圆柱曾是如此硕大，
萨凯蒂、乔基、菲凡蒂和巴鲁齐以及加利等家族，
还有那为盐而羞愧面红的家族之人也都曾权大势盛。
卡尔福齐家族曾据以诞生的那个根基，
也曾十分庞大，
西吉和阿里古齐两家族也曾高位身居。
哦，我眼见多少人曾因他们的妄自尊大而一败涂地！
我也曾见那颗颗金球
以其全部伟大创举，使佛罗伦萨一时兴盛发迹。
有一批人的父辈也曾同样有此作为，
但这批人如今却麇集一处，把自身养得胖胖肥肥，

只要你们的教堂有了空位。
那盛气凌人的家族,
对待畏缩逃窜的人像恶龙般地追逐,
对待向它张牙露齿或用钱收买的人则又像羔羊般地驯服,
它曾直上青云,但又原是一帮小民;
因此,它讨不到乌贝尔廷·多纳托的欢心,
后来则是那位岳父认它为亲。
卡蓬萨科曾从菲埃索莱下来,住到市场,
而犹大和因凡加托二人
也曾是良善市民。
我还要说一件事情,真实又难以置信:
过去曾从一座城门进入那小小的城圈,
那座城门竟是以佩拉家族的姓氏命名。
每个家族都佩戴那位伟大爵爷的美丽族旗,
而那位爵爷的名姓和功绩
都得到托马索节的慰藉,
这些家族正是从他那里荣获骑士称号和特殊权益;
尽管今天那个用金边镶配他的旗号的人,
与平民百姓纠集在一起。
瓜尔特罗蒂和因波尔图尼两家族也曾飞黄腾达,
倘若他们不曾有新的邻居,
博尔哥本还会更加静谧。
你们的悲痛据以产生的那个家族,
它本身和它的朋党都曾受人敬重,
而正是那正义的愤怒使你们惨遭屠戮,
并结束了你们那快乐的生活:
哦,蓬德尔蒙特啊,你由于听从他人的挑唆,
竟逃避与它订立的婚约,这是多么大错特错!
倘若上帝在你首次前来这个城市时,
把你赐与埃玛河,
多少如今悲哀的人本会依然欢乐。

《天堂篇·第16首》

第四章　佛罗伦萨：历史文化

由以上可见，但丁对与他同时代的佛罗伦萨当政者是多么的痛恨，不仅批评有加，更把他们放在地狱里，而把古老的佛罗伦萨家族，包括自己的祖先都放在天堂。对古老的佛罗伦萨家族的演变，他不怕浪费笔墨，详加描述。仔细阅读，我们就可以发现，但丁的理想，以及他认为的理想的佛罗伦萨应当是个什么样子。

图4.15　广场雕塑

最后，我们引用上述篇章诗句的最后一段，作为本章结束：[7]

但是，这是命中注定：
佛罗伦萨要在它最后的和平日子里，
向那看守桥头的残缺石像献祭牲品。
我所看到的佛罗伦萨就是如此平静，
有上述这些人等，还有与他们一起的其他人，
当时，它没有理由哀泣悲鸣：
正是从这些人身上，我看到
它的人民既正直又光荣，
以致那百合花从未倒置在旗杆顶，
也不致由于分裂而被染成通红。

《天堂篇·第16首》

参考文献：

[1] 佛罗伦萨. http://en.wikipedia.org/wiki/Florence

[2] Courtesy of Walters Art Museum and Queen Elizabeth II. Plan to Regulate the Arno River in Florence by Leonardo da Vinci. http://baltimore.about.com/od/events/ig/Walters-Art-Museum-Map-Exhibit/-Arno-River---Da-Vinci.htm

[3] Florence by Net. History of Florence, Italy, http://www.florence.ala.it/history.htm

[4] Gombrich EH（李本正译）. 佛罗伦萨的光荣. 文艺复兴：西方艺术的伟大时代. 北京：中国美术学院出版社, 2000, 17~28.

[5] 翡冷翠. http://www.hudong.com/wiki/%E7%BF%A1%E5%86%B7%E7%BF%A0

[6] 百度百科. 徐志摩. http://baike.baidu.com/view/14176.htm

[7] 但丁（黄文捷译）. 神曲. 广州：花城出版社, 2000.

第五章
亨利·霍利代的油画：但丁邂逅贝雅特莉齐

　　学者们说，贝雅特莉齐·波提纳莉不仅因为但丁而不朽，而且也因为前拉斐尔派（Pre-Raphaelite）的大师和诗人的画作而永恒。[1]本书主题画的作者亨利·霍利代就是著名的前拉斐尔派的画家。而这幅画也是前拉斐尔派描述但丁与贝雅特莉齐爱情的扛鼎之作。

图5.1　亨利·霍利代：但丁邂逅贝雅特莉齐（1883年）

一、前拉斐尔派

　　前拉斐尔派，又称作前拉斐尔兄弟会（Pre-Raphaelite Brotherhood），1848年在伦敦发起。作为发起人之一的罗塞第（Dante Gabriel Rossetti，1828～1882）当时才20岁。[2]罗塞第对但丁无限崇拜，以致用但丁（Dante）作为自己的第一个名字。

拉斐尔·圣齐奥（本名Raffaello Santi，拉丁文：Raphael，意大利文：Raffaello Sanzio，1483~1520），出生于意大利西北威尼斯和佛罗伦萨之间马尔凯省的一个小镇乌尔比诺（Urbino），与佛罗伦萨出生的列奥纳多·达·芬奇和米开朗基罗并称为"文艺复兴三杰"。拉斐尔是西方艺术史上著名的画家，亦是建筑师，所绘的画以"秀美"著称。画作中的人物清秀，场景祥和。[3]

拉斐尔的生平要比1848年成立的前拉斐尔派早300多年，因此，仅从字面上来理解前拉斐尔派是不够准确的。1848年，先是由三名英国的画家、诗人和文艺批评家威廉·亨特（William Holman Hunt）、约翰·埃文雷特·米莱（John Everett Millais）和但丁·加伯利尔·罗塞第（Dante Gabriel Rossetti）在米莱位于伦敦的家中发起。后来又加入了四人：威廉·麦克尔·罗塞第（William Michael Rossetti，但丁·加伯利尔·罗塞第的弟弟）、杰姆斯·科林逊（James Collinson）、弗里德利克·乔治·斯蒂芬（Frederic George Stephens）和托玛斯·沃勒（Thomas Woolner），一共七人组成了前拉斐尔兄弟会（Pre-Raphaelite Brotherhood）。[4]它一开始大概只是一群志同道合的朋友组织的艺术团体，闲来无事，聚聚会，讨论讨论艺术理论和文艺批评。

图5.2　拉斐尔：西斯廷圣母
（The Sistine Madonna, 1513-1514）

罗塞第和亨特是英国皇家艺术学院的学生，他们之前也曾在其他组织中会面过。罗塞第是福特·马多克斯·布朗（Ford Madox Brown）的学徒，他曾前往观赏亨特依据济慈的诗《The Eve of St Agnes》所绘的作品，想要发展一种连结浪漫诗和绘画间的关系。他们也曾邀请福特·布朗加入，不过被他拒绝了，但布朗的画风还是跟他们相当接近。一些年轻的画家和雕刻家也和他们有紧密联系。最初，他们是秘密地成立了该团体，没有让皇家学院的其他人知道。[5]

第五章　亨利·霍利代的油画：但丁邂逅贝雅特莉齐

图5.3　但丁之梦　（Dante Gabriel Rossetti，1871年）

　　罗塞第一生对但丁极度崇拜，不仅用但丁的名字作为自己的第一个名字，而且以其夫人为模特，画了许多贝雅特莉齐的画像，如第三章图3.2。图5.3是罗塞第画作中最大的一幅，画的是贝雅特莉齐在路上向但丁致意后，但丁如痴如梦地回到家中，梦见向贝雅特莉齐献出自己的心。也有人说，画的是但丁梦见贝雅特莉齐的去世。画中卧床的贝雅特莉齐是以罗塞第的妻子为模特，站立的两位女子是罗塞第的另外两位著名的模特。她们似乎体形、面貌相去无几，大概是罗塞第心目中最美的形象吧。

　　前拉斐尔兄弟会的目的是为了改变当时的艺术潮流，反对那些在米开朗基罗和拉斐尔的时代之后在他们看来偏向了机械论的风格主义画家。他们认为拉斐尔时代以前古典的姿势和优美的绘画成分已经被学院艺术派的教学方法所腐化了，因此取名为前拉斐尔派。他们尤其反对由约书亚·雷诺兹（Joshua Reynolds，1723～1792）爵士所创立的英国皇家艺术学院（Royal Academy of Arts）的画风，认为他的作画技巧只是懒散而公式化的学院主义风格。他们主张回归到15世纪意大利文艺复兴初期的，画出大量细节、并运用强烈色彩的画风。[5]

　　约书亚·雷诺兹爵士最崇拜的是拉斐尔，并以拉斐尔的油画制定了"油画规则"（Rules for Painting）。虽然他于1792年就去世了，但是，他的"规则"仍然保留，难以撼动。这就使那些活力四射的年轻人浑身不快，期望将其打破。因此，不难理解为什么他们称自己作前拉斐尔派。[2]

前拉斐尔派常被看作是艺术中的前卫派，不过他们不愿意接受这种描述，因为他们仍然以古典历史和神话作为绘画题材以及模仿的艺术态度，或者是以模拟自然的状态，作为他们的艺术目的。他们极力想把油画带回到拉斐尔前期，虽然他们对那个时代并不真正了解。[2] 不过，前拉斐尔派毫无疑问地将自身视为艺术界的改革运动，为他们的运动取了名称以做区别，并且出版了他们的期刊《The Germ》，以宣扬他们的理念。有关他们的讨论则记录在《Pre-Raphaelite Journal》中。[5]

前拉斐尔派的原则为以下四条：[5]

（1）要以确实存在的概念来表达。

（2）要专注于研究自然的状态，才能知道要怎么表达它们。

（3）要对以前的艺术以直接、认真而真诚的态度感同身受，并排斥那些陈腐的、自我炫耀的、死记硬背的态度。

（4）最重要的一点，要创作出非常好的画和雕像。

也有学者将其归纳为五条：[2]

（1）真实与自然（Truth to Nature）

（2）偏重有意义的体裁（A Preference for Significant Themes）

（3）细节性与复杂性（Detail and Complexity）

（4）美好的爱（Love of Beauty）

（5）诚实与感性（Honesty and Feeling）

这些原则相当谨慎地避免教条化，因为他们希望强调艺术家个人的责任，去决定他们绘画的观点和方法。受到浪漫主义的影响，他们将自由和个人责任视为不可分离的。不过，他们尤其着迷于中世纪的文化，相信中世纪文化有着其后的时代所失去的正直精神和创造性。然而，强调中世纪文化的观点，与强调独立观察自然状态的现实主义产生了冲突，原本前拉斐尔画派里认为这两者是能互相配合的，但在冲突产生后画派一分为二。现实主义派由亨特和米莱领导，中世纪派则由罗塞第和威廉·莫里斯等追随者领导。不过冲突并不是完全的，两派都相信艺术的实质是心灵上的，反对库尔贝的唯物的现实主义以及印象派。[5]

为了复兴15世纪艺术光辉的色彩风格，亨特和米莱发展了一种绘画的技法，用稀薄的透明颜料（Glaze）覆盖在潮湿的白色表面上，以此让颜色保持如宝石一般的透明度和清晰度。这种强化的鲜明色彩，是为了与早期那些过度使用沥青的英国画家进行对比。沥青会产生出浑浊而不固定的黑暗区块，而这正是前拉斐尔派所轻视的。[5]

第五章　亨利·霍利代的油画：但丁邂逅贝雅特莉齐

图5.4　米莱：基督在父母家中（1850年）。

1849年前拉斐尔派的作品被首次展览。米莱所绘的《伊莎贝拉》（Isabella，1848~1849）和亨特的《里恩兹》（Rienzi，1848~1849）在皇家学院进行了展示，而罗塞第的《少女圣玛丽》（Girlhood of Mary Virgin）则在伦敦海德公园的街角自由展示。画派里所有成员已达成共识，在他们作品的签名旁边留下前拉斐尔派的缩写——PRB 的记号。

在1850年1月至4月间，他们发行了杂志，名为《The Germ》。但丁·罗塞第的弟弟威廉·罗塞第负责编辑杂志，发表了包括罗塞第、托马斯·伍尔纳和杰姆斯·科林逊的诗，以及其他有关艺术与文学间的亲前拉斐尔派的论文，如考文垂·巴特摩尔（Coventry Patmore）的文章。作为学术杂志，仅刊登一面倒的内容，这可能是为何前拉斐尔派仅维持短暂时间的原因。杂志并不能长时间地维持画派的气势。[6]

1850年，在米莱的《基督在父母家中》（Christ In the House of His Parents）展出后，前拉斐尔派引起了不小的争议。画中描绘基督一家人在满地木屑的杂乱木匠坊里工作，包括查尔斯·狄更斯在内的许多人批评那是一种对基督的亵渎。他们的中世纪画风被批评为保守倒退，而详尽地描绘细节则被批评为丑陋而刺眼。英国著名小说家狄更斯批评米莱将基督一家人描绘得像是酗酒者和贫民窟，而"中世纪"的姿势则荒谬而扭曲。一个名为"The Clique"的画派极力批评前拉斐尔派。皇家学院的主席查理斯·洛克·伊斯特莱克（Charles Lock Eastlake）也公开批评前拉斐尔派主张的原则。

不过，前拉斐尔派得到了评论家约翰·拉斯金（John Ruskin）的支持。他赞扬前拉斐尔派对于自然状态的描绘以及否定了传统绘画的方法。他一直在经济上和他的写作上支援前拉斐尔派。

在争议之后，杰姆斯·科林逊离开了画派。余下的成员集合起来讨论应该由谁来取代他的位置，但最后却无法达成决定。于是，画派便解散了。不过，他们继续发挥着影响力，画家仍然继续用这些风格作画，但他们不再于作品上签下"PRB"了。

受到前拉斐尔派影响的画家包括了亚瑟·休斯（Arthur Hughes）、弗雷德里克·桑迪斯（Frederic Sandys）、伊芙琳·摩根（Evelyn De Morgan）等人，以及但丁·罗塞蒂的老师布朗。布朗虽然没有加入画派，但他的画风却被认为是最接近前拉斐尔派原则的。

1856年后，但丁·罗塞蒂成了前拉斐尔派里中世纪派画风的领导人，他的作品也影响了威廉·莫里斯（William Morris），他们两人成为伙伴。不过罗塞蒂也因此和莫

图5.5 霍利代：《音乐》（Music）

里斯的妻子——模特儿珍·莫里斯（Jane Morris）发生绯闻。借由莫里斯的关系，前拉斐尔派的理念影响了许多室内设计师和建筑师利用中世纪的风格做建筑设计，以及其他装饰品的设计。这也直接引导了莫里斯所发动的工艺美术运动。

在1850年后，由于现实主义和科学观点上的着重，亨特和米莱都已经不再直接模仿中世纪艺术。但亨特继续强调心灵在艺术上的重要性，试图利用准确的观察和研究来调和信仰与科学两者之间的对立，并前往以色列和埃及考察，以圣经故事作为绘画的题材。相较之下，米莱于1860年后抛弃了前拉斐尔派的原则，重新采用皇家艺术学院创始人雷诺兹那种广泛而松散的风格。莫里斯和其他人则极

第五章　亨利·霍利代的油画：但丁邂逅贝雅特莉齐

力批评米莱的这种改变。

前拉斐尔派持续影响许多英国画家直至20世纪。罗塞第后来成为了欧洲象征主义的先驱。在英国伯明翰市的伯明翰博物馆和艺术画廊（Birmingham Museum & Art Gallery）收藏着许多世界知名的前拉斐尔派画作。

20世纪时，画家的观点大量改变。由于摄影技术的发达，艺术的目的逐渐远离了重现实际的状态。因为前拉斐尔派主要专注于将事物描绘得如同摄影般逼真，尽管他们也特别地专注于详细描绘表面图案上，他们的作品仍被许多批评家所贬低。不过自从1970年以来，前拉斐尔派的作品又逐渐受到重视了。

二、亨利·霍利代

亨利·霍利代（Henry Holiday，1839～1927）是画家、设计家，更为著名的是他的玻璃画。他于1854年在伦敦皇家艺术学院就读，自然与当时已经成立6年的前拉斐尔派相熟悉。据说他还是罗塞第等人的好友。[7]

1855年，16岁的霍利代前往英格兰西北部的湖区旅行。这里曾经是英国19世纪初期著名的、以伍德沃兹（William Wordsworth，1770～1850）为首的湖畔诗人们吟诗及写作的地方。在这里，那些山，那些水，那些风土人情，历史掌故，令他大大地开阔了眼界。他说，没有什么魅力可以与威斯特莫兰（Westmorland）、丘伯兰（Cumberland）和兰开歇尔（Lancashire）的湖光山色相比！

霍利代也在爱德华·波恩—琼斯（Edward Burne-Jones，1833～1898）爵士处求学。波恩—琼斯爵士是前拉斐尔派晚期的重要人物，英国著名的艺术家和设计家，对霍利代艺术创作的影响极大。在那里他们讨论、交换和积累了大量的思想，因此，他们的艺术表现有许多相同之处。

1861年，在波恩—琼斯离职去莫里斯公司后，霍利代接受鲍威尔玻璃画工作室（Powell's Glass Works）的聘用，为梅瑟斯（Messrs）设计玻璃窗画的工作。在此期间，他完成了300多项委托，绝大多数是美国来的订单。1891年，他才离开鲍威尔工作室，开创自己的玻璃画工作室汉普斯蒂德（Hampstead），生产玻璃画、马赛克画、珐琅制品和宗教祭祀用品，偶尔也

图5.6　Henry Holiday肖像

创作些油画，如：特西科尔（Terpsichore）、克莉奥佩特拉（Cleopatra）、睡眠（Sleep）等，以及雕刻、壁画之类。

1876年，他为卡洛（Lewis Carroll'）的《猎捕蛇鲨》（The Hunting of the Snark）和第一版的《穿过窥镜》（Through the Looking Glass）作了插图，受到极高的评价。

霍利代于1871年访问印度，1872年和1907年两度访问埃及。因此，人们认为他的水彩画具有现代印度与古代埃及的风格。

1872年后，他成为湖区城堡（芒卡斯特城堡，Muncaster Castle）的常客。他经常去布郎沃德（Brantwood），在前拉斐尔派著名的支持者，评论家拉斯金的家里逗留。他也是通过拉斯金的介绍才认识了波恩－琼斯。因此，他经常访问波恩－琼斯爵士在伦敦的住所，与他及来往的艺术家们讨论美学观点，相互交流，互相学习，吸取营养。

图5.7 霍利代：《猎捕蛇鲨》插图

第五章　亨利·霍利代的油画：但丁邂逅贝雅特莉齐

霍利代集历史题材油画家、小说插图家、玻璃画专家、雕塑家和珐琅专家等身份于一身。最著名的创作，即本书主题画《但丁与贝雅特莉齐》。这幅画于1883年在格罗斯文洛艺术馆展示，现在收藏于利物浦的沃尔克艺术馆（Walker Art Gallery, Liverpool）。他的油画在衣饰上的细节尤其著名，大有罗赛第之风。霍利代另一幅作品：音乐（Music），虽然画中的女子是裸体的，但其身上的衣饰，大海的波涛，与裸体女子和谐的线条，共同奏出一曲优美的音乐，在读者心中回荡。图5.7和图5.8是两幅黑白的小说插图，我们一样可以感受到画中人物飘飘然的衣饰那样的逼真。

霍利代最著名的玻璃画收藏于伯明翰艺术博物馆（Birmingham Museum and Art Gallery）和许多教堂，如：伊赛克斯的诺丁山教堂（Notting Hill Church in Essex），以及在美国华盛顿的圣托马斯教堂（Church of St Thomas）、圣保尔的李将军纪念馆（Memorial to General Lee）。[8]

众所公认，圣约翰的克斯威克教堂（St John's Keswick）的东窗是霍利代最优秀的玻璃画之一。据说每日阳光升起之时，教堂内一片神圣辉煌。伦敦威斯敏特寺的布鲁内纪念窗（Brunel Memorial Window in Westminster Abbey）也是他最著名的设计之一。在卡西特顿教堂的东西两壁，有他的许多壁画。

1908年，霍利代设计了自己靠近华克歇德山（Hawkshead Hill, Ambleside）的家——贝蒂·福德（Betty Fold）。他的家现在仍然是当地的一道风景线，供游人参观。这里既是旅馆，也展出了霍利代的生平事迹，包括他对妇女参政运动（suffragette movement）的支持。

图5.8　霍利代的一幅插图[8]

霍利代的妻子凯蒂（Kate）在前拉斐尔派后期重要人物威廉·莫里斯的公司里做刺绣方面的工作。可以想见，霍利代的生活圈子与前拉斐尔派的关系是多么密切。1927年3月15日，在他的妻子凯蒂（Kate）去世两年后，88岁的霍利代在为世人留下众多美好的事物后，撒手仙逝。他绝大多数的手迹都在私人手上，只有一部现在收藏在伦敦的维克多利亚和阿尔伯特博物馆（Victoria & Albert Museum）。[7]

1989年，伦敦的莫里斯艺术馆（William Morris Gallery）专门就霍利代的成就进行了展览，展示包括了他的生平，大量的著作与作品。说明他对当代艺术仍然具有重大的影响和意义。[7]

三、油画：但丁邂逅贝雅特莉齐

我们熟悉了前拉斐尔派和霍利代的事迹后，再来分析本书的主题画，就容易理解，也容易探讨画作深层次的内涵。这种内涵很可能是画家自己在创作时都没有体会到，发自他潜意识深层的内驱力。正是来自人类潜意识的共性的东西，才能够深深地打动读者。

本书作者对画可以说是一窍不通，可是在三十多年前被这幅画打动，始终不能够忘怀。在研究和创作此书时，作者阅读了大量的参考文献。前人的评价，完全是一种共鸣。正如荣格所说的那种全人类的共识。

图5.9　霍利代设计的圣约翰的克斯威克教堂（St John's Keswick）的东窗[9]

第五章　亨利·霍利代的油画：但丁邂逅贝雅特莉齐

1. 油画的表现

毫无疑问，霍利代的油画表现了但丁与贝雅特莉齐的邂逅，也就是人们津津乐道的两人的第二次相见。但丁在《新生》中，述说完他9岁时见到贝雅特莉齐后，继续写道：

"在我描述上述盖世无双的形象以后，许多的日子过去了，转眼已整整九年。在第九年的最后一天，那位楚楚动人的女郎又在我眼前出现。她身穿一件雪白的衣服，走在年纪稍大的两位淑女之间。她经过一条街时，盈盈秋波转向我惶悚不安站着的地方。她怀着无比的深情向我亲切致礼，使我似乎看到幸福就近在身边。而这种深情厚意，如今在永世中得到报答。

"当她向我致以极其甜蜜的问候时，正好是那天的九点钟。由于她的话传入我的耳鼓还是第一次，我真是欣喜若狂，就如醉如痴地离开了人群，回到我房间里静寂的所在，思念起这个尤物。"[10]

如果我们不把但丁的《新生》仅仅看作是创作出来的诗歌，而看作是其自传体的诗歌，那么，我们可以就这一段内容读出：在1283年的最后一天，上午九点钟，贝雅特莉齐在佛罗伦萨街头与但丁邂逅。她优雅地、脉脉含情地向但丁问候，把这一伟大的爱情推到了一个高峰。

在霍利代的油画上，并不是完全按照但丁的描述表现的。虽然，霍利代也画出了但丁所说的三位女士和一位男子，画中的贝雅特莉齐也穿着雪白的衣服。但是，她却没有向但丁致意，而是手中拿着一朵象征爱情的玫瑰花，低头匆匆而行；不是走在两位比她年纪稍大的女士中间，而是走得稍快，且目不斜视。

图5.10　贝雅特莉齐的致意（Dante Gabriel Rossetti, 1849–1863）

对比我们在第三章中的图3.4，现收藏于剑桥福格艺术博物馆（Fogg Art Museum, Cambridge, MA）以及图5.10，由前拉斐尔派的领军人物但丁·罗赛第也为这次邂逅创作了两幅墨笔画和似乎花了14年时间才完成的两幅油画。其中，"贝雅特莉齐致意的研究"、"但丁与贝雅特莉齐的邂逅"，一幅是在郊外田野，似乎是踏青的日子；一幅则是在回廊过道，从服装上看似乎也是春暖花开的日子。至少，从日子上看，与但丁在《新生》所说，"在第九年的最后一天"，不符合。

其次，三位女性的排列也与但丁在《新生》中所描述不同。当然，这是绘画与文字表现方法的不同。绘画必须突出主要人物。

如我们在前面所述，霍利代与罗赛第交情很深，两人经常一起讨论艺术，切磋技艺。罗赛第的这两幅墨笔画创作大约在1849年到1850年间，比霍利代的画要早33年。两幅油画创作的时间为1849年到1863年。罗赛第基本上是在风华正茂时创作这四幅图的。显然，罗赛第心中一直在思念和推敲着要创作这一个动人的场面，最后以"但丁之梦"完成了他最大的一幅油画创作。

可以相信，霍利代一定见过罗赛第的这两幅画。虽然这两幅画创作时他才二十来岁，可能还没有资格与罗赛第深谈。但在其后的岁月中，霍利代名声渐成，与罗赛第交往日深，兴趣相同，气味相合。我们甚至可以推论，两人很可能就这个题材进行过反复、深入、细致的讨论。1883年，罗赛第去世后的次年，霍利代的这幅流芳百世的创作诞生，不仅是对但丁之恋的重现，也许还是对罗赛第，这位以但丁名字为自己第一名字的前拉斐尔派的先驱最好的纪念。

但是，更值得一提的是，1883年是但丁邂逅贝雅特莉齐的600周年。霍利代在这一年展出这幅图是具有特别意义的选择！

2. 油画的场景

但丁在《新生》中没有提及这次见面是在佛罗伦萨街头，还是在阿诺河的某个桥头。但是许多资料都说这次邂逅发生在阿诺河边，甚至直指是发生在阿诺河老桥（Ponte vecchio）桥头。[1, 11, 12] 当前，旅游业已经成为世界上支柱产业之一，风景名胜都要编造故事，就如中国的一些名人的出生地故里等会在东南西北，甚至远隔千里之处。唐朝杜牧一诗："清明时节雨纷纷，路上行人欲断魂。借问酒家何处有，牧童遥指杏花村。"这个杏花村，卖得好酒，长期被山西汾酒产地占去。这些年，有人考证是在安徽池州。真是相差十万八千里了。

佛罗伦萨随手一指都是典故与文化，应当不会，也没有必要如此，何况不论这个故事发生在哪里，都跑不了在一个城区。连佛罗伦萨都会发生这样不符合历史的故事，可能就更能理解那些文化贫乏的地方、文化贫乏的人们不得不牵强附会。

第五章　亨利·霍利代的油画：但丁邂逅贝雅特莉齐

图5.11　佛罗伦萨圣三一桥（Ponte Santa Trinita）

在霍利代的油画中，但丁邂逅贝雅特莉齐发生的地方肯定不是佛罗伦萨的老桥，画中远景透视的阿诺河上，可以清楚地看见老桥的廊桥形状，十分逼真与形象。因此，霍利代的油画中但丁邂逅贝雅特莉齐发生的地方，只能够是发生在老桥的下游，西北面的圣三一桥（Ponte Santa Trinita）。详见第四章图4.3。

如图5.11，前景是圣三一桥，圣三一桥后面可以看见老桥的廊桥。图中河的左面，或阿诺河的北侧桥头，正是霍利代的油画中但丁伫立之处。贝雅特莉齐及其友人是从老桥那边向着圣三一桥方向走来。

但丁伫立在圣三一桥头，显然是在等待贝雅特莉齐的到来，因为，他知道他的爱人肯定会由此经过。12世纪的佛罗伦萨，再大也不能够与今天的城市相比。城里人抬头不见低头见，何况但丁家至少有相当一些年头与贝雅特莉齐家是邻居。据但丁在《新生》中说，他经常在路上等候着，期望看到自己的心上人一眼；他也经常在教堂中静静地等候心上人出现在她的座位上。

霍利代的油画之所以选择在这个场景作为但丁与贝雅特莉齐邂逅的地方，有着更深一层的意思，就是但丁与贝雅特莉齐纯洁深厚的宗教信仰。圣三一桥头的北面就是著名的圣三一教堂（Church of Santa Trinita）。如图5.11。也就是说，如果从老桥方向走到圣三一教堂，必定会经过圣三一桥头。

圣三一教堂建立于1092年，由本地贵族捐建，曾经是佛罗伦萨城市的中心教堂。[13]作为贵族成员的但丁和贝雅特莉齐显然是经常要到这所教堂进行礼拜活动。选择这样一个地方作为两人的邂逅之地，说明霍利代的立意似乎要比罗赛第更高一筹。这样就把两人的宗教信仰非常含蓄地表达了，说明两人都是虔诚的天主教徒。这是人物内心最大信念，也暗含了但丁诗歌中大量表达的对上帝的诚信。

我们看到霍利代的油画没有教堂的尖顶，没有宗教的内容，但是圣三一桥头这个地点，就足以说明画面中人的信仰。

我们在前面说过，前拉斐尔派对绘画有五条原则：（1）真实与自然，（2）偏重有意义的体裁，（3）细节性与复杂性，（4）美好的爱，（5）诚实与感性。霍利代的油画完全忠实于这五条原则。当然，在这些原则上进行创作，只是基本背景的严谨、真实。而且，毫无疑问，霍利代是在实地创作了此画，才有可能对此画的背景进行如此准确地描绘。

图5.12　圣三一教堂
（Church Santa Trinita）

3. 油画的人物

霍利代的油画中的人物有多少？一眼看去，但丁在《新生》中描述的那一场景，有四个人赫然在目：红衣女子、白衣女子、蓝衣女子和黑衣男子。我们在后面的章节中将逐一对这四个人物进行分析。

图5.13　摩利　C. O. Murray的模仿画[14]

第五章　亨利·霍利代的油画：但丁邂逅贝雅特莉齐

但是，仔细看霍利代的画，画中的人物不只上述四人。在三个女子走来的路上，我们还可以看见五人，面目不清，而且越远，越是模糊。由近向远地看过去：

墙根下面，坐着一位戴白帽、穿黑衣的的老者；

一个穿淡黄色衣服的、3到5岁的小孩正斜靠在老者身上；

一个穿黑袍的10来岁的小孩，右手挟着一个淡色的包，左手似乎遥指远方；

两个人影，大概是年轻人，一个白色，一个黑色，并肩走来。

这样加上四个主要人物，一共是九个人。

女主人公裙边的鸽子，褐、灰、白、蓝、黑，一共九只。

但丁对"九"有出奇的爱好。霍利代画中的九只鸽子和九位人物，都与但丁最喜爱的"九"相关，说明霍利代对但丁的研究绝对不是泛泛而论。但丁在《新生》中对"九"这个数几乎有近乎疯狂的喜爱：[15]

"我出世以后，太阳运行后又差不多回到原处已有九次"，描述自己初次见到贝雅特莉齐的年龄。"所以她在我面前出现时大约刚到九岁，而我见到她时，则快满九岁了。"

"在我描述上述盖世无双的形象以后，许多日子过去了，转眼已整整九年。在第九年的最后一天，那位楚楚动人的女郎又在我的眼前出现……当她向我致以极其甜蜜的问候时，正好是那天的九点钟。"

第二次见到贝雅特莉齐以后回去，欣喜若狂，"我发现幻象出现时，正好是夜间的第四个时辰，因此显然是夜间最后九点钟开始的时刻。"

"所谓怪事，就是我心上人的名字，恰好排在所有女郎中的第九位。"

"我定一定神，发觉这个幻象正好是白天九点钟出现在我眼前的。"

"我要说明的是，到了第九天，我的痛苦再也无法忍受，心头不禁涌起了一种想法，而这是有关我心上人贝雅特莉齐的。"

最后，但丁总结说："由于九这个数字在我以前的叙述中反复出现多次，看来其中不无缘由，而这个数字在她的仙逝中也占有重要地位，所以似乎有必要对此说几句话。我先要谈谈它与她仙逝的各种关系，再来说明其中的某些原因，因为这个数字确实同她有着不解之缘。"

接着，但丁用了整整一个章节，即《新生》的第30章来讨论这个问题。文章不长，为了更好地帮助我们理解但丁、但丁的时代、但丁的思想，我们将这一段引述如下：

我要说明的是，根据意大利的历法来计算，她的最尊贵的灵魂是在那月九日的第一个时辰归天的；按照叙利亚的历法计算，则是在那一年九月离开人间，因为叙利亚的正月，所谓"梯斯明"，即相当于我们的十月。按照我们的历法，她的去世应按天主降生后的年份来计算，也就是说，她是在她出生的那个世纪——也就是公元13世纪——中完全数完成了第九次的那一年去世的。

"九"这个数同她的关系如此密切，也许有这么一个理由：根据托勒密和基督教的经义，九为天庭转动的数字。根据一般天文学家的意见，天庭对地球在其相互位置上有某种感应力。"九"这个数字之所以和她结不解缘，是为了让我们了解在她降生时，转动的九重天相互间正处于极其协调的状态。这是其中的一个理由。可是根据绝对真理更细致地审察一下，"九"这个数字就是她本人的化身。这不过是一种比喻。我的意思是：三这个数字乃是九之根，因为不加入其他数字，自乘即为九，正如我们可以明显地看出来的，三乘三等于九。

因此，倘若"三"本身就是"九"的因数，而奇迹的因数本身就是"三"，即圣父、圣子和圣灵，三位一体，则这位女郎同"九"这个数字始终相随，是为了让我们明白她本身就是一个"九"，也就是说一个奇迹。她的根不是别的，而是令人称奇的三位一体。也许某些人的头脑比我更加细致，会从中看出更精微的道理来，不过我所能悟到的只是这一点，而且感到最为满意。

从上面的引文中，我们可以读到但丁的知识是何等的广博。对于西方社会把但丁的地位摆在那么高，甚至认为科学之父伽利略也是从但丁那儿吸取了许多营养，不是没有道理的。

霍利代的油画不仅对画中生命之数严谨地以九为数，而且，把但丁与贝雅特莉齐的邂逅场所设计在圣三一桥，也是暗暗指示了九的平方根是"三"。圣三一教堂本身就是以圣父、圣子和圣灵命名的。

在欧洲的凯尔特（Celtic）文明中，数字具有重要地位。凯尔特是欧洲古代文明之一，是与古希腊罗马文明圈相对应和并存的。在罗马帝国时代，北方的日耳曼人和凯尔特人被并称为蛮族，可以说，现代欧洲的各民族在很大程度上源自于他们。他们之间频繁的冲突与碰撞，令文明不断地交汇融合。在上一章我们读到，佛罗伦萨最早建成时是罗马帝国的军营，而且历史上也多次受到凯尔特人的攻打和侵占。

凯尔特文明最崇拜的是三这个数字。三是宇宙的维系数字：天、地和海，也可以说成是凡人、神仙和死神。凯尔特社会也是分成三个部分：武士—贵族阶层，巫师阶层和工匠（包括农夫）。他们的神祇也多为三个一组地出现。[16]

在《神曲》里，地狱、炼狱和天堂都是九层。九和三在全世界各民族中几乎

第五章　亨利·霍利代的油画：但丁邂逅贝雅特莉齐

都是一个神圣的数字，如中国的九重天，九九归一；天、地、人三才合一形成中国传统文化天人合一的理论基础；《易经》中，三爻成一卦，九是老阳，也是最大的数字；《道德经》中，一生二，二生三，三生万物。

我们在下面的章节还将专门讨论这些。

4. 油画的色彩

油画是用色彩来塑造形体的，色彩是油画的重要艺术语言之一。绚丽的色彩是前拉斐尔派画作的特征之一。用西洋画（油画）的术语来说，是光线。画家调配色彩以展示明暗、对比，以表现光线。他们利用光线表达人物心理，吸引读者的视线，引起读者内心共鸣。

作为一种艺术语言，油画包括色彩、明暗、线条、肌理、笔触、质感、光感、空间、构图等多项造型因素，油画技法的作用在于将各项造型因素综合地或侧重单项地体现出来，油画材料的性能充分提供了在二度的平面底子上运用油画技法的可能。油画的绘制过程就是艺术家自觉地熟练地驾驭油画材料、选择并运用可以表达艺术思想、形成艺术形象的技法的创造过程。油画作品既表达了艺术家赋予的思想内容，又展示了油画语言独特的美——绘画性。[17]

油画的发展过程经历了古典、近代、现代几个时期，不同时期的油画受着时代的艺术思想支配和技法的制约，呈现出不同的面貌。我们重点看一下古典时期到前拉斐尔派时期油画的发展。

15世纪的欧洲文艺复兴运动中，人文主义思想出于对宗教的批判，有着关注社会现实的积极要求。许多著名画家为逐渐摆脱单一的以基督教经典为题材的创作，开始对当时生活中的人物、风景、物品进行观察和直接描绘，使宗教题材的作品含带明显的现实世俗因素。有的画家甚至完全描绘现实生活的实景。文艺复兴时代的画家以达·芬奇、米开朗基罗、拉斐尔为代表，继承了希腊、罗马的艺术观念，即不仅注重作品要描述某一事件或事实，还要揭示出事件或事实的前因后果，于是形成了注重构思典型情节和塑造典型形象的艺术手法。他们后来被称作佛罗伦萨画派。[18]

与此同时，画家还分别探索解剖学、透视学在绘画中的运用、画面明暗分布的作用等，形成了造型的科学原理。人体解剖学的运用使绘画中的人物造型有了如同真实般准确的比例、形体、结构关系；焦点透视法的建立使绘画通过构图形成幻觉的深度空间，画中的景物与现实中定向的瞬间视觉感受相同；明暗法使画中的物象统一在一个主要光源发出的光线下，形成由近及远的清晰层次。[19]

人文主义的艺术主题与追求写实的造型观念在其他画种中之所以不能完善，

是因为工具材料的限制，而油画的性能正适于将二者充分体现出来。因而，古典油画呈现出经长期制作的、高度写实的面貌。

图5.14 受胎告知

古典油画在整体上是油画语言诸因素共同综合运用的结果，但不同国家、不同时期的艺术家在此基础上对某一个或几个因素特别注重，形成了不同的风格。文艺复兴时代的意大利画家比较注重明暗法的运用，画中景物的暗部统一笼罩在阴影中，明暗交界线呈柔和的过渡，造就了画面集中而浑然的效果。达·芬奇的《岩间圣母》是这种风格的代表。同时期的尼德兰画家则清晰地刻画画中景物各个细部，景物之间是色彩的差别而非明暗的过渡，康宾（Robert Campin, 1375－1444）的《受胎告知》（图5.14）就细致地呈现室内外的所有景物。意大利的提香（Tiziano Vecellio, 1477～1576）是第一个特别注重油画色彩表现力的画家，他在暗底子上作画，并常用明度接近、色相略异的明亮色彩构成富丽堂皇的金黄色调，透明颜料的多次复叠，忽厚忽薄的笔法，又使色彩与形体有机融合，造就出质感效果。

油画的发展在19世纪有了新的趋向，主要是油画色彩的变革。英国画家康斯特布尔，发现了后来被称作色彩的补色——色轮两极的颜色在并置时能互相提高明度和强度的原理。他的作品启发了法国画家德拉克洛瓦。德拉克洛瓦以浪漫主义思想支配创作，根据当时的历史事件创作大幅主题画。他将补色关系更多地运用于创作的色彩表现，运用活跃的笔触，在画面的许多部位形成色彩的对比，增

第五章　亨利·霍利代的油画：但丁邂逅贝雅特莉齐

强了色彩的明亮度和华丽感，形成了震动当时画坛的风格。法国巴比松画派的许多画家在不同的自然气候条件下进行风景写生，认识到景物光源色、固有色和环境色之间的关系，认识到色调对于体现时间、环境、气氛，烘托艺术主题，构成画面意境与情调的重大意义。

在此基础上，法国印象主义画家在色彩运用方面作出了具有创新意义的贡献。他们吸收了光学和染色化学的成果，以色光混合原理解决油画的色彩问题。莫奈（Claude Monet，1840～1926）、西斯莱（Alfred Sisley，1839～1899）等画家捕捉外光景物表面光线变化给人的色彩瞬间印象，用细碎笔触的厚涂法将对比色并置，他们认识到暗部或阴影并非黑色的浓淡变化，改变了用调和过的单一色彩画暗部的传统作法，在暗部和阴影部位也用色点并置。由于视觉生理的作用，并置的色点在一定距离外看去是透明的、有冷暖倾向的色块，并形成微妙的过渡。印象主义淡化了景物的体积感，强化了色彩因素，不再依靠明暗和线条形成空间距离感，而依据色光反射原理，用色彩的冷暖形成空间。印象主义的作品出现了前所未有的鲜明与生动，也表明色彩既有综合的、也有纯粹的表现力。

19世纪的欧洲油画出现了有明确艺术主张的流派，虽主要体现在艺术主题和内容上，但油画技法也相应各具面貌。如新古典主义注重油画中物象造型的严谨与坚实感，符合古典传统的造型法则；浪漫主义围绕悲剧的主题，力求以色彩、笔触因素和构图中运动式线条创造画中情节的紧张感；前拉斐尔派注重对画中人物心理情绪的表达，较多画面以青、紫、绿调子构成感伤的、静寂的意境……

虽然近代油画的面貌已经比较丰富，但都具有写实的整体特征，它们共同表现为：一幅油画是艺术形式的统一体，色彩的主调统一着画面各局部的颜色，局部色彩在过渡的渐变中互相形成和谐的关系，不存在孤立的色块；笔触基本上是为塑造形象而运用，显露的程度有限，并统一在或曲长、或短促的某种有序倾向中；被描绘的物象统一在中心焦点的构图中，形成与真实视域同构的效果。[18]

图5.13是一幅后世对霍利代画作的模仿画，没有色彩，其效果就要大打折扣。请注意该画作中的鸽子只有八只，而非九只。这是模仿者有意为之，以说明自己并非有意以假乱真。图5.15和图5.20都是从网上发现的霍利代画作的模仿画，与霍利代的原画相比，就可以知道什么是东施效颦，同时，也可以说明，霍利代的原画对人们的影响有多么的大！

色彩有其流行时尚，但却有特定的表达意义。在中国，皇帝占有了金黄色，其他人敢用，则要被杀头。红色有喜庆、热烈、高贵的格调，我国新娘要着红色。红色象征流血，是革命的标志。

秦及汉初时，官服多用黑色，黑色在五行中属水。汉朝更替秦朝，认为是以土克水，土为黄色，汉文帝时改尚黄色，至隋以后，朝廷命令禁止士庶百姓穿黄色或赤黄色衣服。唐代起，严格规定品官章服的颜色，三品以上服紫，四品深绯、五品浅绯，六品深绿、七品浅绿、八品深青、九品浅青，庶人只能穿白衣，称为"白丁"（也被认做目不识丁）。刘禹锡在其脍炙人口的《陋室铭》中自豪地宣称：相识有鸿儒，往来无白丁。此外又有青衣小旦、黄冠道士，以及拉皮条者被叫做绿头乌龟等等。

图5.15　霍利代画作的模仿画

各民族对色彩的感觉不一，俄国十月革命时，一方叫红军，一方叫白匪，我国土地革命时也这么叫。阿拉伯人以绿色为贵，可能与沙漠中缺少绿色有关。而有些地方的人却厌恶绿色，英国人认为绿是裹尸布的颜色，日本人认为绿色不吉祥，南美人认为绿是魔鬼的颜色。比利时人忌蓝，巴西人忌棕黄，乌拉圭人忌青，埃及人忌黄。如果仔细查查，都能找到缘由，找到某个典故。

在色彩与情绪关系的调查中发现，对蓝、绿、红，我国大学生引起肯定的情绪反应，而紫、黑引起否定的情绪反应，橙、黄居中。男女大学生基本相似。

从生物学角度讲，颜色可以对生命起到至关重要的作用。

第一，维持生存。颜色可以保护弱小动物，使它的颜色与环境相同，不易被捕食者认出，或便于捕食。非洲有一种叫变色龙的动物，竟能根据环境，变换身

第五章　亨利·霍利代的油画：但丁邂逅贝雅特莉齐

体颜色，以保护自己，捕食猎物。还有一种破坏性颜色，机体的背景颜色的变化会令对方误以为有食物存在而逼近，使其反而成为猎物。例如，一种石斑鱼和太平洋西北地区的一种树蛙，就以此猎取食物。

第二，性吸引。在禽类中，雄禽美丽的羽毛在性选择上占重要地位；植物开花，以其颜色鲜艳招引蜂飞蝶舞，使花粉得以传播，延绵物种。

第三，警告。果实未熟时，色青，与树叶相同，避免被采食；成熟时，变红或黄，鼓励采食。这样既保护种子的成长成熟，又鼓励采食以帮助播散种子。又如菌类越鲜艳越有毒。有一种蜂保护自己时，常成团成簇地聚在一起，与环境形成鲜明对比，警告来犯者不要轻举妄动。颜色提供了一种信息，表示机体所处的状态是否有害。

人类很巧妙地利用了色彩，如战士的军装、医生的大褂，均有特定的颜色。而有颜色的单词组成的词汇或词组使语言更为生动，更为形象化：如白云、红日、蓝天、青山、绿水……又如：赤胆、黑心肝、红眼病、白痴……

其实，色彩更重要的在于对人的心理影响。色彩是通过眼睛感觉后，经视神经传入大脑给人以特定的温度感觉。夏季，气候炎热，阳光灿烂，毒如火龙，但你戴上墨镜后，光线消弱了，暑气也减少了。试验表明，在有空调的屋子里涂上蓝色，温度保持在23.8℃，女性仍感觉冷；而在同样温度下，如果墙上颜色涂的为黄或绿，女性则感到太热。

色彩一般可分作两大类：暖的和冷的。鲜明的和暗淡的。因而，每种颜色都具有四种基本色调：鲜明的暖或暗淡的暖，鲜明的冷或暗淡的冷。康定斯基认为："一般来说，暖色意味着接近黄色，冷色意味着接近蓝色，这种差别出现在同一范围内。换言之，一种颜色会保持它的基本性质，但是这种性质尽管时强时弱，却是现实的。这种差异体现出一种水平运动；暖色向观众逼近，而冷色却离开观众向后退缩。"[20] 我们在第七章会更进一步地讨论色彩的心理学效应。

根据传统的理论，或者分析心理学从佛教曼荼罗中吸收来的理论，来分析霍利代画作中四个人物衣裳颜色和河堤围墙颜色，正好代表五行：黄、白、绿、红和黑；或者如佛教理论所说的四大：地、火、水、风，加上空，五根的颜色。[21]

（1）画中但丁身着黑色衣裳。黑色五行属水，又称涅槃色，代表调伏，能隐伏一切存在和物质，代表神秘、死亡色彩。

（2）画中贝雅特莉齐身着白色衣裳。白色五行属金，代表纯净、洁白、单纯与天真。在佛教中白色是大日如来的根本色，最能体现神佛平静、和蔼、善良的气质。

（3）画中贝雅特莉齐身边的女伴身着红衣。红色五行属火，代表生命与激发，是最为艳丽的颜色，象征欲望、激情、伏魔的力量等。粉红色常代表性与爱。桃色代表情欲。

（4）画中贝雅特莉齐后面的女子身着蓝（绿）衣裳。蓝（绿）色五行属木，蓝色代表放松与自由。绿色代表潜力与朝气。青绿代表压抑。

（5）画中在但丁与三位女性之间相隔的河堤围墙为黄色，黄色五行属土，代表中央，代表光明与希望。

我们将在下面的章节中详细加以分析。

5. 油画的结构

一幅画作的人物与场景的结构，是画作优劣的重要因素之一。色彩给人的影响是第一时间的，而结构却是内涵的、长久的、直指人心的。霍利代的油画的结构具有重要的心理学效应。

仔细端详霍利代的画，你会发现整个画面的布局完全符合曼荼罗的布局。根据前面我们对霍利代的传记研究，他是前拉斐尔派的画家。他于1871年访问印度，1872年和1907年两度访问埃及。人们认为他的画具有现代印度与古代埃及的风格。这幅画创作于1883年，也就是从印度访问归来后的第十二年。因此，我们完全有理由推断他可能在印度接触或者研究过曼荼罗。就算我们的推断不准确，根据荣格的理论，这种灵感完全可能是来自人类内心的潜意识。

曼荼罗一词来源于梵语：mandala（藏语 dkyil-hkhor）。在古代印度，原指国家的领土和祭祀的祭坛。但是现在一般而言，是指佛菩萨等尊像，或种子字、三昧耶形等，依一定方式加以配列的图样。又译作曼拏罗、满荼罗、曼陀罗、漫荼罗等。意译为坛城、中围、轮圆具足、聚集等。

为了修行者观想方便所绘制、雕造的曼荼罗，而有形像曼荼罗，而成为曼荼罗的表征。

梵语mandala，是由意为"心髓"、"精髓"、"本质"、"妙趣"的词根"manda"，以及意为"得"的词根"la"所组成的。因此"曼荼罗"一词即为"获得本质"。所谓"获得本质"，是指获得佛陀

图5.16　曼荼罗

第五章　亨利·霍利代的油画：但丁邂逅贝雅特莉齐

的无上正等正觉。代表完成拥有本质、精髓的事物，其所衍生的意义为：从中心扩展其意义的事物。

由于曼荼罗是真理之表征，犹如圆轮一般圆满无缺，因此也有人将之译为"圆轮具足"。另外，由于曼荼罗也被解作圆轮，认为是修行人"证悟的场所"、"觉悟的境地"、"观想的坛城"、"道场"的意思，而道场是设坛以供如来、菩萨聚集的场所，因此，曼荼罗又有"坛"、"集合"的意义产生。由此衍伸，聚集佛菩萨的圣像于一坛，或描绘诸尊于一处者，都可以称之为曼荼罗。

图5.17　法门寺展出的一种立体的曼荼罗

公元874年（大唐咸通十年），李唐王朝在完成最后一次迎奉佛祖释迦牟尼指骨舍利时，由于这枚舍利是佛教世界至高无上的圣物，唐懿宗、唐僖宗父子二位皇帝在惠果——智能轮大阿阇黎的指导下，以数千件绝代珍宝供奉，在法门寺地宫完成了佛教供奉的最高结集——佛指舍利供奉曼荼罗世界。

1981年8月24日，法门寺明代真身宝塔半壁坍塌。1987年2月清理塔基，4月3日发现唐代地宫。考古工作者进行科学发掘，在地下沉睡了1113年的辉煌灿烂的唐代文化宝藏——佛教世界千百年来梦寐以求的佛祖释迦牟尼指骨舍利以及上千件李唐王朝的供奉物得以面世。这批文物包括：确系唐代诸帝顶礼膜拜的四枚佛祖释迦牟尼指骨舍利（一枚灵骨，三枚影骨），这是目前世界上仅存的佛指舍利；属于唐皇室制和内库供奉的一百二十一件（组）金银器，其中唐懿宗、僖宗父子亲自供奉的达百件之多，为我国唐代考古所仅见；首次发现的唐宫秘色瓷系列为我国陶瓷考古最重要的收获；来自古罗马等地的琉璃器群是世界琉璃器考古史上空前的重大发现；上千件荟萃唐代丝织工艺的丝（金）织物，其中包括武则天等唐皇帝后金襕绣裙、服饰等均是稀世珍宝；四百多件珠玉宝石及数百件漆木器，还有水晶（玉）棺椁及代表法身佛大日如来、释迦佛最高权威的大金锡杖等，都为绝代珍品。

图5.18　玛雅曼荼罗

1994年初，我国社科界、佛学界终于完成了对法门寺地宫唐密佛舍利供奉曼荼罗的全面破译。地宫为帝王陵墓式建筑，一道五门四室，前、中、后室和秘龛各安放一枚佛指舍利，显示曼荼罗的胎藏界和金刚界四方四佛；地宫后室中央安奉佛指舍利的八重宝函意指佛教之五部九重，显示胎藏界曼荼罗；地宫秘龛安奉佛指舍利的五重宝函，为金刚界曼荼罗；地宫中室的捧真身菩萨，表现佛教发展到唐代鼎盛时期的唐密金胎合曼曼荼罗。这种供养佛指舍利的曼荼罗形式，被视为佛教的"无上法界"。[22]

南美洲的玛雅文明对天象据认为有比现代科学更为不同的算法，竟然也可以用曼荼罗图像表达。[23] 如图5.18。

无论如何，曼荼罗的方位与色彩的因素都是不变的。方位与色彩实际上是自然界非常重要的与能量相关的参数。方位直接与地球磁场、磁力线相关，而色彩则直接反映为光电效应。这两者无疑都可能直接影响人体的健康状态。

分析心理学的创始人荣格认为："曼荼罗意味着一个圆圈，尤其意味着一个魔圈。这种象征形式不仅只在整个东方可以找到，而且在我们中间亦能看见。魔圈在中世纪被大量地复现出来。那些特具基督教味道的魔圈即来自中世纪早些时候。它们大多把基督置于中心，旁边是四个福音传教士，或在基本方位上安有象征这些传教士的东西。这一概念一定是个非常古老的概念，因为荷拉斯（埃及太

第五章 亨利·霍利代的油画：但丁邂逅贝雅特莉齐

阳神）和他的四个儿子也以同样方式被埃及人再现出来。曼荼罗的形式大部分以一朵花、一个十字架或一个车轮的形式出现，这一形式有一种朝作为其结构基数的四的方向而去的显著趋势。"[24]（《金花之谜》，1945年）

荣格继续说，"曼荼罗……往往在心理迷惑和失调情形下出现。原始意向便因而形成星座状，以一种秩序模式复现出来。该模式像一种刻有分成四份的十字架或圆圈形的心理学称为'视角探测器'的东西。将自己放在混乱不堪的心理上，这样，每种东西都得到满足，然后各自归位。搅扰着的迷惑心理便被那个具有抵抗作用的圆圈钳制住了……与此同时，它们成了印度的神秘瑜伽术，成了一种帮助恢复秩序的工具。"（《过渡的文明》，荣格全集，第10卷）

图5.19　荣格画的曼荼罗之一[25]

荣格认为，曼荼罗象征着目标中心点，或象征着作为心理整体的自我；是一种走向中心的心理过程的自我复现现象，是朝新的人格中心产生的过程。该概念可由圆状、方状或四位状的东西象征性地复现出来；靠对四这个数和其倍数的对称摆放，象征性地复现出来。在希腊神话的女妖术（lamism）和印度神秘的瑜伽术（Trantric）中，这个魔圈（mandala）是一种用来静思打坐的工具，是诸神的座椅和出生的地方。被干扰的曼荼罗即指任何偏离圆状、方状，或者四边都一样长的十字状，或者基数不是四或四的倍数的形式。"[24]

在1918～1919年间，由于与佛洛伊德分道扬镳，荣格正处于一个低潮、困惑和迷茫的时期。当时第一次世界大战还未结束，荣格作为英军战区监管上校，当时驻扎在夏托达堡。每天早上都在笔记本上画一幅小小的圆形的图，看来正对应他当时的内心心态。在这些图画的帮助下，荣格得以逐天观察自己的精神变化。荣格后来发现他所画的图就是曼荼罗。

荣格说："我所画的曼荼罗图是些关于自性的状况的一些密码。这些密码每天呈现在我脑海中时都是崭新的。在这些密码里，我看到了自性——也就是'我'的整个存在——在活跃地工作着。可以肯定地说，最初我只能模模糊糊地理解它们，但对我来说它们却显得极为重要，因而我便像对待珍珠那样保存它们。我明确地感到，它们是某种至关重要的东西。随着时间的推移，我通过它们而获得了有关自性的一个活生生的观念。我觉得，自性就像我那样的个体，而且还是我的世界。曼荼罗所代表的就是这个个体，并对应于精神的那种微观世界性。"[24]

这个时期，荣格画了无数幅曼荼罗。他说："我此时正被迫经历潜意识的这一过程。我必须让自己被这股急流裹胁着前进，根本不知道它要把我引向何处。然而，当我开始画曼荼罗时，我便看出一切东西，我一直在走着的所有道路，我一直在采取的所有步骤，均正在导向一个点——也就是说，导向居中的那个点。事情对我变得越来越明白。曼荼罗就是中心。它是一切道路的代表，是通向这个中心，通向个性化的道路。

"在1918至1920年间，我开始明白精神发展的目标就是自性。没有直线性的演变，有的只是自性的弯弯曲曲的发展。均匀性的发展充其量来说只有在开始时才会存在。尔后，一切便向着这个中心点而发展。这一顿悟使我安定下来，慢慢地，我的内心平静而复归。在找到曼荼罗可作表现自性的工具之后，我便获得了在我看来是终极性的东西。"[24]（本段落中的自性原译为我性，作者更改。详见最后一章）。

荣格晚年总结说："二十多年前（1918年），在我调查研究集体潜意识的过程中，我发现了存在着一种类型相似的、显然具有普遍性的符号——曼荼罗符号。为了肯定我的发现，我花了十余年时间收集另外的资料，然后才首次宣布我的发现。曼荼罗是一种原型性意象，它的出现经历了时代的证实。它意味着自性具有完整性。这一圆形的意象表示的是精神基础的完整性，或且用神话的话来说，神性具现于人的身上。现代的曼荼罗与波伊姆（根据荣格在此前的文字里所说，雅各布·波伊姆是一位神秘主义者及神学家，长期被大多数人们认作是蒙昧主义者。——本书作者注）的相反，它争取的是统一性。它所表示的是对心灵破裂的一种补偿，或者表示的是预见到这种破裂行将得到克服。由于这一过程发生在潜意识之中，因而它便使自己到处显现出来。在世界范围内流布的有关幽浮的故事便是这种情形的明证，它们是一种普遍存在的精神意向的征兆。"[24]

第五章　亨利·霍利代的油画：但丁邂逅贝雅特莉齐

荣格心理学认为，内心的种种想法均可以绘制成曼陀罗，实际上就是"投射"。可以是焦虑、抑郁的投射，也可以是摆脱焦虑抑郁过程的投射。可以是精神分裂的投射，也可以是精神整合的投射。[26]

荣格根据自己的亲身经历，提出："曼陀罗是'自性（self）'的象征。自性的特点就是统一、完整、自足、和谐。"荣格在圆的象征里也提及"不论圆的象征出现在原始人的太阳崇拜还是现代宗教里，在神话还是在梦里，在西藏僧侣绘制的曼陀罗还是在城市的平面图里，或者是在早期天文学家绘制的天体概念里，圆的象征都指向生命最重要的一个向度——生命的终极圆满。"曼陀罗是全体的象征，补偿性地绘制全体之象在于寻求凝聚心灵系统的完整。对中心的回归是一种最高的自觉能力。当人意识到自己是一个微型宇宙，会体认到非我是自我设限的幻象。

荣格认为，圆象征人的心灵追求圆满的需要，追求一个自由永恒的境界，象征着人追求统一、和谐与完美。心灵中各种敌对力量趋于统一的象征，也是心灵的象征。他还用中国的道家太极图案来印证其意识与潜意识中的"双性"特质理论，如内外倾、阿尼玛和阿尼姆斯等。

荣格认为：曼荼罗是人的内心的外在体现，作为一种投射，可以用"画"的方式来表现。但是，有的学者却并不认为如此："对'人的内心'的理解差距是佛教曼陀罗与荣格曼陀罗的根本区别。佛教曼陀罗是功德高深的坐禅者、佛教修行者、实践者，在非常非常特殊的精神创造环境中，进行正修正念，依据自己的修为境界创造出来的。绝不是人的思维想法的投射体现，更不是符号的排列与堆积。通俗讲是就是精神彻底整合的自发显现，是"佛性"或者"佛性觉醒"的自发显现。而这个过程是非常特殊也非常殊胜的。同时，佛教还有特殊的方法，通过自发显现的境界分析，来区分哪些是真正的有为修行者，哪些是不明究竟的卖弄教义的假悟境，哪些是妄想人格的幻觉倾向。"[26]

根据荣格的经历与分析，我们对霍利代的画作之所以给读者以强烈冲击，便可以说出个大概。霍利代的画作正是完全符合了曼荼罗的要素，这也许来自印度曼荼罗的启示，也许是他内心潜意识的作用。

虽然霍利代的画作不是圆形的，但是，真正的曼荼罗往往是四方的，或者是外圆内方，或者是外方内圆。古人以此象征天圆地方的概念，以期模拟这一天圆地方的气场，使修行者得以更地进快入天人合一的境界。

我们在前面讨论过，但丁·罗赛第画过四幅但丁邂逅贝雅特莉齐的画，见第三章图3.4和本章图5.10。由于不具备曼荼罗的元素，固然技巧再高，费时再久，功夫再深，这些画也未必能够产生震撼效果。图5.20是另一幅对霍利代画作的模仿画，显然更是远远不具备曼荼罗的元素，更不用说绘画技巧了。因此，它不但不可能对读者产生任何的冲击，反而有一种吃下苍蝇的感觉。

　　圆形还是方形并不是曼荼罗主要的因素。曼荼罗最重要的因素在于对称、方位和色彩。仔细审视霍利代的画作，可以发现但丁与三位女子在画面上正好分立在东、西、南和北四个方位。河堤的围墙如一把刀将一男三女分隔开来，正好符合并满足了曼荼罗的重要因素。

　　一男三女加上河堤围墙，五个角色正好将画面的主要空间占满，犹如一座曼荼罗坛场。请注意，这个场境不仅是暗合金刚界曼荼罗，如图5.21，从颜色上看还也似中国传统的五行方位图。

　　只要将图5.21以南北为轴，旋转180度，即在图下方的东面转到图的上方，图的上方西面转配图的下方；或者是以头在北，脸朝下地来看这幅图，就可以看到，但丁位于北面（头部），身着黑衣，对面的女子为红衣，是南面（脚部）；贝雅特莉齐走在最前面，身着白衣，是西面（右手）；后面那位女子身着蓝（绿）衣，为东面（左手）；中间河堤围墙为黄色。这样一个安排完全符合《易

第五章　亨利·霍利代的油画：但丁邂逅贝雅特莉齐

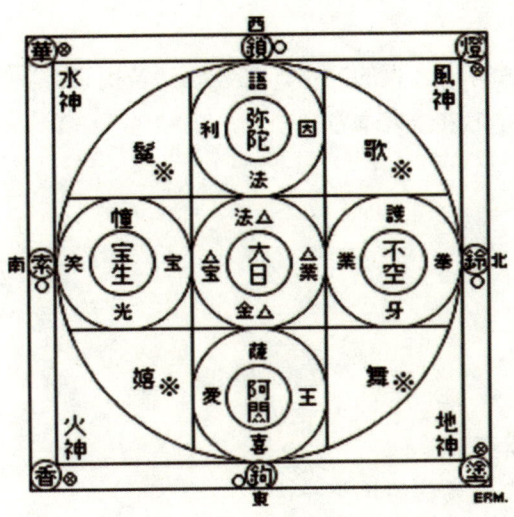

图5.21　金刚界曼荼罗简易图

经》（河图，先天八卦）的方位图。如图5.22。

我们虽然没有霍利代到中国访问的证据，但从其画作的人物衣裳色彩上看，至少可以说存在与中国传统文化中五行之颜色相符合的证据。我们甚至还可以发现，霍利代画作的布局中还有中国传统文化中风水的意境。

桥头的竖立的龙形灯柱，路上露出一半的水车（或是几十年前南方城市街头巷尾还能见到的粪车，没有考证，但似乎都像），正好符合了左青龙，右白虎的面局。远处隐约的山势起伏，背景中长桥横卧，水流平缓，看不见来水与去水，这些都是中国风水的上佳形势。

根据目前的相片上看，佛罗伦萨的圣三一桥上并没有灯柱。龙在西方文化中，象征恶势力，不知道当时的教堂是否可能允许在圣三一桥上以此为装饰。但丁身后这样一个凶猛动物象征，与对面相应白虎位置的水车上下鸽子形成鲜明的对比。在《圣经》中，诺亚在方舟避难，不知洪水退了没有，放出鸽子。鸽子衔回了橄榄枝，带回了洪水退去的喜讯。因此，在西方，鸽子象征和平。龙与鸽子在画中的出现，不仅是风水的布局，可能还是画家要表现但丁所受到的迫害，以及贝雅特莉齐的纯洁和平。

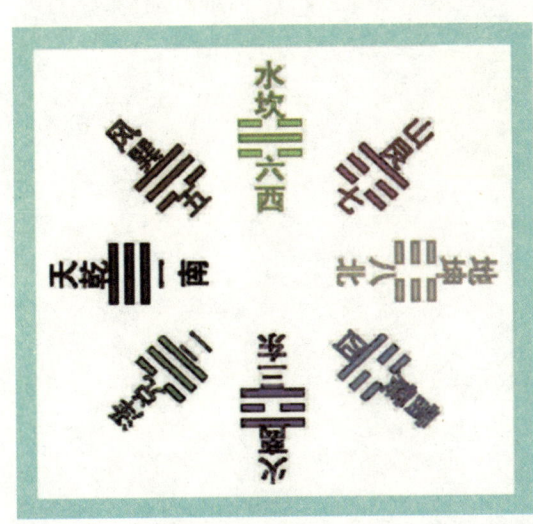

图5.22　先天八卦图

但是，不管霍利代是否对中国传统文化有深入的研究，荣格对全人类共同潜意识的研究，基本是得到大多数学者的认可的。作者还是宁可相信，霍利代完全是出于自己的潜意识灵感，而非故意设计出画面的这种符合曼荼罗、先天八卦、

117

五行和风水布局的。

　　行文至此，为什么霍利代的画对作者有那么大的冲击，已经昭然若揭了。

　　我们还是引用但丁在《神曲》中的诗句来结束本章：

人不知对最初信息的认识
以及对最初诱人之物的感情，
究竟是来自何方，
而这认识和感情恰恰都是在你们身上，
犹如蜜蜂本身就有酿蜜的倾向；
这最初的愿望不必受责，也不值得赞扬。
现在，为了使其他一切愿望都集聚在这最初的愿望一边，
就要由那天生的潜力来把计献，
它应当守住那接受与否的门槛。
这便是那项原则：要根据它
来找出理由，判断你们的功过，
依照你们所接受和选择的爱是善还是恶。
有些人曾在论述时能触及根本问题，
他们就曾发觉这与生俱来的自由意志；
因此，他们才把道德之说留传后世。

《炼狱篇·第18首》

第五章　亨利·霍利代的油画：但丁邂逅贝雅特莉齐

参考文献：

[1] Beatrice Portinari http://en.wikipedia.org/wiki/Beatrice_Portinari

[2] THE SONGWRITER AS POET: IAN MCCULLOCH AND THE PRE-RAPHAELITE TRADITION. http://www.angelfire.com/wy2/preraph/page3.html

[3] 拉斐尔·圣齐奥. http://zh.wikipedia.org/zh-cn/%E6%8B%89%E6%96%90%E5%B0%94%C2%B7%E5%9C%A3%E9%BD%90%E5%A5%A5

[4] Pre-Raphaelite Brotherhood. http://en.wikipedia.org/wiki/Pre-Raphaelite_Brotherhood

[5] 前拉斐尔派. http://zh.wikipedia.org/wiki/%E5%89%8D%E6%8B%89%E6%96%90%E7%88%BE%E6%B4%BE

[6] Daly G. . Pre-Raphaelites in Love. New York: Ticknor & Fields. 1989

[7] Henry Holiday. http://en.wikipedia.org/wiki/Henry_Holiday

[8] The website of Bob Speel. Henry Holiday. http://myweb.tiscali.co.uk/speel/paint/holiday.htm

[9] East WindowSt John's Keswick. http://farm4.static.flickr.com/3472/3705299178_4f5181359b.jpg

[10] 但丁（钱鸿嘉译）. 新生. 上海译文出版社，1993.4.

[11] 阿利盖利·但丁. http://www.hudong.com/wiki/%E9%98%BF%E5%88%A9%E7%9B%96%E5%88%A9%C2%B7%E4%BD%86%E4%B8%81

[12] 佛罗伦萨. http://en.wikipedia.org/wiki/Florence

[13] Santa Trinita http://en.wikipedia.org/wiki/Santa_Trinita

[14] Talisman Fine Art & Talisman Symbolist Studies. Dante and Beatrice. C. O. Murray after Henry Holiday. http://www.talisman-fine-art.com/prodpage.cfm?CategoryID=17252&pgName=symbolist&CFID=13790412&CFTOKEN=80179100

[15] 但丁（钱鸿嘉译）. 新生. 上海译文出版社，1993.1-117.

[16] Littleton CS. Ed.Mythology.London, Duncan Baird Publishers, 2002, pp254-257.

[17] 油画 http://baike.baidu.com/view/6852.htm

[18] 百折. 快速欣赏油画. 北京：中国文联出版社，2009，5.

[19] 周培德. 油画基础. 上海：人民美术出版社，7～85.

[20] 高也陶. 临床交流学. 上海：同济大学出版社，1989.

[21] 唐颐. 曼荼罗. 西安：陕西师范大学出版社，2009，294～295.

[22] 法门寺地宫唐密曼罗荼世界全面破译 http//www.foyuan.not /plus/view php?aid=86572

[23] Moyan Mandala. http://www.mandalas.com/CircleMandalasGallery/Mayan-Mandala.php

[24] 荣格（刘国彬、杨德友译）.荣格自传：回忆、梦想、思考. 上海三联书店, 2009

[25] 巫昂.荣格关于曼荼罗与梦的关系的一段论述. http://blog.sina.com.cn/s/blog_543534e60100dxg2.html

[26] 佛教曼陀罗与荣格曼陀罗. http://www.douban.com/event/11375392/discussion/20950013/

第六章

红衣女子

从这一章起,我们开始逐一分析霍利代画作中的四个人物。读者可能会很奇怪,本书讨论的是少男少女情综,画中人物均为成年人,是否风马牛不相及。这里需要说明的是,但丁对贝雅特莉齐的爱情发生在他九岁时第一次的见面。画作表现的是距离他们第一次见面后九年时间的街头邂逅。虽然画作是成人时期的男女,但它表现了少年时期产生的情感。我们只是借助画作中的人物,来展示和分析少男少女的心理状态。

这一点,请读者们务必理解。

一、红衣女子

1. 万娜夫人

红衣女子的名字有案可查,据说名字叫万娜(Vana)。她大概是已婚的女士,所以,被称作万娜夫人(Monna Vanna 或 Lady Vana)。

"Vanna"一词起源于拉丁语:vanno (vaglia),意思是,筛选之女子,或估价之女子,也有人认为这是名为伊万(Van)的女性,或者是Evan的简称,意思是:青春。

据认为Vanna 这个名字最早出现在1294年,意大利的托斯卡那地区,尤其是佛罗伦萨。这个名字很容易使人联想到意大利最常见的名字 Giovanna,而实际上,在但丁的诗作《新生》中,万娜是乔万娜的昵称,就像贝丝(贝齐)是贝雅特莉齐的昵称一样。Vanna有点类似于姓氏"Ivanna"。在意大利,每年的7月23日,是奥维多的圣万娜(Blessed Vanna of Orvieto)的纪念日,她于1306年去世。

在但丁的最好朋友圭多·卡瓦坎蒂(Guido Cavalcanti,1255~1300)的诗作中,万娜夫人是一位佛罗伦萨的公民,也是诗人的情人与灵感之源。[1] 奇妙的是,卡瓦坎蒂夫人的名字也叫做贝雅特莉齐,是当时佛罗伦萨齐伯林派的首领Farinata degli Uberti的女儿。1300年,齐伯林派与盖尔菲派两派的争斗偃旗息鼓,两派首领皆被放逐。卡瓦坎蒂也在放逐者之中。几个月后,他申请回到佛罗伦萨。当年8月，他因发热（可能是疟疾）死于佛罗伦萨。[2]

意大利近代的著名作家路易吉·尤果尼利（Luigi Ugolini，1891～1980）根据但丁的《新生》，命名她的孙女为万娜·波塔（Vanna Bonta），并在但丁受洗的佛罗伦萨圣乔万尼大教堂（Battistero di San Giovanni）为其施洗。可见这个名字至今还受意大利人喜爱。

据说卡瓦坎蒂对大量的英文现代诗人（Modernist poetry in English）具有强烈的影响。这一影响可以一直追溯到1861年，但丁·罗塞第所著的《意大利早期诗人》（The Early Italian Poets）。这本书翻译了但丁和卡瓦坎蒂的代表性诗作。[2]

图6.1　万娜夫人（Dante Gabriel Rossetti，1866）

如前所述，前拉斐尔派的罗塞第对但丁无比地崇拜，不仅把自己也命名为但丁，画过许多有关但丁与贝雅特莉齐的画，就连贝雅特莉齐身边的万娜女士（Monna Vana）也成为他的画中人物。如图6.1。如果仔细对比，或者可以说，霍利代在他的画作中，基本是按照罗塞第的画作万娜夫人为模板的。

在罗塞第的画作中（图6.1），万娜夫人显然是一位贵族女子，珠光宝气，雍荣华贵，身着绫罗绸缎、锦衣裘皮，虽然包裹严密，却不失性感、迷媚之气。

第六章　红衣女子

在霍利代的画中，红衣女子走在贝雅特莉齐的右侧，挽着她。因此，我们已经知道这个永垂不朽的邂逅发生时，贝雅特莉齐旁边的一位女性名字叫做万娜。霍利代画中另外一位女性在贝雅特莉齐后面许多，她也可能是路人。因此，我们可以判定红衣女子的名字就是万娜的可能性要比不是大得多。

2. 万娜与但丁

如上所述，我们知道了万娜是但丁最好的、最知己的朋友卡瓦坎蒂的情人与灵感之源泉。但丁将爱情拟人化，宣称Vanna是春季（Primavera），而贝雅特莉齐的名字就是"爱情"本身。[3]

在贝雅特莉齐的父亲去世后，但丁生病，梦见贝雅特莉齐去世。有一天，他正静坐沉思，进入了幻觉。他看见他最知己的朋友卡瓦坎蒂已经享有许久深挚情谊的、以秀丽闻名的那位淑女向他走来。但丁写道：[3]

那位女郎本名乔万娜，不过有的人为了表明她的娇美，赐她以'春姑娘'之名，以后大家都这样称呼她。我再一看，她后面还有一个人向我走来，那就是我的可人儿贝雅特莉齐。这些女士靠近我，一个跟着一个走着。爱神似乎在我心中说起话来，他说："第一个女人唤作'春姑娘'，只是因为她今天来到这儿。是我怂恿取名字的人唤她'春姑娘'的'春'字的意思就是'她将先来'，日期正好是贝雅特莉齐忠实的情人做了一场奇梦、贝雅特莉齐本人露脸的那一天。此外，如果你考虑她原来的芳名，那么称她为'春姑娘'也十分相宜，因为她的名字乔万娜系从圣约翰一词而来，而圣约翰却是真光的先导，而且还说过"我是喊着'开辟主的道路'的旷野中的声音"。在这些话的后面，爱神似乎对我说了些别的话，内容是：谁愿意深思熟虑，就应当把贝雅特莉齐唤作'爱神'，因为她跟我是十分相似的。"

以上引用文字中的春姑娘是因为意大利文"春"字为Primavera，是从"先行"、"先来"一词Primaverra衍生而来。春天为一年之先导。但丁在此，以春姑娘为贝雅特莉齐之前导，以表现贝雅特莉齐之所以为"爱神"之称。

乔万娜意大利文为：Giovanna，系乔万尼 Giovanni的阴性词。而意大利文Giovanni即相当于英文之John，即约翰。在《圣经》中，约翰是耶稣的先导，为其洗礼，在旷野中呼唤。《圣经·约翰福音》：

有一个人，是从神那里差来的，名叫约翰。这人来，为要作见证，就是为光作见证，叫众人因他可以信。他不是那光，乃是要为光作见证。那光是真光，照亮一切生在世上的人。

他说，我就是那在旷野大声喊着说：修直主的道路。正如先知以赛亚所说的。

图6.2　施洗约翰被斩首（Michelangelo Merisi da Caravaggio，1608）

施洗约翰因为对希律王（King Herod）娶嫂子有所非议，被希律王囚禁。希律王本不想杀他，但在一次宴会上，希律王答应他的继女莎乐美（Salome）只要她肯跳舞，就满足她的一切愿望。在她母亲的暗示下，莎乐美提出要施洗约翰的头颅，希律王有言在先，不得不履行承诺，砍下施洗约翰的头颅。图6.2是著名的卡拉瓦桥以此故事作的多幅画作之一。

但丁因见到乔万娜的幻象诗兴大发，写出下面这首十四行诗：[3]

爱的精灵本沉睡在我的心房，
现在我觉得它已经苏醒，
于是我看到爱神来自远方，
他如此快乐，我几乎难以认清。
他说："现在，你要给我一份荣光，"
每说一句话，他无不笑脸相迎。
爱神和我在一起的时间并不长，

我朝向他来的那个地方凝神。
只见万娜和贝齐两位女神,
向我原来站立的地方走近,
一个在前面,另一个紧紧跟上,
我的心经常告诉我,叫我别忘:
"这是春姑娘,"对我说的是爱神,
"另一位叫爱神,她和我很相仿。"

据说上述诗句,是意大利语中首次出现万娜的名字。
如上,我们对万娜的历史渊源有了一个比较全面的了解。

二、红衣女子的表现

在霍利代的画中,万娜夫人的长相似乎与罗塞第的画(图6.1)相近似,但是,外表的装束完全不同。罗塞第的画中人物包裹得严严实实,而霍利代的画上的红衣女子却轻纱薄透,将女性胴体一展无遗。

图6.3 哥迪瓦夫人(Lady Godiva,John Collier-1898)

1. 红色的心理学意义

在第五章，我们讨论了颜色的心理学意义。红色五行属火，代表生命与激发，是最为艳丽的颜色，象征欲望、激情、伏魔的力量等。粉红色常代表性与爱。桃色代表情欲。在霍利代的画中，万娜夫人身着的是粉红色。粉红色往往具有情色的含义。第五章的图5.14是霍利代画作的一幅模仿画，其画技拙劣自不必说，但是，关键是此画把原作人物的衣着颜色更改了。万娜夫人的衣裳颜色变成了黄色，而贝雅特莉齐的衣裳颜色变成了粉色。作者用意很明显，希望贝雅特莉齐更具备情感的色彩。

在第二章的图2.8，阿波罗追逐达芙妮，全画中阿波罗身后飘起的红色布块一下子就把阿波罗狂热追逐的气氛给烘托出来了。与第二章图2.9同样题材的雕塑相比，雕塑显然就没有画作那种疯狂追逐的气氛，表现出的反而是一种和谐之美。

第三章的图3.6是著名画家德拉克罗意（Ferdinand Victor Eugène Delacroix, 1798～1863）于1822年根据《神曲》故事创作的"维吉尔引领但丁渡过冥河"。但丁头上那块红布使画面更加惊心动魄。大家可能更熟悉的是德拉克罗意的那幅著名的油画《自由》。画面中一位裸着上身的女郎引领百姓冲锋，但是后面的红旗才真正地渲染了气氛。

第三章的图3.2是罗塞第画的《贝雅特莉齐的肖像》，画中以两处的红色调动了整个画面的底色。图5.3是罗塞第的名作《但丁梦见贝雅特莉齐之死》。据说这是罗塞第画过的最大的一幅画。此画实际也是含有曼荼罗的场境。画中亲吻贝雅特莉齐的天使身着红衣，与贝雅特莉齐的白色衣裳形成鲜明对比。因此，死亡的悲伤场景变换成了深情的热烈场面。

本章图6.2是米开朗基罗的名作之一。画中场景是监狱一角，可以看到监房里犯人们努力地张望着，行刑人抓着施洗约翰的头发，正要砍下他的头颅。莎乐美（或女仆）端着盘子要盛那圣人的头颅。本来是一幅悲惨痛苦的场面，由于施洗约翰身上那块红布，使整个画面活跃起来。不仅象征着施洗约翰的圣洁伟大，即使在阴暗的牢房里，被行刑人踩在脚下，却一点不失其伟大而圣洁的身份。

图6.3是英国著名肖像画家、被称作前拉斐尔派最后一人的科利尔（John Maler Collier, 1850～1934）的著名画作《哥迪瓦夫人》，也被认为是最煽情的画作。[4]科利尔是达尔文的好友，曾经娶了曾任英国皇家学会会长赫胥黎（Thomas Henry Huxley, 1825～1895）的两个女儿。这个赫胥黎就是达尔文进

第六章　红衣女子

化论的有力支持者。科利尔娶了他的第一个女儿，在妻子去世后，又娶了他的另一个女儿。在维多利亚时代的英国，这是不允许的。结果他们到挪威举行的婚礼。由此可见，他的思想之超前。

在科利尔的画中，骑在马上的赤裸女子并未展示女性的主要性征，但却被认为是最具备情色的画作之一。产生这一实际的效果的主要原因之一，还是那红色的作用。[5]

哥迪瓦夫人的故事是英国考文垂（Coventry）地方的传说。哥迪瓦夫人看到百姓生活艰难，苛捐杂税繁重，不断恳请她的丈夫减税。她的丈夫终于受不了太太不胜其烦的唠唠叨叨，说只要她能够赤身裸体地骑马走过闹市，就答应免去市民所有的税收。哥迪瓦夫人下令所有市民关紧门户，放下窗子，自己赤裸身子，骑马穿过市区。

图6.4 是19世纪的雕塑《哥迪瓦夫人》，可以看到马与人的健美胴体，但是缺少了色彩的诱惑。图6.15、图6.18和图6.19都能够看到红色在画中的鲜明和重要的作用。[6]

图6.4　19世纪雕塑哥迪瓦夫人

在此，我们要特别提请读者注意的是，画中四个人物：黑、红、蓝（绿）和白，加上河堤的黄色，正好是中国传统文化中五行的颜色。这五种颜色在画面上的设置，也与五行相应。我们无法说这些都只是巧合。画家在创作时，必定是经过苦思冥想的。

2. 红衣女子的方位

万娜夫人在画中的位置，是左边。在上一章的图5.21 金刚界曼荼罗简易图中，我们可以发现这个位置是南面，画中但丁所站立的位置与其对应，因此，但丁的位置是北面。

图6.5　金刚界曼荼罗

根据图6.5，标准的金刚界曼荼罗图，可以知道佛说四大，地、火、水、风，相对应的颜色是黄、红、绿、白。在图6.5中，北（左）面为黄，顺时针旋转，上为火，为红色；右为水，为绿色；下为风，为白色。中间为空，为蓝色。四大加上中间的空，是五大。

佛教所说的四大，是从古印度的四元素之说而来。图6.6表示的是印度教中阴性生命动能的基本核心——莎克特之舞（Shakti Dancing）。莎克特是印度教大神湿婆（Siva）的妻子，性力崇拜的偶像。她的舞蹈形象地体现了情感的波动和光、色的流动。她的六只手中握着四大元素：气、火、土和水（air, fire, earth and water），以及从土中生长出的果实，水果和稻谷，乃至矿藏和宝石之类。她小腹的新月和胸口放光的心是她的符号特征，可以保佑和满足人们所有的欲望和需要。

图6.6　莎克特之舞（Shakti Dancing）

　　印度教、佛教的四大元素之说，与古希腊的四大之说（THE FOUR ELEMENTS）相近，所用的英文名词是同样的。古希腊的四大元素在天象上看，有其特定的所指。如月亮运动以27天为一周期通过黄道带（Sidereal Zodiac）十二宫，即天穹中星座的方位。每一元素对应形成三角形的三个星座，每一元素对应着植物的某个生长时期。如图6.7，火（Fire）对应白羊座、狮子座、射手座，图中红色线三角的三个点，象征果实或种子；土（Earth）对应金牛座、处女座、山羊座，图中深黄色线三角的三个点，象征生根发芽；气（Air）对应双子座、天秤座、宝瓶座，图中浅黄线三角的三个点，象征开花结蕾；水（Water）对应巨蟹座、天蝎座、双鱼座，图中蓝色线三角的三个点，象征抽枝长叶。

　　西方医学的基础是建立在古希腊的四大元素之上的。西医鼻祖希波克拉底建立了四种体质说。盖伦希在波克拉底的基础上进一步发展了冷、热、干、湿，使之共计成为八种人体状态。直到今天，医学理论和概念都基本上没有走出二千多年前的框架。[7]从事物发展过程上来看，佛教认识是四个过程，成、住、坏、

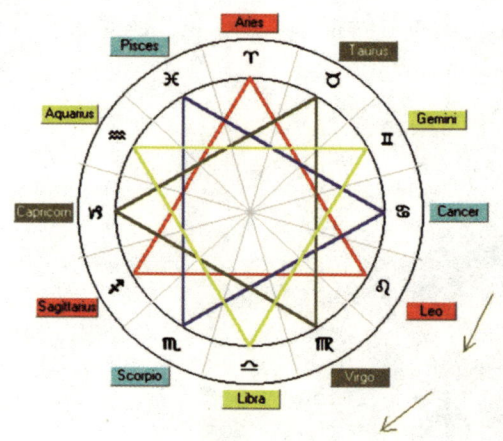

图6.7 古希腊四元素与黄道十二宫

空，或说生、老、病、死，与古希腊所认为的四种植物生长时期也是有点相接近的。荣格认为世界各民族都有共同的潜意识是很有道理的。

霍利代的画在方位上，我们知道了是金刚曼荼罗的坛场，但按曼荼罗的颜色要求，却有所不同。我们还是在中国传统的八卦五行方位上看到了相似之处。

根据第四章的图4.1和图4.3，意大利的阿诺河从西向东流，经过佛罗伦萨城区。圣三一桥在老桥的下游。霍利代的画中，但丁伫立在圣三一桥的桥北头，贝雅特莉齐与友人从老桥向圣三一桥走来。

在第五章的图5.22，实际就是本章的图6.8逆时针旋转90度。这是中国传统文化的八卦五行图。按照五行规定，坎卦与离卦相对，是为水与火不相射。水为黑色，火为红色，正好与画中红色衣裳的万娜夫人、黑色衣裳的但丁相应。

金为白色，为乾，在南的方位。坤为黄色，为土（地），在北的方位。请注意，图6.8是中国传统文化的图例，是以南方在图的上面。现代图的标准是以上方为北。白、黄二色在霍利代的画中，都体现在贝雅特莉齐身上了。我们在后面的章节再详细讨论。

因此，我们看到霍利代的画虽然暗合了金刚界曼荼罗的方位，但并不完全相同，在颜色上肯定有差异。如果从人物衣着的颜色上看，画中人物的位置更多地符合中国传统文化的五行方位。

图6.8 先天八卦图

3. 红衣女子表现的胴体

红衣女子在画中的四个人物中，是唯一一个突出表现人体曲线的人物。西方艺术一向以人体曲线为最高之美。但是，霍利代这幅画中的人物，全部包裹严实，只有红衣女子在薄薄的衣裳下仰身扭曲，极力展示着女性的胴体和性征。

图6.9 维纳斯的诞生
（William Adolphe Bouguereau，1879）

第四章图4.12，是波提切利的著名油画《维纳斯的诞生》，画中的人物被佛罗伦萨人认作是世界最美的女人。威廉·阿道夫·布格罗（William Adolphe Bouguereau，1825～1905）的同名油画如图6.9，使我们看到了相同的女人胴体，但是布格罗的画更加毫不掩饰。布格罗的名言是："先生！我经常告诉我的学生们，人们必须寻求美和真，必须使作品达到极致。只存在一种画能把毫无瑕疵的美和完善呈现到人们的眼前，如同委罗内塞（（Paolo Veronese，1528～1588））和提香（Tiziano Vecellio，1477～1576）的作品一样。"[8] 布格罗的宁芙（希腊神话中的山林女神）充分表现了各种角度的女性人体之美。如图6.10。

图6.10　宁芙　（Nymphaeum，William Adolphe Bouguereau，1878）

裸体之美与中国传统文化是格格不入的。各种各样的讨论充斥坊间。有的高雅，有的粗俗，有的唯美，有的情色。这不是本书讨论的内容。但是，值得一说的是，人体之美首先是生物的与生理的，其次是心理的，最后才与艺术相关。

图6.11是一组目前发现的最古老的美神塑像。其中最古老的据说可以追溯到三万年前，最年轻的据考证也有一万多年了。可以看到，这些塑像都极力对女性的生殖器官进行了强烈的夸张。不过，说其夸张，只是我们今人的看法，在当时，也许并不是夸张，而是事实存在。达尔文在其著作《人类由来》（The Descent of Man，1871。也译作《人类由来及性的选择》）一书中，描述了他在考察中见过的实例。当地土著人中最美的女性，是一位臀部巨大的女性。其臀

部之大到达这样一个程度,以致她要站立起来时,必须倚靠在斜坡上才能够达到目的。[9]可以想象,有着这样巨大臀部的女人,也必定有着同样巨大的乳房。达尔文可能没有见到后来出土的图6.11中的那些古代的美神。如果见到,他一定会说,直到19世纪中叶,地球上还存在这样的民族,崇拜着这样的美神。无疑,生殖功能是其最重要的内在因素。

人类是地球上怀孕时间最长的生物之一,十月怀胎,实际孕期为40周。人类一般只生一胎,哺乳期至少一年,古代可能是二到三年,或者直至乳儿的弟弟妹妹出生,到成年还要有十二年以上。这在其他动物是绝对没有的。而且,自然界中比人力量更为强大的动物比比皆是。要在那样恶劣的环境下求得延续种族,没有强大的繁殖能力是不可能的。因此,拥有强大的生育能力是最为重要的生存方法,也是自然选择的方法。根据弗雷泽(James George Frazer,1854~1941)在其《金枝》中的描述,有些部落的首领,性的能力一旦减弱,马上就会被更强壮的年轻人替代。因此,他们可能在男性后代还未成熟前就杀掉他们,或者赶他们离开。[10]直到今天,生活在美国盐湖城的实行多妻制的摩门教,也还把族群中那些即将长大成人的年轻男性赶出社团,任其自生自灭,以保证那些年老体衰的老年男性能够保住自己的位置。[11]

图6.11　出土于世界各地的史上最古老的一组人体雕塑。

随着人类生产力的提高,人类能够利用工具加强自己的力量,从而使人类在地球上的优势渐渐形成。生育不再显得那么重要,使得人们的审美能力发生了变化。

少男少女情综
BOY - GIRL Complex

古希腊罗马雕塑把人体美奉为典范成为西方悠久的传统。强壮肌肉隆起的躯体、优雅的对称美、雕像头部的侧影，或是运动员身形张力的和谐之美，表达了什么是美，什么是健康，什么是性感。这时人们已经有了生产的分工，侵略和掠夺是获得产品的一个重要手段，孔武有力的身形是战争的需要，通过战争和贸易获得的生活必需品和财富，远远超过自然繁殖所能够带来的财富。因此，人体美从生殖能力转向方便行军打仗、搏斗格杀的那种体形。不仅是男子，这同样影响到女性的体形审美观念。我们看到西方社会大量的雕塑都已经与图6.11的美神像大不相同了。而这些塑像至今还能让我们感到美感的冲动，说明我们不过停留在古希腊罗马时代的审美观念里，也说明当代人的思想方式几乎没有脱离古希腊罗马的时代。

图6.12是现存于法国卢浮宫的著名的古希腊时代的维纳斯塑像。据说它是世界上最美的塑像。传说德国诗人海涅临去世前天天都去这个塑像前膜拜，不舍得离开有如此美好胴体的世界。但是，新近的研究似乎不认可这一说法。根据海涅自己的记载，他确实曾经瘫倒在美神维纳斯像脚下。他那天正参观卢浮宫，准备撰写艺术评论，突然瘫倒。他写道："我久久躺在她脚下嚎啕，足以让石头落泪。女神充满怜悯地俯视着我，却显得如此无能为力，好像在说'你没见我没胳臂，帮不了你吗'。"[12]

图6.12 米罗岛的维纳斯

据说，中国一些学者认为希腊裸体雕像是当时性快乐主义风尚的产物："人类的裸体有三种性的特性。第一性征是男女外生殖器的不同形状，是由动物继承而来的；第二性征是男女体型和体表的不同；第三性征是两性的心理、气质、风度和行为的不同，是社会文化的产物……古代希腊罗马奠定了西方文化中裸体艺术的基本模式，并为中国当代艺术界接受。它既非源于裸体风俗，也非来自赤身体育活动，而是当时性快乐主义风尚的产物。它在保留第一性征的基础上，强调第二和第三性征。"[13] 这可能是艺术理论家的看法。

第六章　红衣女子

在印度文化中，裸体也是一个重要的组成部分。我们看到，印度的裸体雕塑更多地体现了生殖器官，尤其是女性性特征的表现，这与古希腊罗马确实有着明显的不同。如图6.13。很显然印度的裸体雕塑比古希腊罗马更接近远古。

图6.13　印度神庙（Khajuraho Temple）的雕塑

在中国传统文化中，人体的造型一直是很少见到的。即使有，也是十分简洁、抽象的。中国与古希腊罗马时代相近的是周朝的时代。在这一时代，很少见到有人体的艺术造型，不论是画还是雕塑。这也许正好说明中国文化与西方文化存在的差距要远远大于印度文化与西方文化的差别。

但是，中国传统文化对人体的解剖，却有十分精确的认识和记载。过去在这一点上，近代学者们长期认为中国的人体解剖是幼稚和模糊的。但是，现在却发现事实并非如此。《黄帝内经》中有四个篇章：《骨度》、《脉度》、《肠胃》、《平人绝谷》，详细描述了人体解剖的长度单位。《骨度》和《脉度》两篇用的是周朝的尺度单位，与现代的尺度换算成的人体骨骼长度几乎完全一样。而《肠胃》和《平人绝谷》两篇，用的尺度单位是商朝的。以商朝的尺度单位换算，肠胃的尺寸与现代尸体解剖完全一样。[14]

因此，至少可以说明，《黄帝内经》的《肠胃》和《平人绝谷》两篇在商代就进行了记录。商代比周代春秋战国时期要早1000多年。肠胃的测量要剖腹探查，而骨骼的测量在活体上就可以进行。因此，很可能在周朝的时候，人们已经对骨骼进行了重新测量。而肠胃部分要剖腹，血淋淋的，要死人的，因此就沿用了前一朝代的记录。在《汉书》里就记载了王莽下令把一位反对他的人送到太医院进行解剖，以测量脉的长短和走向。

《黄帝内经》记录了当时人的平均身高为173.25 厘米，头围为60.06 厘米，胸围为103.95 厘米，腰围为97.02 厘米，身高比胸围为1.67，身高比腰围为1.79，胸围比腰围为1.07。[14]

那时的人比今人胸围和腰围都更粗大，但是，"胸腰比"比今人要更小，说明，那时的人胸围和腰围虽然都更粗，但是，胸围要比腰围粗大得更多。因此，看上去，人体上部、胸部更宽，下部、腰部更细，从美学角度看，比今人更美。这种比例也是今人追求男性人体美的一种目标。这种比例也符合古人更多体力劳动和运动造就的体质。

图6.14　盛唐美女（吐鲁番阿斯塔那187号墓出土）

值得一提的是，那时的人重视头围，做出的人体解剖尺寸记载中有头围无臀围。而古代西方文化和今人都重视臀围。这是非常奇怪的现象。照理说，古人重视生殖，全世界最古老的人体塑像都是强烈突出人体臀部和生殖器官，而《黄帝内经》却重视头围，不重视臀围。似乎中国历史发展到了《黄帝内经》时代，人

第六章 红衣女子

们更注重大脑,多于重视生殖。

西方到了中世纪时代,有1000多年是在基督教会的统治下,对人体暴露有严厉的限制。裸体的造型穿上了衣服。可能靠近了中国传统吧。但是,裸体穿上衣服更性感了,更有诱惑力了,对异性的吸引可能也只有更多,没有更少。图6.15也是前拉斐尔派的杰作之一,科利尔的名画《维纳斯堡的唐怀瑟》。那位骑士和诗人唐怀瑟(Tannhäuser)对披着裹布的女子情有独钟,跪倒在地,目不斜视,而对一旁同样的、一丝不挂的女子毫无感觉,如若无人。这体现了西方人对裸体与情色的感觉和理解的内涵。

图6.15 维纳斯堡的唐怀瑟(John Collier,1901)he

唐怀瑟出自12世纪时德国的一个传奇故事。传说维纳斯堡的大山里住着维纳斯和许许多多的山林女神。年轻男子经常被她们勾引,一去不回。唐怀瑟也是这样一名年轻人,落入维纳斯醉生梦死的欢乐世界,却因为他心怀教义,不甘堕落,最终坚决要求脱离那个肉欲的世界。维纳斯在他离别时断言,他肯定还会回来的。

唐怀瑟心怀愧疚回到罗马教廷，见到教皇乌尔班四世，恳求教皇赦免他的原罪。教皇说，这是不可能的，除非他的权杖开花。唐怀瑟黯然离去。但是，依据天主教义，主是至高无上的、万能的、慈悲的，只要忏悔，无所不能宽恕。第三天，教皇愕然发现他的权杖竟然开出绚丽的花朵，赶紧派人去通知唐怀瑟，他已经得到赦免。但是，唐怀瑟已经回到维纳斯堡，回到爱神的怀抱，再也没有人见过他。

德国著名的歌剧家瓦格纳曾经创作过同名的歌剧，久演不衰。科利尔用画笔含蓄地表达了什么是具有更大吸引力的人体美。画中那位腰下包裹红布的女子，高举着双手中盛开的鲜花，代表了传说中应当开放在教皇权杖上的花朵，暗示了她才是唐怀瑟真正崇拜的偶像，才能够真正地解放堕落的男子。虽然旁边那位全裸的女性的体形、相貌与她长得一模一样，头上也戴着桂冠，但是却遭到完全的冷落。

西方的文化到了文艺复兴以后，重返古希腊罗马的美学精神。但这也只是在艺术造型上，现实生活中的人们是不可能随意地袒胸露臂的。据说直到上一世纪40年代，克拉克·盖博在《一夜风流》的银幕上没有穿背心，成千上万的男子才就此决定再也不穿背心了。结果，不到一年的光景，一连串的制衣商加入了清算破产的行列。而当今社会，男性的身体几乎没有哪一个部位是不能暴露在屏幕或者杂志上的了。

自从文艺复兴重现古希腊艺术的辉煌以来，将古希腊塑像中的男性身体之美奉为典范就成为西方悠久的传统。精瘦但肌肉隆起的躯体、优雅的对称美、雕像头部的侧影，或是运动员身形张力的和谐之美，这些形象已经牢牢地占据了西方人的头脑。很多西方人对这些坚不可摧的形象熟到闭着眼睛都能想象，或者一看到这些形象，立马就能将历史背景链接到古希腊。因此，人体对他们来说，几乎不存在任何神秘感和吸引力。一般人能够达到艺术造型的美，恐怕是非常少见的。

综上所述，霍利代画中红衣女子展示女性胴体之美，表现的是女性的风情万种、性感、美丽、妩媚、妖娆。

三、宋玉：登徒子好色赋

在中国传统文化中，美与色，或者说对美的欣赏和肉体的性行为是可以分开的。

宋玉是中国历史上有名的美男子，人们以"颜若宋玉，貌比潘安"来比喻英

第六章　红衣女子

俊的男生。登徒子却是好色之徒的代号。

宋玉之美可能是他自己吹嘘的。故事在他自己写的《登徒子好色赋》中。

2300多年前，在楚王面前，登徒子搬弄是非说："宋玉这人体貌娴丽，能言善辩，又性好色，请大王千万别让他随意出入后宫。"

图6.16　山中女精（Les Oreades，William Adolphe Bouguereau，1902）

楚王以登徒子之言当面质问宋玉。宋玉回答说：

"体貌娴丽，是天生的；能言善辩，是老师教得好。至于好色，我从来没有。"

楚王说："我是讲科学的，你说自己不好色，可以举出例子来吗？能够举例证明，则可以继续出入后宫；如果不能够举例证明，则以后不许出入后宫。"

宋玉说："天下的佳丽，都比不过楚国。楚国最美丽的姑娘，就数我的家乡第一。而我家乡最美的女孩，就是住在我家隔壁的美眉。隔壁的美眉，再长高一分就太高，再矮一分则太矮。着粉则太白，施朱则太赤。眉如翠羽，肌如白雪，腰如束素，齿如含贝。嫣然一笑，阳城和下蔡的公子哥儿无不被她迷得半死。可是这个美眉爬在我家墙头，偷偷地看我已经有三年了，我至今还没有牵过她的手呢。

"登徒子与我比就差太多了。他的老婆蓬头卷耳，疏齿兔唇，弯着腰走外八字路，身上不但有疥疮而且还有痔。可是登徒子仍然当她是宝贝，喜欢得不行，和她生了五个孩子。请大王仔细考察之，谁为好色者矣。"

其实，情人眼里出西施。登徒子的太太再怎么难看，只要登徒子喜欢就行。至于生了五个孩子最多不过是违反计划生育，何罪之有，与好色绝对挂不上边。楚王心里也觉得有点不对，还未发话，正在一旁的秦国的章华大夫说话了：

"宋玉如此称赞邻居的女孩和他自己，我自以为自己是守德的人，可是与他比，真是不如他呀。我看到的女子，比楚国南方的小家碧玉要更加美貌，只是不敢说。"

楚王一听来劲啦："快快讲来。"

章华大夫说："我年轻时，漫游天下。出咸阳，过邯郸。有年晚春时节，来到河南一带，鸽鹉喈喈，一群女子出来采桑。那地方的女孩，华色含光，体态妖冶，根本不需要化妆。其中最美丽的一位处女，令我情不自禁地拉住她的衣袖，甜言蜜语，大献殷勤。可是，她却恍恍乎好像答应却又不前来，忽忽乎好像前来却又不见动身，情意密密相融而躯体保持疏远，左顾右盼，含喜微笑，秋波暗转，音声颤战。让我颠倒体态，简直不想再生。可是，就是这样，也只是以动听的言辞相感动，精神相依凭。眼睛里渴望美貌，嘴上说着诱人的词语，手上揽着美人的衣裳，心里却没有忘记道义，始终没有越雷池一步，所以，我的行为足以称道，但是，比起宋玉老兄，隔壁美貌女郎引诱三年，还连肌肤都未碰一下，确实远远不如呢。"

楚王一听，对呀，谁不喜欢美丽的女子，自己更是有过之而无不及，宋玉一定不是好女色之徒，放心放心。既有宋玉的主证，又有章华大夫的旁证，还有自己类似的自证，所以，楚王准许宋玉仍然可以自由进出后宫。遂使登徒子恶名成立。值得提醒的是，这篇故事出自宋玉自己写的《登徒子好色赋》中，因此，可信度大大减少。

第六章　红衣女子

图6.17　春回大地（Return Spring，William Adolphe Bouguereau，1902）

2000多年来，登徒子在中国一直都是好色之徒的代称，大概可以与2000多年后英国诗人拜伦（（George Gordon Byron, 6th Baron Byron, 1788～1824）笔下的堂·璜（Don Juan, 1818～1823）相类比。虽然两者的故事情节完全不一样。堂·璜是一位四处寻花问柳、沾花惹草、招蜂引蝶的风流浪子，经常被引用为风流人物的代名词。学者们说这个人物内心充满孤独、苦闷、孤傲、狂热、浪漫，充满了反抗精神，却又具有勇敢、慷慨、诚恳、正直、蔑视群小等优点。而登徒子只是守着丑妻，生了五个孩子的模范丈夫。

中国流传2000多年的这一故事，表现的不仅是宋玉之男性美，宋玉东家邻居女儿之女性美，登徒子之好"色"，而且表现了宋玉的狡辩与智慧，同时留下了中国文学史上的千古名作。但从生理学与心理学角度来看，《登徒子好色赋》更重要的是表现了美与性、爱美之心与肉体需要的不同。

宋玉守着全国最美的女孩，向他示爱三年的邻居之女，其心竟然一动不动。这大概是当时中国传统知识分子最典型的坐怀不乱的气节吧！

章华大夫在春暖花开的季节，邂逅华色含光、体态妖冶、秀色可餐的采桑之女。在这万物春情勃发的繁殖季节，又是桑间濮上，历来是青年男女谈情说爱的地方。但是，章华大夫却能够"发乎情，止乎礼"，说明当时中国的伦理道德的界限已经非常之严格。章华大夫"只是以动听的言辞相感动，精神相依凭，眼睛里渴望美貌，嘴上说着诱人的词语，手上揽着美人的衣裳，心里却没有忘记道义，始终没有越雷池一步"，说明了美感与性欲的相分离。什么原因？因为"礼"。孔子说："悠悠万事，唯此为大，克己复礼！"

衣裳遮盖了原始的裸体，礼义限制了原始的本能，审美动力与感觉随着人类衣着的改变和社会的发展也产生了变化。看惯了裸体的人，对穿有衣裳的人体倍感兴奋；看惯了着衣的人，对衣裳下面的人体更感好奇。偷窥欲由此产生。偷窥欲过分成瘾，成为病态，则成为窥淫癖（voyeurism，或paratereseomania）。佛洛伊德将这种心理现象命名为：Scopophilia。上一世纪70年代，人们甚至把电影业兴盛的原因分析为电影满足了观众的窥淫癖。

最近，英国《焦点》杂志以人类犯罪的本性作专题讨论，将犯罪分作"七宗罪"，并将每一宗罪按其严重性对世界各个国家和城市进行排名。[15]其中：

"色欲"一罪，排名第一是韩国，其次为日本、澳洲和芬兰。而中国大陆排名第五（中国台湾第八）。

"贪食"罪的排名榜，美国名列第一，其次为加拿大、澳洲、日本和英国。

"贪婪"罪则以墨西哥第一，其次为俄罗斯、美国、澳洲和意大利。

"懒惰"罪排名以冰岛称冠,其次是西班牙、挪威、美国和芬兰。

"暴戾"罪以南非第一,其次是位于加纳比海的蒙塞拉特、塞舌尔、莫里西斯和津巴布韦。

"妒忌"罪第一名是澳洲,其次是丹麦、爱沙尼亚、新西兰和英国。

"傲慢"罪第一名是冰岛,依次是塞浦路斯、西班牙、澳洲和希腊。

所有的七宗罪一起进行统计,中国大陆(包括台湾)统统缺席十大排名榜,亚洲上榜的只有日本的第七和韩国的第八,第一是澳洲,第二是美国,然后是加拿大、芬兰、西班牙、英国,墨西哥和南非并列第九。

由上看来,亚洲国家只有在"色欲"榜上排名前列,似乎显示亚洲人特别好色,其余罪恶排名都在后面。但是,根据2000多年前宋玉留下的《登徒子好色赋》,可以证明宋玉时代与当代是有很大区别的。裸体造型四处可见的西方社会,"色欲"恰恰不如衣裳包裹的亚洲。

四、少男少女情综之一

经过上面的分析,我们可以得出由红衣女子万娜引出的少男少女情综(Boy-Girl Complex)之一。

1. 定义

以性征吸引异性。

这一期的这一类型的女性竭力要吸引男性的注意,潜意识地、或者不由自主地以突出自己体征以吸引对方。

可能她们的第二性征并未发育,或者正要发育,这并不妨碍她们以各种方式来吸引男孩子的注意。她们刚刚度过阳具艳羡期(phallic stage),对男孩的阳具可能多持有一种特殊的感觉。

2. 性心理发展研究的背景

虽然我们在第一章绪论中简要提及了性心理发展的五个阶段,但为了能够更清楚地讨论下去,在此还有必要做进一步的阐述。

1905年,佛洛伊德发表了《性学三论》,他自己在第二版的《序》中说:"我深知,这本小册子仍然还有许多不当和模糊之处。"到1925年,佛洛伊德就将此书修改到了第六版。[16] 实际上在1903年,佛洛伊德在致德国《医学与公共卫生》杂志编辑福斯特先生的公开信《儿童的性启蒙》中,就提出了"生殖器并不是人体中唯一能够提供快感的部分…… 儿童在青春期到来之前,就已经能够将爱情的大部分心理表现呈现出来,如体贴、热心、嫉妒等"。[16] 佛洛伊德认为早期的经验对人格的发展会有长期的影响。随着佛洛伊德的这一理论逐步完善，按照力比多（Libido，性能量或性本能）投射于身体的不同部位，性心理的发展分为五个阶段。佛洛伊德认为个体发展发育在这五个阶段的固着和倒退是性本能在人格发展时的必然表现。由于这种表现不同，便形成了不同的人格特征。[17, 18]

（1）口腔期（The oral stage，0～1岁半），性本能通过口腔活动得到满足，如咀嚼、吸吮或咬东西。若母亲对婴儿的口腔活动不加限制，儿童长大后的性格将倾向于开放、慷慨及乐观；若其口腔需要受到挫折，则未来性格发展可能偏向悲观、依赖和退缩。

佛洛伊德指出，"幼儿期性表现的三大特征：它的来源同身体中维持生命不可缺少的寻食功能密切相关；它尚不知有性的对象，是一种'自体享乐'（Autoerotia）；它的性目的受快感区的直接控制。"佛洛伊德认为，在口唇阶段固着就会产生口唇性格。这种性格的人在成年后，习惯于与口腔有关的生活，如他们一般吃的多，吸烟多，饮酒多，通常花费更多的时间与别人讲话。他们可能成为政治家、教授、长舌妇、律师、演员等。

（2）肛门期（The anal stage，1岁半～3岁），随着成熟，婴儿获得了依照自己的意愿大小便的能力。按自己的意志大小便是满足婴儿性本能的最主要的方式。但这一时期也正是成人对婴儿进行大小便训练的时期，要求婴儿在找到适当的场所之前必须忍住排泄的欲望，这与婴儿的本能产生了冲突。

佛洛伊德指出，"肛门区也和口腔区一样，兼有其他功能。我们应该想到，身体的这一部位具有强大的情色意义。通过精神分析，你会对这一区域在常态下的兴奋过程的丰富变化，还有它终生保持的相当程度的性感承受能力感到惊讶。"佛洛伊德认为父母亲在训练婴儿大小便时的情绪、气氛对其未来人格发展影响重大。

在肛门阶段产生固着，就会形成肛门性格。如父母阻碍了肛门性欲的满足，特别是由于入厕的训练而产生的固着，就会产生肛门定向。肛门性格分为两类：一类是肛门保护型，过分严格的训练可能会形成顽固、吝啬的性格。此类型的人一般表现为整洁、小气、做事有条理。另一类是肛门驱逐型，过于宽松的训练可能形成浪费的习性。此类型的人一般表现为不整洁、大方、做事缺乏条理。

（3）性器期（The phallic stage，3～6岁），这一时期的儿童开始对自己的性器官产生兴趣，性器官成为全身最敏感的部位，儿童常以抚摸性器官获得快感。关于这一期，佛洛伊德几乎用了20年的时间研究、思考和确定。佛洛伊德

第六章　红衣女子

说："1923年之后，我的看法稍有变化。在儿童发展了这两个性器官前期体系之后，还有一个第三期，即性器官期。但这个时期仍然只有一种性对象，性行动在某一程度上是集中的。它与性成熟的最终体系之间仍有一个根本的不同之处，因为它只认识一种性器官，即男性性器官。正因为此，我称它为'男性生殖期体系'。"佛洛伊德在此引证了胚胎学的理论。在胚胎发育时，有一个阶段的生殖器官是分不出男、女性别的。

佛洛伊德认为这一时期的儿童都会产生想与异性父母有性爱关系的欲望，即所谓恋母情结或恋父情结。在正常发展的情况下，恋母情结或恋父情结会通过儿童对同性父母的认同，吸取他们的行为、态度和特质进而发展出相应的性别角色而获得解决。

由于男女的生理特征不同，便产生了两种不同的人格特征：

男性性器阶段。这时男孩认为，母亲是自己快乐的目标，因此就想得到母亲，以得到性欲的满足，而且认为女性是快乐的源泉。但当他看到父亲与母亲的关系时，他又产生了对父亲的嫉妒和敌对情绪，这就是佛洛伊德所谓的"俄狄浦斯情结"（Oedipus complex）或"恋母情结"。如果其他因素正常的话，孩子会顺利地度过此情结。如果母亲反对孩子的狂想和性欲望，以及孩子由于父亲的反对而产生"阉割焦虑"的话，此阶段的结束就还需要经历两个解决过程。第一个解决过程或方式是"压抑"。由于孩子怀有对母亲的可怕的性欲望和对父亲的憎恨，却又不敢表现出来，这样就只有使它们被迫进入无意识状态，通过压抑来解决奥狄浦斯情结。第二个解决过程或方式是以其父亲自居，认同父亲的行为。这时孩子不再想到代替他的父亲，而去认同父亲的行为方式，认同父亲的行为标准。也正是在这种认同的过程中，孩子形成了善恶的标准，而这些又成了他的超我的一部分。

女性性器阶段。与男孩子相对应，在此阶段女孩也会产生一种现象，即"厄勒克特拉情结"（Electra complex）或"恋父情结"。在性器阶段之前，男女几乎是没有区别的，但女孩子从女性性器得到快乐，并且与其母亲联系起来。到了后来，她的注意力从母亲转移到父亲。佛洛伊德认为，男女孩子间的俄狄浦斯情结有很大的区别。虽然由于阉割情结使两者都产生恐惧心理，但男孩子因为存在阴茎，压力更大，更有解决此情结的要求，女孩子则没有此压力。事实上，正是这种情结使她进入安全的状态中去，成为正常的女性。另一方面，她又为失去母亲而恐惧，而且要求取代其母亲而成为父亲的爱物。但后来她又发现这是不可能的，以至于到最后才使此情结被驱除掉。如果女孩子没有安全地解决好这个问题，她们在性格上会产生这样的特征：即女性的虚荣性。女性往往把自己的风韵评价得过高，而这正是对她原先的那种生理上的劣势的一种弥补。而且女性具有嫉妒心，这来源于对男性性器的嫉妒。她们往往因男孩子们具有阉割焦虑而高兴，这也能弥补她们的那种先天劣势，因此她们既看不起男人，又看不起同性。没有解决好此情结而产生的固着还会产生第二个结果，即"强烈的男性情结的形成"。女孩子不得不承认她们生理结构上的劣势，从而用夸大她的男性特征的方式来弥补之，因此，她们很可能把另一个女性当作恋爱的对象。[17, 18]

图6.18　复仇女神纠缠奥瑞特斯（William Adolphe Bouguereau，1862）

俄狄浦斯和厄勒克特拉是古希腊神话中两个悲剧人物。古希腊的三大著名悲剧作家埃斯库罗斯（Aeschulus，525～456 BC）、索福克勒斯（Sophocles，496～406 BC）和优力皮德斯（Euripides，480～406 BC）都曾以其作为创作题材。其他各种形式的文艺作品更是不胜枚举，在西方几乎家喻户晓。

俄狄浦斯在无意中弑父娶母，并生下两男两女。当事实被揭露后，既是母亲又是妻子的特拜（Thebes）皇后约卡斯塔（Jocasta）不堪其情，羞愤自杀。俄狄浦斯刺瞎自己的双眼，放弃王位，四处流浪。他的小女儿安提革涅（Antigone）陪伴着他。他的子女继续演绎着古希腊悲剧。这是一出极其残酷、悲惨、乱伦和宿命的故事。如图6.19。

图6.19　俄狄浦斯（Oedipus At Colonus, Fulchran-Jean Harriet, 1798）

厄勒克特拉是阿加门农（Agamemnon）的小女儿。阿加门农是攻打特洛伊城的联军统帅。将军百战死，壮士十年归。归来之后，阿加门农被其妻子与妻子的情人谋杀。八年后，厄勒克特拉联合兄弟奥瑞特斯（Orestes）将母亲与继父杀害。厄勒克特拉和奥瑞特斯姐弟俩其实对其父亲几乎没有什么更多的情缘。他们出生后不久，阿加门农就出征了。出征前还将其大女儿伊斐革涅尼娅（Iphigeneia）作为牺牲，祭祀给神明。虽然大女儿后来获救，但却在妻子心里埋下仇恨，以致阿加门农得胜归来，命都丢了。但是，厄勒克特拉和奥瑞特斯姐弟俩却为了少见其面的父亲，谋杀了母亲，因此得罪于复仇女神。复仇女神不懈地攻击、纠缠奥瑞特斯，使其心智大乱。如图6.18。

佛洛伊德用这两个著名的古希腊神话故事来代表子女对异性父母的恋情，已经基本被人们接受。即使有人不接受，但它已经成为人们日常生活中经常讨论的话题了。

（4）潜伏期（The latency stage，6～11岁），这个阶段，儿童的性本能是相当安静的，有关性的和侵犯的幻想大部分都潜伏起来，埋藏在无意识当中。性器期时性的创伤已被遗忘，一切危险的冲动和幻想都潜伏起来，儿童不再受到它们的干扰。按照佛洛伊德的说法，处于潜伏期的儿童，由于性本能相对安静，可将主要精力投入到社会所接受的各种活动中去。如运动、游戏和智力活动等。这时正是接受教育、增长知识、形成良好行为习惯的最佳时期。

佛洛伊德解释说，与人生前6年中的迅速发展相比，潜伏期是一个"相对平静"的时期。潜伏期不是一个发展阶段，而是一段安静的时间，因为此时的心理性欲发展停止了或被中断了。而本书不赞同佛洛伊德的这种说法。本书所要表现的正是这个时期的性心理的状态。详见最后一章。

（5）生殖期（The genital stage），一般女孩于11岁开始，男孩于13岁开始。随着生殖系统逐渐成熟,性荷尔蒙分泌的增多,性本能复苏,其目的是经由两性关系实现生育。这一时期的心理能量主要投射在形成友谊、生涯准备、示爱及结婚等活动中,以完成生儿育女的终极目标,使成熟的性本能得到满足。

佛洛伊德把口腔、肛门、性器三个阶段称为前性阶段。在此阶段,性活动是由自发性欲所引起的,孩子们一直追求的是肉体的愉快。在潜伏期之后即青春期,产生了第二次性欲的冲动,这种生理的压力使孩子感到了这种冲动的作用。佛洛伊德认为此时的性本能通过性高潮而得以满足,而且力比多开始投射于所爱的事业上,人们开始产生了性爱。这时,性本能因对更有价值的目标的追求而减弱了自己的紧张。但此方式仍受下意识的本能所控制。如其他的创造性活动和社会活动也都有无意识的根源。[17, 18]

佛洛伊德的人格发展理论自问世以来,受到的最主要的批评有二:

一是他的理论当中的泛性论思想,即把性本能的活动看作是人格发展的内在动力。人们很难认同人类行为是被动地由性和本能冲动来支配的。这一点,首当其冲,坚决反对的就是佛洛伊德曾经最看好的接班人——荣格。而且,佛洛伊德的文章的字里行间,无不流露出对女性的轻视,因此,受到女权主义者的猛烈攻击。

图6.20　安提革涅带着父亲离开特拜（Charles Francois Jalabeat, 1819–1901）

二是他的研究方法和研究对象。用自由联想和梦的解析这样的技术所获得的资料主观性强，难以量化。研究对象是少数的精神病人，以他们的生活史为素材所发展的理论难以推论到正常的儿童或成人；而且他们对童年生活的回忆是否准确也不无疑问。因此，很少有人全盘接受佛洛伊德的思想，但也不能完全否定他的贡献，他的思想对于现实仍具有一定的指导意义。[17, 18] 对于这一点，相信真正的科学研究者应当是可以理解，无可责怪的。科学研究中寻找典型的案例进行分析，是一贯的做法。在疾病与健康之间，很少存在严格的界限。现在流行的说法是，人群中的75%以上处于亚健康状态。唐朝的大医孙思邈将人群分成已病、欲病和未病三大类。欲病就是一种亚健康，是非病，而不是未病。做过临床的医生都会明白，个体之间千变万化，很少有疾病是完全符合诊断标准的。心理问题的复杂性远远要胜过生物学模式的疾病，因此，要把严格意义上的统计学应用到心理学的典型案例的分析上，是不容易的。

佛洛伊德指出："精神病学通常选取意志薄弱的人作为研究对象，一旦这种研究接触到人类中的伟大人物，外行人就会认为没有必要这样做。'使辉煌黯然失色，把崇高拖入泥潭'，这不是研究的目的。企图填平将伟大人物的完美同普通人的不足分离开来的鸿沟，会让人感到不满意。然而，不能不研究那些杰出人物可以被认识、理解的每件有价值的事，并且相信他们同样受正常的和病理的活动规律的控制和影响。"[19] 如果我们不用普通的思维来理解专业领域的研究方法，就不会对此有任何怀疑了。

值得一提的是，当今心理学界比较认可和流行的艾里克森（Erik Homburger Erikson，1902～1994）提出了心理社会发展论（psychosocial stage theory of development）。这一理论将人的一生划分成八个阶段，每一阶段或多或少以同一性危机（identity crisis）的概念来贯穿。虽然阐述角度与佛洛伊德大有不同，但是该理论的前五个阶段分期与佛洛伊德的完全相同。[20]

3. 分析

因此，我们看到霍利代画中身着红衣的万娜夫人具有典型的姿势：

（1）叉腰：这在体势语中是典型的攻击姿势。[21] 不由令人想起鲁迅的《故乡》中的人物，"我吃了一吓，赶忙抬起头，却见一个凸颧骨、薄嘴唇、五十上下的女人站在我面前，两手搭在髋间，没有系裙，张着两脚，正像一个画图仪器里细脚伶仃的圆规。"当然，万娜夫人绝对不是鲁迅笔下五十岁的乡下女人，而且她也只是迈出半步，一边手叉着腰，半个圆规而已。应当看作是城里的阔太太那种人物：一种爱管闲事，包打听东家长、西家短的家庭主妇。

（2）勾肩搭背：一般这类女性喜欢挽着朋友的手，但是，从画的美学布局来看，霍利代让万娜夫人的另一只手放在了贝雅特莉齐的肩上。这是另一种体势语，表达与对方的亲近和友好。[21] 很明显，万娜夫人是属于那种善于交际的人物。

（3）眼神：万娜夫人仰头，从贝雅特莉齐的脖子后面，大胆地、直率地朝但丁望去。毫无疑问，不需要通过任何文字的描述，从上述两种体势语，我们已经非常清楚地知道万娜夫人是贝雅特莉齐的闺中蜜友。当时的佛罗伦萨是个小城市，她不会不知道但丁对贝雅特莉齐的爱情。她对但丁的眼神是一种好奇多过关心，可能还有点怜悯，或者是幸灾乐祸。不过，通过画家的笔，我们看到万娜夫人的眼睛很大，冷冷地看着但丁。因为角度关系，我们看到眼球向内眦靠近，露出较大的眼白。这在中国的相面学上，是一种放纵情欲或者是热情奔放的面相。

（4）后仰胴体：后仰的身子，把女性的性征暴露出来，但是，不是完全，而是从衣裳下面。我们在前面已经分析过，这种姿势，比裸体还要更为情色、更为诱惑。另外，由于后仰之姿，脖子一览无余。而女性的脖子对于某些民族来说，是最重要的女性性征美的部位之一。泰国北部及缅甸边境的克伦族至今如此。女孩自五岁起，就用人为手段，拉长脖子，以求美丽性感的。西方文化中有特意暴露，也有刻意包裹颈部的，都说明对这个部位的重视。

如上所述，万娜夫人代表的女性是属于那种娇媚风骚、热情奔放、柔情万种、内自刚强的女性。她们在人群中，总是要努力取得发号施令的地位，具有较为强烈的控制欲。毕竟霍利代为我们画出了三位女性。我们在下面章节还有机会看到少女的其他特征。

我们还是引用但丁《神曲》中的诗句来结束本章：

这时，我开始听到那些惨痛的呼声；
这时，我来到哭声震天之境，
这哭声令我心酸难忍。
我来到连光线也变得喑哑的地方，
那里传出阵阵轰隆浪涛声，仿佛大海在暴风雨中，
吹打这大海的正是那逆向的顶头风。
地狱里的狂飙始终吹个不停，
它那狂暴的力量把鬼魂吹得东飘西荡；

第六章 红衣女子

鬼魂随风上下旋转，左右翻腾，苦不堪言。
他们被吹撞断壁残岩，
他们惨叫，哀号，怨声不断；
他们在这里诅咒神明的威力。
我恍然大悟：正是那些肉欲横流的幽灵
在此经受如此痛苦的酷刑，
因为他们放纵情欲，丧失理性。

《地狱篇·第5首》

参考文献：

[1] Vanna. http://en.wikipedia.org/wiki/Vanna - Wikipedia_ the free__ encyclopedia.mht

[2] Guido Cavalcanti. http://en.wikipedia.org/wiki/Guido_Cavalcanti

[3] 但丁（钱鸿嘉译）.新生. 上海译文出版社，1993.1-117.

[4] Indent Images. http://www.mindworkshop.com/alchemy/indcnt.html

[5] John Maler Collier. http://en.wikipedia.org/wiki/John_Collier_(artist)

[6] Lady Godiva. http://en.wikipedia.org/wiki/Lady_Godiva

[7] 高也陶.看中医还是看西医.北京：中医古籍出版社，2008

[8] 威廉•阿道夫•布格罗. http://zh.wikipedia.org/wiki/%E5%A8%81%E5%BB%89%C2%B7%E9%98%BF%E9%81%93%E5%A4%AB%C2%B7%E5%B8%83%E6%A0%BC%E7%BD%97

[9] 达尔文（潘光旦 胡寿文 译）.人类由来.北京：商务印书馆，2009。

[10] 弗雷泽（徐育新 等译）.金枝.北京：大众文艺出版社.1998.

[11] 美国摩门教分支教主狱中"遥控"70名妻妾. http://news.eastday.com/w/20100130/u1a4988861.html

[12] 我是海涅我怕谁. http://www.dangdaizazhi.com/dangdaizazhi/ShowArticle.asp?ArticleID=7722

[13] 古希腊的裸体雕塑艺术. http://blog.sina.com.cn/s/blog_4c72ad77010009fx.html

[14] 高也陶.《黄帝内经》人体解剖学.北京：中医古籍出版社.2010.

[15] 英国杂志公布各国（地区）七宗罪严重性排名. http://news.sina.com.cn/w/2010-02-01/232219593541.shtml

[16] 佛洛伊德（罗生 译）.性学与爱情心理学.南昌：百花洲文艺出版社，2009年第二版

[17] 西格蒙德•佛洛伊德. http://zh.wikipedia.org/wiki/%E8%A5%BF%E6%A0%BC%E8%92%99%E5%BE%B7%C2%B7%E5%BC%97%E6%B4%9B%E4%BC%8A%E5%BE%B7

[18] 性心理发展阶段. http://zh.wikipedia.org/wiki/%E6%80%A7%E5%BF%83%E7%90%86%E7%99%BC%E5%B1%95

[19] 佛洛伊德（刘平 译）.达•芬奇对童年的回忆.长春出版社.2006.67~120

[20] 心理学名人词典. http://www.xlzxs.com/person/e/Erikson.E.H.htm

[21] 高也陶.临床交流学.上海：同济大学出版社.1989.

第七章

蓝衣女子

有不少人看了霍利代的画，认为蓝衣女子是贝雅特莉齐。显然，蓝衣女子必定具有某些特别的内涵，才会使读者产生这样的想法。

一、蓝衣女子是谁

蓝衣女子是谁，无从考证。虽然她是个无名女士，但有一点是可以肯定的，她一定是贝雅特莉齐的闺中蜜友之一，或者是她的保姆、管家、女保护者。因为，所有的记载（包括但丁自己的著作《新生》）和图画，如第三章的图3.4和第五章的图5.10，均指出，贝雅特莉齐与但丁在路上相遇，主动向但丁致意时，身边有两位女性。

其中一人，有明确记载是万娜夫人，我们在上一章专门讨论过；而另一人应当就是霍利代画中所描绘的蓝衣女子了。

二、蓝衣女子的表现

1. 蓝色的心理学意义

在第五章，我们简要地论述了色彩对人的影响。在这里，我们做更进一步的阐述，以便读者理解蓝衣女子带来的视觉效应。

（1）色彩的心理效应

不同波长的色彩的光信息作用于人的视觉器官，通过视觉神经传入大脑后，经过思维，与以往的记忆及经验产生联想，从而形成一系列的色彩心理反应。[1]

①色彩的冷、暖感　色彩本身并无冷暖的温度差别，是视觉色彩引起人们对冷暖感觉的心理联想。

暖色：人们见到红、红橙、橙、黄橙、红紫等色后，马上联想到太阳、火焰、热血等物象，产生温暖、热烈、危险等感觉。

冷色：见到蓝、蓝紫、蓝绿等色后，则很易联想到太空、冰雪、海洋等物象，产生寒冷、理智、平静等感觉。

中性色：绿色和紫色是中性色。黄绿、蓝、蓝绿等色，使人联想到草、树等植物，产生青春、生命、和平等感觉。紫色使人联想到花卉、水晶等稀贵物品，故易产生高贵、神秘的感觉。至于黄色，一般被认为是暖色，因为它使人联想起阳光、光明等，但也有人视它为中性色。当然，同属黄色相，柠檬黄显然偏冷，而中黄则感觉偏暖。

②色彩的轻、重感　这主要与色彩的明度有关。明度高的色彩使人联想到蓝天、白云、彩霞及许多花卉还有棉花、羊毛等，产生轻柔、飘浮、上升、敏捷、灵活等感觉。明度低的色彩易使人联想到钢铁、大理石等物品，产生沉重、稳定、降落等感觉。

图7.1　坐着的浴女(Seated Bather，William Adolphe Bouguereau，1861)

③色彩的软、硬感　其感觉主要也来自色彩的明度，但与纯度亦有一定的关系。明度越高感觉越软，明度越低则感觉越硬，但白色反而软感略弱。明度高、纯底低的色彩有软感，中纯度的色彩也呈柔感，因为它们易使人联想起骆驼、狐

第七章　蓝衣女子

图7.2 拒绝爱神的少女 （William Adolphe Bouguereau, 1880）

狸、猫、狗等众多动物的皮毛，还有毛呢、绒织物等。高纯度和低纯度的色彩都呈硬感，如它们明度又低则硬感更明显。色相与色彩的软、硬感几乎无关。

④色彩的前、后感　由各种不同波长的色彩在人眼视网膜上的成像有前后。红、橙等光波长的色在后面成像，感觉比较迫近；蓝、紫等光波短的色则在外侧成像，在同样距离内感觉就比较后退。

实际上这是视错觉的一种现象。一般暖色、纯色、高明度色、强烈对比色、大面积色、集中色等有前进感觉；相反，冷色、浊色、低明度色、弱对比色、小面积色、分散色等有后退感觉。

⑤色彩的大、小感　由于色彩有前后的感觉，因而暖色、高明度色等有扩大、膨胀感，冷色、低明度色等有显小、收缩感。

⑥色彩的华丽、质朴感　色彩的三要素对华丽及质朴感都有影响，其中纯度关系最大。明度高、纯度高的色彩，丰富、强对比的色彩感觉华丽、辉煌。明度低、纯度低的色彩，单纯、弱对比的色彩感觉质朴、古雅。但无论何种色彩，如果带上光泽，都能获得华丽的效果。

⑦色彩的活泼、庄重感　暖色、高纯度色、丰富多彩色、强对比色感觉跳跃、活泼有朝气，冷色、低纯度色、低明度色感觉庄重、严肃。

⑧色彩的兴奋与沉静感　其影响最明显的是色相，红、橙、黄等鲜艳而明亮的色彩给人以兴奋感，蓝、蓝绿、蓝紫等色使人感到沉着、平静。绿和紫为中性色，没有这种感觉。纯度的关系也很大。高纯度色给人兴奋感，低纯度色给人沉静感。最后是明度。暖色系中高明度、高纯度的色彩呈兴奋感，低明度、低纯度的色彩呈沉静感。明快感色彩，以浅桔、浅黄等浅明色调为主，有坚定信心的作用。忧郁感色彩，灰暗色调及黄、黄绿和橄榄绿等色，给人冷淡、忧郁之感。

（2）色彩与性格

各种色彩都有其独特的性格，简称色性。它们与人类的色彩生理、心理体验相联系，从而使客观存在的色彩仿佛有了复杂的性格。[1]

①红色　红色的波长最长，穿透力强，感知度高。它易使人联想起太阳、火焰、热血、花卉等，感觉温暖、兴奋、活泼、热情、积极、希望、忠诚、健康、充实、饱满、幸福等向上的倾向，但有时也被认为是幼稚、原始、暴力、危险、卑俗的象征。

深红及带紫色的红给人感觉是庄严、稳重而又热情的色彩，常见于欢迎贵宾的场合。含白的高明度粉红色则有柔美、甜蜜、梦幻、愉快、幸福、温雅的感觉，几乎成为女性的专用色彩。

②橙色 橙与红同属暖色，具有红与黄之间的色性，它使人联想起火焰、灯光、霞光、水果等物象，是最温暖、明亮的色彩。它给人的感觉活泼、华丽、辉煌、跃动、炽热、温情、甜蜜、愉快、幸福等，但也有疑惑、嫉妒、伪诈等消极倾向性感情。含灰的橙呈咖啡色，含白的橙呈浅橙色，俗称血牙色，与橙色本身都是着装中常用的甜美色彩，也是众多消费者特别是妇女、儿童、青年喜爱的服装色彩。

③黄色 黄色是所有色相中明度最高的色彩，具有轻快、光辉、透明、活泼、光明、辉煌、希望、功名、健康等印象。但黄色过于明亮而显得刺眼，并且与他色相混易失去其原貌，故也有轻薄、不稳定、变化无常、冷淡等不良含义。含白的淡黄色感觉平和、温柔，含大量淡灰的米色或本白则是很好的休闲自然色，深黄色却另有一种高贵、庄严感。由于黄色极易使人想起许多水果的表皮，因此它能引起富有酸性的食欲感。黄色还被用作安全色，因为这极易引起人注意，如室外作业的工作服。

④绿色 在大自然中，除了天空和江河、海洋，绿色所占的面积最大。草叶、植物，几乎到处可见。它象征生命、青春、和平、安详、新鲜等。绿色最适应人眼的注视，有消除疲劳、调节视力的功能。黄绿带给人们春天的气息，颇受儿童及年轻人的欢迎。蓝绿、深绿是海洋、森林的色彩，有着深远、稳重、沉着、睿智等含义。含灰的绿，如土绿、橄榄绿、咸菜绿、墨绿等色彩，给人以成熟、老练、深沉的感觉，是人们广泛选用及军、警规定的服色。

图7.3 舞蹈（William Adolphe Bouguereau，1856）

⑤蓝色　与红、橙色相反，是典型的冷色，表示沉静、冷淡、理智、高深、透明等含义，随着人类对太空事业的不断开发，它又有了象征高科技的强烈现代感。浅蓝色系明朗而富有青春朝气，为年轻人所钟爱，但也有人认为蓝色有其另一面的性格，如刻板、冷漠、悲哀、恐惧，不够成熟的感觉。深蓝色系沉着、稳定，为中年人普遍喜爱的色彩。其中略带暖昧的群青色，充满着动人的深邃魅力，藏青则给人以大度、庄重的印象。靛蓝、普蓝因在民间广泛应用，似乎成了民族特色的象征。内中原因，我们在后面详述。

⑥紫色　具有神秘、高贵、优美、庄重、奢华的气质，有时也令人倍感孤寂、消极。尤其是较暗或含深灰的紫，易给人以不祥、腐朽、死亡的印象。但含浅灰的红紫或蓝紫色，却有着类似太空、宇宙色彩的幽雅、神秘之时代感，为现代生活所广泛采用。

⑦黑色　黑色为无色相、无纯度之色，往往给人感觉沉静、神秘、严肃、庄重、含蓄，另外，也易让人产生悲哀、恐怖、不祥、沉默、消亡、罪恶等消极印象。尽管如此，黑色的组合适应性却极广，无论什么色彩特别是鲜艳的纯色与其相配，都能取得赏心悦目的良好效果。但是不能大面积使用，否则，不但其魅力大大减弱，相反会产生压抑、阴沉的恐怖感。

⑧白色　白色给人的印象为洁净、光明、纯真、清白、朴素、卫生、恬静等。在它的衬托下，其他色彩会显得更鲜丽、更明朗。多用白色还可能产生平淡无味的单调、空虚之感。

⑨灰色　灰色是中性色，其给人突出的印象为柔和、细致、平稳、朴素、大方。它不像黑色与白色那样会明显影响其他的色彩，因此，作为背景色彩非常理想。任何色彩都可以和灰色相混合，略有色相感的含灰色能给人以高雅、细腻、含蓄、稳重、精致、文明而有素养的高档感觉。当然滥用灰色也易暴露其乏味、寂寞、忧郁、无激情、无兴趣的一面。

⑩土褐色　含一定灰色的中、低明度的各种色彩，如土红、土绿、熟褐、生褐、土黄、咖啡、咸菜、古铜、驼绒、茶褐等色，其特征都显得不太强烈，其亲和性易与其他色彩配合，特别是和鲜色相伴，效果更佳。这些色彩也使人想起金秋的收获季节，故均有成熟、谦让、丰富、随和之感。

⑪光泽色　除了金、银等贵金属色以外，所有色彩带上光泽后，都有其华美的特色。金色富丽堂皇，象征荣华富贵、名誉、忠诚；银色雅致高贵，象征纯洁、信仰，比金色温和。它们与其他色彩都能配合，几乎达到"万能"的程度。小面积点缀，具有醒目、提神作用；大面积使用则会产生过于眩目的负面影响，

显得浮华而失去稳重感。如若巧妙使用、装饰得当，不但能起到画龙点睛的作用，还可产生强烈的高科技现代美感。

（3）色温

为了更好地理解色彩与心理的关系，我们介绍一下色温的概念。

颜色与温度之间关系最常见的例子是，当你使用酒精灯或者煤气炉时，你可以发现温度最高的火焰是蓝色的，其次为黄色，再次就是红色的。因此，我们知道，温度逐渐升高，光度亦随之改变。理论上计算色温就是色座标（CIE）上的黑体曲线（Black body locus）显示黑体由红→橙红→黄→黄白→白→蓝白的过程。黑体加温到出现与光源相同或接近光色时的温度，定义为该光源的相关色温度，称色温。以绝对温K（Kelvin，或称开氏温度）为单位（K=℃+273.15）。

图7.4 慈爱（Charity，William Adolphe Bouguereau，1859）

光色愈偏蓝，色温愈高；偏红则色温愈低。一天当中日光的光色亦随时间变化：日出后40分钟光色较黄，色温3000K；正午阳光雪白，色温上升至4800～5800K，阴天正午时分色温则约6500K；日落前光色偏红，色温又降至纸

2200K。

因相关色温事实上是以黑体辐射接近光源光色时，对该光源光色表现的评价值，并非一种精确的颜色对比，故具相同色温值的二光源，可能在光色外观上仍有些许差异。仅凭色温无法了解光源对物体的显色能力，或在该光源下物体颜色的再现如何。

表7.1　不同光源环境的相关色温度

光源	色温
北方晴空	8000～8500k
阴天	6500～7500k
夏日正午阳光	5500k
下午日光	4000k

光源色温不同，光色也不同，色温在3300K以下有稳重的气氛、温暖的感觉；色温在3000～5000K为中间色温，有爽快的感觉；色温在5000K以上有冷的感觉。这些即我们上面所述的颜色冷暖感觉的理论来源。如表7.2表示了不同光源的不同光色组成的最佳环境。

表7.2　不同光源的不同光色组成的气氛效果

色温	光色	气氛效果
>5000K	清凉（带蓝的白色）	冷的气氛
3300～5000K	中间（白）	爽快的气氛
<3300K	温暖（带红的白色）	稳重的气氛

对于色温与光源的色品质，可以这样认为，色温越高，光越偏冷，色温越低，光越偏暖。

一种理想的辐射能分布完全均匀的光源被称作等能光源E，它的相关色温只有5400K，相当于直射阳光，故是一种偏暖的白光。根据人眼的色知觉判断，理想的白是偏冷的，即为色温较高的白光。许多显示器都提供了色温选择，一般有5600K、6500K、9300K。一般人习惯选择9300K或6500K的色温。[1]

（4）色觉

色觉是视觉的另一个重要方面。正常人的眼睛不仅能够感受光线的强弱，而且还能辨别不同的颜色。人辨别颜色的能力叫色觉，指的就是视网膜对不同波长的光的感受特性，即在一般自然光线下分解各种不同颜色的能力。这主要是人眼黄斑区中的视锥细胞的功能。它非常灵敏，可分辨可见光波长3～5nm的差距。

视网膜由大脑皮层衍化而来，主要含有感光细胞（视杆、视锥细胞）和神经联系细胞。其中视杆细胞对弱光敏感，主要在昏暗环境中产生暗视觉，但只能辨别明暗，不能分辨物体的精细程度和颜色；视锥细胞感受强光和色光，在亮环境下产生明视觉和色觉，对物体的细节和颜色分辨力强。视觉信息在视网膜内进行初步编码、加工后，经视神经传入大脑枕叶的视觉中枢，由视觉中枢对信息做进一步处理、分析、整合而形成视觉感知。

色的感觉有色调、亮度、色彩度（饱和度）三种性质，正常人色觉光谱的范围由400nm的紫色到约760nm的红色，其间大约可以区别出16个色相。人眼视网膜锥体感光细胞内有三种不同的感光色素，它们分别对570nm的红光、445nm的蓝光和535nm的绿光吸收率最高，红、绿、蓝三种光混合比例不同，就可形成不同的颜色，从而产生各种色觉。

颜色视觉正常的人在光亮条件下能看到可见光谱的各种颜色，它们从长波一端向短波一端的顺序是：红色(640～750nm)、橙色(600～640 nm)、黄色(550～600nm)、绿色(480～550nm)、蓝色(450～480nm)、紫色(400～450nm)。此外，人眼还能在上述两个相邻颜色范围的过渡区域看到各种中间颜色。我们常常把这些中间颜色叫做绿黄、蓝绿色等。此外，还有一些我们难以叫出名字的颜色。

自1807年杨·赫姆霍尔兹创建的三色学说(Young T.- Helmholtz HLF.von)开始，到1878年赫林（Hering E.)创建的四色学说的对立，当前视觉生理采用了综合两者理论的阶段学说。

第一阶段，视网膜有三组独立的锥体感色物质，它们有选择地吸收光谱不同波长的辐射，同时每一物质又可单独产生白和黑的反应。在强光作用下产生白的反应，无外界刺激时是黑的反应。

第二阶段，在神经兴奋由锥体感受器向视觉中枢的传导过程中，这三种反应又重新组合，最后形成三对对立性的神经反应，即红或绿、黄或蓝、白或黑反应。

总之，颜色视觉的机制很可能在视网膜感受器水平是三色的，符合杨·赫姆霍尔兹的学说；而在视网膜感受器以上的视觉传导通路水平则是四色的，符合赫林的学说。颜色视觉机制的最后阶段发生在大脑皮层的视觉中枢，在这里产生各种颜色感觉。[2]

人眼看了第一色再看第二色时，第二色会发生错视。第一色看的时间越长，影响越大。第二色的错视倾向于前色的补色。这种现象是视觉残像及视觉生理、心理自我平衡的本能所致。如医院中手术室环境及开刀医护人员工作服都选用蓝绿色,显然是为了"中和"血液的红色。巧妙地利用色彩的连续对比,使医生注视了蓝绿色后,不但可减少视觉的疲劳,同时更易看清细小的血管、神经等,从而有利于保证手术进行的准确性和安全性。色彩对比发生在不同的时间、不同视域,但又保持了时间连续性。

因此,霍利代的画有意无意地采用了色彩对比,使读者不易产生视觉疲劳。

但是,请读者务必注意,人类对自然界的所有认识都是建立在人体所能够感受的基础上。就视觉来说,人只能看见由红到紫之间的七色光,即我们常说的可见光。而蛇看到的却是红外线,蜜蜂能看见紫外线,蜜蜂还能分辨青、黄、蓝三种颜色。再如:人可以看见绿叶红花,而狗却看不见绿色。绿叶对它们来说,是白色的,因为狗只有两种视锥细胞,只能分辨蓝色和红黄色。美洲豹不能感受红色,人类看到的绿叶红花,它们看到的却是绿叶白花。[3] 因此,以人类的感受来确定这个世界的本质是远远不够的。

(5) 蓝色在人体中的效应

前面我们讨论色彩的心理学效应、与性格的关系、色温和色觉,无非是要使读者对色彩有一个较为全面的认识。但是,就像我们前面讨论画面的布局方位时,我们注意到了方位的更深层次的内涵具有全人类的"无意识"。颜色也是一样,蓝色对人的影响同样存在更深层次的内涵。

在浩瀚的宇宙中,地球是一个蓝色的星球。

我们仰望天空,天空是蓝色的。

图7.5 飞机上看到的天空

第七章　蓝衣女子

印度教认为人体存在三脉七轮，中脉是蓝色的，七轮从下到上基本按光谱序列，从红到紫。从下到上的第五轮喉轮为蓝色，第六轮眉心轮为暗蓝色或靛蓝色（dark Blue, Indigo）。暗蓝色同时还是印度大神毗湿奴（Vishnu）第三只眼的颜色。第三只眼位置在两眉之间，正是眉心轮的位置。这个位置从解剖学角度看，是一个奇怪的位置和结构，骨骼为筛状，正好相对于大脑重要的生命中枢，某些结构与情感、定位、直觉和生物钟相关。[4]

在印度教中，有一尊蓝色的神明称作克里什那（Krishna）。他是灵性的化身，是肉体与精神最完美的平衡。人们对其供以最好的食物和礼敬，以求获得护佑、追随、平等、爱情和宁静。[4]

图7.6　脉轮

永恒、真理、奉献、信仰、纯洁、高雅、和平、神圣和智慧的生命，这些在不同的文化中经常都伴随出现。与这些表达最接近、最独立、最形象的颜色就是蓝色。

在基督教艺术中，表达圣母玛丽亚和基督时，就经常让他们穿着蓝色的服装。在埃及的神灵中，包括阿蒙神在内的许多神祇，苏美尔的伟大母亲、希腊的宙斯、罗马的朱庇特、印度的因陀罗（Indra）、毗湿奴，都用蓝色装饰或者打扮，更不用提蓝色肌肤的克里什那。

在佛教中，具有神秘感的淡蓝色（Light Blue, Turquoise）与暗蓝色是同样重要的。

图7.7　绿松石（左）与天青石

英文单词淡蓝色Light Blue 与turquoise（绿松石）表达的是同一个颜色。淡蓝色的意义在于反射出了虔诚的佛教徒每天精神领域和宗教生活中半宝石态的绿松石之重要性。他们对这种石头具有各式各样的信念。总的来说，绿松石的蓝色象征着大海与天空的颜色，无限的宇宙包容无限的空间。绿松石不透明如大地，可以使心灵上升，把土地和天空的智慧一览无余地展示在我们身边。

佛教徒相信，以绿松石为戒指可以确保旅程平安；作为耳环，可以不投胎为驴；梦中示现是为吉兆；发现绿松石，比发现黄金和珊瑚还要幸运，可以带来最好的运气和开始新的生命。最重要的是，绿松石可以吸收原罪。还可以带来长寿。

绿松石崇拜不仅是西藏地区，在全世界其他地区也受崇敬。在埃及，绿松石、孔雀石和天青石这三种以蓝色为基础色的石头，同为圣物。在波斯文化中，它也是神圣之物，象征纯洁。美洲印地安人认为它是身体和灵魂的保卫者。吉普赛人将绿松石穿在肚脐上，以期使一切变好。

图7.8　药师佛[6]

英文单词暗蓝色Dark Blue 与Lapis Lazuli（青金石，天青石色）表达的是同一个颜色。六千多年来，不论亚洲还是欧洲文化，对天青石色都具有极高的赞赏和崇拜，甚至超过钻石。佛教徒相信只有暗蓝色才能表现药师佛的特别能量，因此药师佛的造像通体暗蓝色。在西藏和喜马拉雅地区，佛像的头发是天青蓝色的；不论男、女都喜欢在自己的头上佩戴天青蓝色的石头或者装饰。[5]

在佛教中，宝生佛（Lapis Healing Master）是最受崇拜的佛之一。佛经中说，释迦牟尼对阿难说：[5]

"我祈求您，神圣的药师佛（Blessed Medicine Guru），

第七章 蓝衣女子

您的碧空颜色，神圣的天青石色的躯体，
象征着无所不知的智慧和慈悲，
就如无限宇宙一样浩渺，
请授权我给你祝福。

2. 蓝衣女子的方位

我们在上一章讨论红衣女子的方位时，讨论了霍利代的画在方位上，是金刚曼荼罗的坛场，可是按曼荼罗的颜色规定，却有所不同。但是，我们可以在中国传统的八卦五行方位上看到颜色的相似之处。

根据金刚曼荼罗的坛场的方位，蓝衣女子所在方位应当表现为红色。但在霍利代的画上，红衣女子与黑色衣服的但丁相对，在画的左与右。如果按中国的先天八卦五行方位，则红为火、为离，为东、为左；黑为水、为坎，为西、为右，正好相符合。

以红衣女子与黑色衣服的但丁为定位，则蓝衣女子的方位从上往下看是为南、为乾、为白，从下往上看，则为北、为坤、为黄。蓝衣女子方位定为北，比较符合现代绘图的规定，上为北。

以整幅画给读者的感应来看，蓝衣女子虽然在画的后面，在四个人中显得最不突出，但是由于其衣裳的蓝色的能量和魅力，更显得一种强大的力量和神秘的感觉。这也可能与其在整幅画中的位置具有一定的关系。

霍利代的画中主体是四个人物，三女一男，是我们本书主要分析的人物。画中黄色的阿诺河的堤岸与圣三一桥的桥栏连成一个"L"型，似一把刀将一男与三女分隔开来。这一"L"型的结构在画面中占据相当大的比例，或者可以说，是三女一男以外的另一个主要内容。从整体的画面结构来看，我们或许可以把三女一男外加桥栏看作画面中的五个主要物体。给读者的感觉，蓝衣女子虽然在这五个主要物体的最后面，但她却是在画面的中央。因此，容易给人一个感觉，虽然蓝衣女子站得较远，体积较小，但却是在画面的中央，占据画面的核心位置。她可能是主要人物。

3. 蓝衣女子的含情脉脉

蓝衣女子还有一个重要的特点，就是含情脉脉、直勾勾地看着但丁。这也是让某些读者认为她是贝雅特莉齐的重要原因之一。有了文明史以来的古代祖先很早就描绘了女性的这种美。

《诗·卫风·硕人》："手如柔荑，肤如凝脂，领如蝤蛴，齿如瓠犀，螓首蛾眉，巧笑倩兮！美目盼兮！"翻译成现代的白话文，就是：双手纤嫩如柔软的春荑，皮肤润泽如凝固的油脂，脖颈粉白如蟠蜥，牙齿排列如瓠中的瓜子洁白整齐。额方如蝼儿，眉细似蛾须，巧笑更添倩丽，美目中秋波流盼！

这不正是蓝衣女子吗？只不过，画中的蓝衣女子并没有笑。如果她一笑起来，必定是："嫣然一笑，迷上蔡，惑阳城。"或者是："北方有佳人，绝世而独立。一笑倾人城，再笑倾人国。"古人认为，倾人与倾国，皆不足为意，因为美人难再得。因此，为了博得美人一笑，即使倾人与倾国，也是值得的。中国历史上这类故事不少。

红衣女子以女性性征所表现出来的美，对比蓝衣女子的美来看，已经明显消失了女性的性征，而代之以更为现代的文明含蓄之美。

以往人们普遍认为，眼神对内心活动起重要的表现作用，但艾克曼等认为，眼睛并非六种基本表现的最佳表示。只有悲伤和恐惧基本上通过眼部表示，生气由脸的下半部、眼眉及额头表示。[7]

但是，眼睛的活动的确是表情活动中最重要的。人们说眼睛是心灵的窗子。在电影或摄影艺术中，无声地表达人物心理状态最重要的方式就是眼睛（在动态表达中可能还有手），通过人物注视的方式、范围、频率以及时间来表现心理状态。

注视的方式有千种万种，反映了各种各样的心理特征，这种注视对于对方的情绪及感受来讲，常常起到关键作用。但是你很难用语言来描述这种注视。常常有因为注视令对方不快而引起双方打斗的，尤其多发生在游手好闲而又血气方刚的年轻人中。相反，一见钟情的注视，从古到今一直被文学家们宣扬。然而试验研究却没有证实这样的普遍说法：你越喜欢的人，越喜欢用眼睛与他或她的接触。

在与精神病患者谈话和某些宗教忏悔时，双方总是尽量避免眼神的接触。

研究发现，当谈话的内容是双方共同喜爱的，一般双方将直接注视着对方的眼睛；而如果谈话的内容不受欢迎，一般双方会避免眼神的接触。另据调查，被试者与不喜欢的人之间用眼神接触比保持一般关系的人要少，但与很喜欢的人眼神接触如果不比前者多的话，至少也是一样的。[8]

现代科学很难解释为什么能从双方眼睛里得到那么多信息，但是赫斯却对瞳孔的变化进行了研究，发现当注视喜欢的形象，比如女性的相片册时，瞳孔的直径会明显增大。[9]这或许就是情人相见时看到对方眼睛会突然间异常明亮的原因，真是秋波闪烁。

第七章　蓝衣女子

在赫斯的实验中还发现饥饿、味觉、听觉等生理性反应与瞳孔大小的变化有正相关作用，因而推测瞳孔与大脑中其他中枢活动有关，在一定程度上反映了这些中枢的活动，比如味觉和听觉。即使不被受试者喜爱，亦可引起瞳孔变大，但喜好的程度与瞳孔变化的大小却有正相关作用。

赫斯还发现，受试者对对方瞳孔的变化也是十分敏感的，虽然有时他们自己亦不感觉。在一组对20名男被试者呈现的一系列图片中，有两张是一位漂亮的年轻妇女。这两张照片一张瞳孔较大，一张较小，除此之外，无任何差别。结果被试者对前者的反应比对后者平均强两倍以上；而在试验后，多数人都说两张照片是一样的，没有人注意到其中瞳孔的差别。

注视的范围亦反映了某种心理特征，但常常与场合有关。如果是一次正常的工作谈话，下级低垂眼帘，会被上级认为有抵触情绪；但如果这个上级不是与他面对面谈话，而是看他的相片，眼睑下垂或许被认作是羞涩、内倾的一种表现。在陌生的环境下，一个人东张西望可能表明他观察事物的能力和对周围的兴趣；但如果他内心有鬼，或许是惊惶失措、心神不宁的表现。

注视的频率和时间长度也是交流的重要因素。在一个试验中，[10]让两个被试者读一份试验说明，一个人埋头阅读，另一个人在阅读时抬头观望两次，后者被认为较为轻松和不拘小节。

当你正在注视着某个人，而当时对方忽然发现并且眼光相对时，你也许会找个话题，微笑或移开视线，否则两人都会相当尴尬。艾尔斯沃兹曾做过一个试验，[11]观察十字路口红灯前的驾驶员和行人的行为态度，并设立了对照组。一组互相对视，对照组则没有，他们发现一旦红灯变换，试验组比对照组更快地离开。当他们发现自己被注视，在1~2秒内将移开视线，行为立即紧张起来，或者抚弄衣服，加快转速档，频频注视交通灯，要不就开始与旁的人搭腔。当红灯一变，他们立即离开。

前面提到当精神病医师与病人谈话时，或者神职人员在听取信徒忏悔时，都尽量避免接触对方的眼神，这样很可能避免中止对方打开的话匣，让他毫无顾及地将心事和盘托出。可见对视可能会使对方警惕、害怕、自我防卫而力求隐私不被侵犯。在低等动物那里，凝视是一种敌对的表现。人害怕凝视，仿佛害怕自己内心的活动或罪恶被人揭露一般。

但在特殊场合，有些人希望自己成为众人的视线中心，这就是好出风头的人，尤其是年轻的姑娘或小伙。他们或她们穿上奇装异服，挖空心思鹤立鸡群、超凡脱俗以期求得美貌英俊的异性关注，满足内心的需求。就像那些雄性的鸟禽，一般都带有美丽的羽毛，它们互相炫耀争妍，争得雌性的青睐。俗话说，女为悦己者容。好打扮的人首先关注的是她所喜爱的人是否关注或欣赏自己的装束和容貌。如果是丑陋的或不足喜欢的人为她的美丽吸引而忘情地注视她时，她还会表现出厌恶或鄙弃，甚至刻薄地挖苦，但心中仍不免沾沾自喜。

人们常常因为各种原因或限制不得不隐瞒自己的感情，或用佛洛伊德的话来说，自我（Ego）常常要抑止本能（Id），有时对极端厌恶的人往往要满面堆笑来接待。关键是，人对表情的变化并不是随时都能识别的。

试验发现，短于2/5秒的表情不大可能被识别，短于1/5秒的表情完全不可能引起人们注意，处于这两个长度之间的表情也未能被认为表情有变化。一个病人以称赞的口气谈她的朋友，治疗者断定病人脸部呈现出愉快的表情，但当将此片断用慢镜头重放时，人们却看到一阵愤怒的表情掠过她的面部。[12]

最近，人们发现左右面部的表情还有所差异。在哥伦比亚大学进行的一次有趣的试验中，学者要求参试者用面部表现出内心的恐惧、憎恶、兴奋和惊讶等表情，同时拍下一系列照片，然后将所得照片分左右两侧对称截开，左与左、右与右剪接起来，结果得出两组与原来不同的新形象。从各个不同角度分析对照，几乎所有人都赞同这样一个观点：人的左脸如同心灵的明镜完全表露了人的真实感情，右脸则是更像一副假面具，在假笑、假装伤心、做"鬼脸"，根本没有表露人的喜、怒、哀、乐的真实感情。

面部表情是内心活动中重要且最易被观察到的迹象，但既然人人都明白这一点，也就会尽力去掩饰面部表情活动，因而其准确率值得怀疑。除一些客观指标，如面部皱纹、瞳孔变化是无法掩饰的，其他都应推敲而定。

因此诗中说："河汉清且浅，相去复几许？盈盈一水间，脉脉不得语。"把迢迢银河都看作清浅可近，不如脉脉秋波来得更深沉久长。

三、秦观：两情若是久长时，又岂在朝朝暮暮

蓝衣女子的表现，实际上是一种含蓄的表现，是中国传统文化所赞赏的一种典型的心态和表达方式。宋朝词人秦观（字少游，1049～1100）那阕千古情人咏叹的《鹊桥仙》，正是这种心态的典型之一：

纤云弄巧，飞星传恨，银汉迢迢暗度。金风玉露一相逢，便胜却人间无数。

第七章　蓝衣女子

柔情似水，佳期如梦，忍顾鹊桥归路。两情若是久长时，又岂在朝朝暮暮。

牛郎与织女本是中国民间神话传说中的人物，几乎人人皆知。两人后到天上，被罚成为相隔银河的两个星座。一年只有七夕（农历七月初七）这一天，喜鹊为他们搭桥，他们才能相见。这一天被称作中国的情人节。秦观的词以"金风玉露一相逢，便胜却人间无数"和"两情若是久长时，又岂在朝朝暮暮"表现了两人之爱情。千古咏七夕之人无数，无一人超越这一境界。李调元的《雨村词话》评价秦观说："首首珠玑，为宋一代词人之冠。"

秦观还有一阕《满庭芳》，评价更高。据说他的女婿一次在酒席间被人轻视，于是说自己是"山抹微云"的女婿，旁人立即刮目相看。苏东坡称其为"山抹微云秦学士"。

山抹微云，天连衰草，画角声断谯门。暂停征棹，聊共引离尊。多少蓬莱旧事，空回首，烟霭纷纷。斜阳外，寒鸦数点，流水绕孤村。口口销魂，当此际，香囊暗解，罗带轻分。漫赢得青楼，薄幸名存。此去何时见也，襟袖上，空惹啼痕。伤情处，高城望断，灯火已黄昏。

"销魂，当此际，香囊暗解，罗带轻分"，了了数字，把个做爱的场景含蓄地描述出来，点到为止。当然，这个场景已经远远比我们在上一章讨论到的宋玉的"发乎情，止乎礼"又更进了一步，已经到了动手动脚、手忙脚乱的地步，真正是"发乎情，动乎体"。

中国历史上向有脏唐烂汉一说，但是唐朝著名诗人杜牧（803～852）也只敢写道："落魄江湖载酒行，楚腰纤细掌中轻。十年一觉扬州梦，赢得青楼薄幸名。"最多还仅是手搂细腰而已。而秦观此处在宽衣解带后才说："漫赢得青楼，薄幸名存"，可见在情色的描写上，已经超过唐代杜牧。

从中国诗词史上，或许可以较清晰地看到中国知识分子在情色描写上是有一过渡的。南唐李煜（961～975）也是著名的词人。他的《一斛珠》写道："晚妆初过，沉檀轻注些儿个。向人微露丁香颗，一曲清歌，暂引樱桃破。口口罗袖裛残殷色可，杯深旋被香醪涴。绣床斜凭娇无那，烂嚼红茸，笑向檀郎唾。"《菩萨蛮》："花明月黯笼轻雾，今宵好向郎边去！衩袜步香阶，手提金缕鞋。口口画堂南畔见，一向偎人颤。奴为出来难，教君恣意怜。"前者"向人微露丁香颗"，会见情人些微袒胸露乳，更显得性感场景；后者也只是描写情人脱了鞋子，悄悄去会情郎，"一向偎人颤"，"教君恣意怜"，多少含蓄！

《宋史》记载秦观是一位虔诚的信佛之人。当他因派系斗争被降职，从京都贬到杭州做通判，再贬处州收酒税时，坑害他的人想找他财务上的毛病，没有找到，就"谒告写佛书为罪，削秩徙郴州，继编管横州，又徙雷州。"连续降惩五次，从洛阳-杭州-处州-郴州-横州-雷州，一直贬到海南岛。中国第一风流才子皇帝宋徽宗继位后，才许他回京。结果走到藤州，醉倒光化亭，"索水欲饮，水至，笑视之而卒。"[13]正好应验了他之前的另一阕词《好事近•梦中作》中所描述的：

春路雨添花，花动一山春色。行到小桥深处，有黄鹂千百。
飞云当面化龙蛇，天矫转空碧。醉卧古藤阴下，了不知南北。

谁知竟然成谶。从这首词中可以读到，"飞云当面化龙蛇，天矫转空碧"，在梦中见到这个情景，是与修行时见到无云晴空相同的。请读者注意，本词一开始是"春路雨添花"，到后来"飞云变成龙蛇，天空转为无云碧空"，这真的是一个梦境的诡异状态。此时醉倒，不知南北，实际化入天地，天人合一，修行的至高境界，犹如庄周不知是蝴蝶梦见自己，还是自己梦到蝴蝶。

中国文化的这种含蓄，实际更多地增加了人为的遐想，所谓仁者见仁，智者见智，随便后人如何阐释。《道德经》可以被人们解释为房中术之书。唐代诗人贾岛（约779～843）著名的诗句"鸟宿池边树，僧推月下门"，是中国著名成语"反复推敲"的来源，可以被推敲成做爱的赤裸描述。而向以含蓄著称的李商隐（约812～858）《代赠》一诗："楼上黄昏望欲休，玉梯横绝月中钩。芭蕉不展丁香结，同向春风各自愁"，就更是一幅对失败的性爱场面的绝妙描写，完全是一幅性心理分析典型案例的写照。

同是唐代诗人韦应物（737～约789）有诗《滁州西涧》："独怜幽草涧边生，上有黄鹂深树鸣。春潮带雨晚来急，野渡无人舟自横"，也曾出现在现代的小学课本之中。但是，这一首被誉为中国诗词中第一情色之诗，就连诗人的名字也被推敲出色情的含义。这肯定是小学课本编者绝对没有想到的。

如上所述，蓝衣女子所表现的风格，正是中国传统文化推崇的含蓄之美。

四、少男少女情综之二

经过上面的分析，我们可以得出由蓝衣女子引出的少男少女情综（Boy-Girl

第七章　蓝衣女子

Complex）之二。

1. 定义

含蓄地表达对异性的爱慕，往往只通过眼神或动作流露出内心的爱意。与上一章我们讨论的红衣女子表达出的少男少女情综之一相比，前者是主动的、进攻性的，而这一类是内倾的、保守的，想要表达却不敢表达或不知道如何表达的。

脉脉含情。说她有情，见面低首续续行；却道无意，为何秋波频频递。脸上飞红，心中爱慕，手足慌乱，气息喘吁。怯于表达，情不自禁。

眼睛的表达。这是一种含蓄的表达方式，但却是一种有效的表达方式。一如上述。印度尼西亚的民歌"甜蜜的爱情从哪里来，是从那眼睛里面到心怀"，描述的就是这种情形。

我们在生活中经常遇到这样的故事，少男少女，青梅竹马，两小无猜，大家都认为天生一对，自然夫妻。谁知有一天，其中一人邂逅其他异性，一见钟情，从此坠入情海，无法自拔，任何人也无法分开他们。

2. 分析

我们来看一下，蓝衣女子在画中的表现，以其展示的体姿分析她的心理状态。她不像红衣女子具有典型的、夸张的体姿。因此，我们有必要较为细致地讨论一下体势语言（Body language）的理论。

在上一个世纪初，符号相互作用主义（Symbolic interaction）就提出符号在人类社会和个体之间的重要作用。该理论认为人类像其它动物一样，是不断活动的，不断做包括运动和声音在内的姿势，体现机体对外界的反应。姿势最后发展为符号，它早期还仅仅是社会活动的一个部分，刚开始时，只是一种自然的信号（Natural signal），普遍存在于动物之中。只有当它成为一种惯例的信号，可以绝对地、清楚地提醒对方某种特定的意义时，姿势便成为有意义的姿势或有意义的符号。

（1）开展的体姿

人的体姿往往可以表现出人们的潜意识。很久以来，精神治疗学家就力图从人们的形体姿势来分析人的精神状态，因为语言和面部表情有时实在不能完全表示患者的感觉，因而不得不借助体势语言（body language）来寻找辅助材料。另外，语言本身与众多因素有关，是否能准确地表述还是个问题。体势语就显得比较原始、比较诚实地反映个体信息。佛罗伊德在他的著作里描述了许多生动的例子。他认为，个体的种种过失、行为，包括动作和记忆的错误、笔误、口误等等都与无意识有关，而这种无意识必定与个体的经历有关，并反映了个体真实的内心欲望。

　　静态的形体所能表示的信息显而易见是有限的。生命存在的原本形式就是运动，身体各个部分的运动又能组成千千万万的表达形式。有的已约定俗成，成为公众的符号，表达特定意义；有的还未被人知，属于个体无意识流露出的动作，但却能表达个体的心理状态。例如根据一个人的背影，你可推测他正在干什么。

　　很遗憾，有关体势语的有意义的实验型研究，直到上一世纪50年代才开始（Middlebrook, 1974）。首先，人们开始探讨是否无需语言及面部表情，身体的姿势亦能反映个体信息。

　　其次，人们进一步探讨体势语言和面部表情究竟有何区别。实验证明（Ekman & Friesen, 1969），面部表情和身体姿势所反映的信息几乎恰恰是相反的。

　　体势语言的规则分为四大类：

　　① 运动的形式 （The pattern of motion）

　　几何图形单独运动早已经被证实确是判断特征的具有一定意义的因素。但真正的人际活动中是否有相同作用，尚需进一步证实。从人体的整体活动看，协调、韵律、节奏和习惯对运动都有一定的影响。比如显示体形线条的牛仔裤和迪斯科，刚刚流入我国时遭到许多非议，但现在不仅老年人穿和跳，幼儿园的娃娃也穿和跳。公众接受并承认了它的美。

　　四肢的活动性往往会泄露被掩饰的紧张表情，如拢拢头发，摸摸鼻子，抚弄衣裳，抖动双腿（莫里斯，1987）。例如，在记者招待会上，一位男子镇定自若地坐在扶手椅上回答记者提问，尽管他面带笑容，侃侃而谈，然而双腿却紧紧绕在一起贴在扶手椅上，不一会儿，一条腿松开，脚尖在地板上不停击拍，随后又跷起二郎腿，上面一条腿不住晃动，泄露出他那轻松镇静的表情下蕴藏着紧张、烦躁而又拼命压抑的情绪。

　　② 身体的方位 （Body orientation）

　　这是指个体肩膀和腿相对于对方的角度。研究发现，当受试者看到试验者的眼睛时，他将把试验者对他的方位较小认为是自己不太受欢迎，而当受试者不看试验者的眼睛时，身体方位无明显影响。

　　身体的方位有时可以显示或隐瞒个体的优点或缺陷。例如，有的人只有一侧面部有酒窝，他会有意无意地展示这半边面庞，抿嘴微笑以表现这酒窝，这至少说明他对你无恶感并希望你对他满意。摄影师在这方面相当有研究，只要让他

第七章　蓝衣女子

们为对方化妆和摆姿势,他们可以使任何一个女子在照片上成为有魅力的人。据说,意大利著名影星索菲亚·罗兰的右边脸比左边更为迷人,故摄影师总是乐意从右侧角度为其摄影。

③ 身体的姿势（Accessibility of body）

这是指四肢的开放程度。当女性坐着时,两手放在膝盖上,双脚落地而不交叉,被认作处于"开放"状态。与双手交叉胸前,双脚交叉相比,前者明显更愉快。

女性四肢的这种交叉,可能与社会文化有关。女性多穿裙子,从礼仪上讲,要求坐时双脚应交叉才合乎礼貌,所以只有在非正式场合或真正是"得意忘形"时才可能看到失态的场面。

④ 身体的放松（Body relaxation）

身体的角度常可反映机体放松的程度。当对方稍稍倾身于个体时,男女受试者都会认为自己较受欢迎,反之则不然。然而放松的程度并不说明喜爱的程度。人对他人的各种喜恶爱憎均可表现为不同程度的放松。当他不喜欢对方时,可能极少也可能极大放松,而喜欢时则是中等程度放松。

因此,在画中我们看见的蓝衣女子体姿虽然开展,但却较为紧张。我们看到了一位情窦初开,欲诉还休,心中喜爱、欢迎,外表羞涩、矜持的少女。

（2）倾首

画中蓝衣女子倾首向着但丁望去。倾首这一体姿表现了蓝衣女子内敛的性格。

（3）手势

画中蓝衣女子右手放在胸前,表现了蓝衣女子对但丁的爱慕。

一手放在胸前,另一手指向受礼的人是古罗马军队表示效忠的敬礼方式,至今美国人对国旗表示效忠时用的也是类似姿势。在戏剧表演中,这种姿势被公认为表示真挚及诚实。但妇女一手或双手搁在胸前,通常是一种保护的姿势,说明受到了突然的惊吓或惊喜。蓝衣女子的手虽然还没有抬到表示效忠的那种手式的标准位置,但也无意识地表达了她的爱慕的心态。

男女双方遇到自己所喜爱的对象时,往往会情不自禁地修饰自己的行为或服饰。比如在行走时,她或他会突然绷紧肌肉,浑身不自在,手足无处放,原因是迎面来了一位英俊貌美的异性。当他们与人结伴时,其中有人会突然提高声调,吸引对方注意,或有意离开伙伴,接近对方,以显示出自己。这些都反映了无意识中的爱慕。

（4）眼神

蓝衣女子最引人注目的是她的眼神。在上面我们已经做了详细描述，不再重复。

蓝衣女子脉脉含情地望着但丁。由于红衣女子对但丁的夸张姿势，白衣女子对但丁的目不斜视，因此，人们认为蓝衣女子才是贝雅特莉齐，不是没有道理的。

如上所述，蓝衣女子代表的女性，是属于那种含情脉脉、欲说还休、内敛矜持、内心刚强的女性。她们在人群中，总是不事张扬，温婉顺从，是那种嫁鸡随鸡，夫唱妇随的女性。这种女性也许是最好的妻子。

我们还是引用但丁《神曲》中的诗句来结束本章：

万物之间都是井然有序，
这种秩序正是把宇宙造成
与上帝形似的形式。
那些高级造物从这里看到那永恒威力的痕迹，
而那永恒威力又是
上述准则所要达到的终极目的。
一切自然都倾向于我所说的这个秩序，
而由于命运不同，
距离它们这个本源，有的稍远，有的更近；
因此，它们在这人生的大海中，
向不同的港口游动，
各自都凭借所赋有的本能，并由这种本能把它推向前进。
正是这个把火送往月球；
正是这个是生物心灵中的推动力；
正是这个使地球凝集在身，形成一体：
这张弓射的也不仅是
那些缺少智慧的造物，
而且还有那些拥有智力和意志的造物。

《天堂篇·第一首》

参考文献：

[1] 色彩与视觉的基本原理。（2005-04-08）[2010-02-15] http://www.chinahtml.com/graphicdesign/4/2005/1112971176.shtml

[2] 色觉. http://www.zgxl.net/cptoday/nous/sejue.htm

[3] 动物视觉. http://activity.ntsec.gov.tw/lifeworld/doc/42%E5%8B%95%E7%89%A9%E8%A6%96%E8%A6%BA.pdf

[4] THE BLUE MOVEMENT is for HUMAN AWARENESS. BLUE in Spirituality. http://thebluemovement.org/Blue_in_Spirituality.html

[5] ReligionFacts. Blue in Buddhist Color Symbolism. (2009-01-01) [2010-02-18] http://www.religionfacts.com/buddhism/symbols/blue.htm

[6] Dharma Haven. Medicine Buddha. (2003-05-21) [2010-02-18] http://www.dharma-haven.org/tibetan/medicine-buddha.htm

[7] 巴克. 社会心理学. 科学出版社，1984.

[8] Ellsworth P. Carlsmith JJ. Per Soc Psy. 1968, 10:15～20.

[9] 赫斯，E.H. 见汤普森编. 生理心理学. 科学出版社，1984, PP343～351.

[10] LeCompte W, Rosenfeld HJ. Exp Soc Psy. 1971, 7:211～220.

[11] Ellsworth P. et al. J Per Soc Psy. 1972, 21:302～311.

[12] 高也陶. 临床交流学. 上海：同济大学出版社，1989.

[13] 脱脱. 宋史. 北京：商务印书馆，卷四百四十四 列传第二百三.

第八章

白衣女子

红衣女子与蓝衣女子表现了女性的两种性格特征，白衣女子则表现了第三种特征。

一、白衣女子

在霍利代的画中，白衣女子是贝雅特莉齐。在第三章中，尽可能介绍了她的朦胧的生平与事迹。最为脍炙人口的莫过于她与但丁的恋爱故事。民间流传的故事往往添油加醋，捕风捉影，根据人们喜闻乐见的情节而不断发展成一个凄美的爱情传说。

在第二章，我们详细描述了理想化的、爱情化的、以及但丁恋爱中的贝雅特莉齐。而在这一章，我们要做的是尽可能显示真实的贝雅特莉齐，以及霍利代画中的白衣女子。

二、白衣女子的表现

在霍利代的画中，白衣女子处于最醒目的位置。

1. 白衣女子服色的心理学意义

在上一章，我们讨论了颜色的心理学意义：

白色给人洁净、光明、纯真、清白、朴素、卫生、恬静等印象。在它的衬托下，其他色彩会显得更鲜丽、更明朗。多用白色还可能产生平淡无味的单调、空虚之感。

但是，画中的白衣女子并不是穿着纯白的衣裳。准确地说，她是穿着淡黄色、或黄白色的无袖连衣裙，双肩以下是褐黄色长袖衬衣。衬衣与连衣裙有着鲜明的对比。

黄色是所有色相中明度最高的色彩，具有轻快、光辉、透明、活泼、光明、辉煌、希望、功名、健康等印象。但黄色过于明亮而显得刺眼，并且与其他色相混合即易失去其原貌，故也有轻薄、不稳定、变化无常、冷淡等不良含义。霍利代用的含白的淡黄色，令人感觉平和、温柔，含大量淡灰的米色或本

第八章　白衣女子

白则是很好的休闲自然色。霍利代用褐黄色的两只袖子与其对比，更增加了人物的复杂性。这种中、低明度的色彩，使鲜明的性格显得不太强烈，更增加了人物的丰富性和复杂性，也使人想起金秋的收获季节，故均有成熟、谦让、丰富、随和之感。

图8.1　攻击（The_Assault, Bouguereau）

　　画中的三位女子，红衣女子的服色从头到脚只有一种，象征其单一的性格。蓝衣女子的蓝色外袍的袖子一直到肘关节以下，再往手掌处是咖啡色的内衣袖子，摆边裙微露的裤子和鞋子的颜色也是暗淡不明。几种颜色给人以清凉、安静和低调的感觉。而白衣女子，肩以下全部是第二种颜色，尤其左手放在胸前，更增加了袖子色彩与外衣色彩的对比。及地的裙子下暴露出一双鞋子的颜色，朴素

少男少女情综
BOY - GIRL Complex

图8.2 工歇（Work Interrupted, Bouguereau, 1891）

无华，与衣色协调。

白衣女子手上还拿着一朵玫瑰花。众所周知，玫瑰象征着爱情。这朵玫瑰是含苞欲放的玫瑰，有一片小小的、不引人注意的绿叶，花蕾还未成熟的、由白到红的花瓣，只有一抹红云流连在花瓣的顶边。显然，含苞欲放的玫瑰暗示未成熟的爱情，或是象征白衣女子的情窦未开。

整幅画作的四个主要人物，在画的中间组成四种鲜明色彩的搭配。顺时钟方向旋转，白色、红色、蓝色和黑色为主的色调围聚成一个坛城。

2. 白衣女子在画中的方位

白衣女子在画中位于最为突出的位置，也是全画正中位置，是画的主要核心。如前章所述，白衣女子的方位是西方，为五行金位。金为白色，先天（洛书）八卦数为七。红衣女子为南方，五行为火位。火为红色，先天八卦数九。蓝（青）衣女子的方位为东方，五行为木位。木为青色，先天八卦数为三。黑衣男子的方位为北方，五行为水位。水为黑色，先天八卦数为一。

如果按照五行相生之论，则正好图中四人方位如逆时针转，则相生。西方白色金生北方黑色水；北方黑色水生东方青（蓝）色木；东方青色木生南方红色火；南方红色火生中央黄色土；中央黄色土生西方白色金。这里中央黄色土正好将男女分割开来。那黄色的河堤如一把利剑将但丁与三位女性分隔两边。

按此五色（行）相生理论，白衣女子生黑衣男子，故黑衣男子就像恋母一样地依恋白衣女子。而白衣女子却如金般坚硬，不受感动。如图8.1，圣洁的白衣女子在众多诱惑之下，毫不动心，从那双至纯的眼睛中，可以看到坚定崇高的信念。

3. 白衣女子的美丽

在霍利代的画中，白衣女子显得高大壮实，与Dante Gabriel Rossetti所画的骨感高挑的贝雅特莉齐风格迥异。但是，读读中国最古老的诗歌，则可发现古代东西方对美女的审视竟有那么相近的描述。最可能的原因是因为原始人类在生存竞争中，生殖是人类维系生存最重要的因素之一。

何为美，在不同的时代是不相同的。据说楚王喜欢细腰的女子，结果宫女们为了争宠，纷纷细腰紧束，不少人甚至不惜饿死。汉成帝的宠妃赵飞燕就是"楚腰纤细掌中轻"式的女人。

1000多年后的唐朝却是以丰满为美。李唐帝王大多选丰满女人为后为妃。唐太宗选武则天为妃，唐太宗的儿子唐高宗李治后来又对武则天穷追不舍，直到把她立为皇后，而后来的唐玄宗李隆基又以丰腴的杨玉环为贵妃。

图8.3 唐 张萱：《捣练图》（左）。唐代仕女画多以现实生活为对象，如韦顼唐墓中出土的石刻妇女图像，永泰公主墓出土的许多壁画仕女像，在造型上都是肥硕丰满健康的形体，注重体态肥硕，肌肉丰满，"樊素樱桃口，杨柳小蛮腰"的造型。右图是当前流行体型。

有人说，那是因为李唐王朝有鲜卑族的血统，所以与汉朝皇族不同。这种说法可能不一定对。时下流行苗条清瘦，可能不是汉朝血统的习惯，倒是受西方的影响了。

《诗经•卫风•硕人》描述卫庄公夫人庄姜之美：

硕人其颀，衣锦褧衣。齐侯之子，卫侯之妻。东宫之妹，邢侯之姨，谭公维私。手如柔荑，肤如凝脂，领如蝤蛴，齿如瓠犀，螓首蛾眉，巧笑倩兮，美目盼兮。

褧（jiǒng）衣，古代用细麻布做的套在外面的罩衣。霍利代在画白衣女子时，也让她身着罩衣。为什么？硕人其行颀，肥美的女子穿着绫罗绸缎，外面罩着细麻外衣。这是身份的象征吧。你看她的亲戚关系：老爸是齐侯，老公是卫侯，哥哥是太子，姐夫是邢侯，舅舅是谭公。如此出身，是其门第。再看她本人之美，从手到肤，到脖子，到牙齿，再到额头与眉毛，与其肥硕的体形相配，是

第八章　白衣女子

典型的印度与汤加国的那种以胖为美的风格。

庄姜是公元前700多年前的女子。公元前720年（隐公三年～四年），《左传》记载齐国的庄姜嫁给了卫侯。这是个政治婚姻，而卫侯另有相爱。庄姜之硕美不能打动他，夫妻关系似乎不好，以致卫国人打抱不平，为其赋诗。庄姜之"巧笑倩兮，美目盼兮"，深得卫国人的赞赏。

在《诗经》中对肥硕之美屡屡提及。"硕人"形象还可见于：

《卫风·考槃》
考槃在涧，硕人之宽。独寤寐言，永矢弗谖。
考槃在阿，硕人之薖。独寤寐歌，永矢弗过。
考槃在陆，硕人之轴。独寤寐宿，永矢弗告。

《唐风·椒聊》
椒聊之实，蕃衍盈升。彼其之子，硕大无朋。椒聊且，远条且。
椒聊之实，蕃衍盈匊。彼其之子，硕大且笃。椒且聊，远且条。

《陈风·泽陂》
彼泽之陂，有蒲与荷。有美一人，伤如之何？寤寐无为，涕泗滂沱。
彼泽之陂，有蒲与蕳。有美一人，硕大且卷。寤寐无为，中心悁悁。
彼泽之陂，有蒲菡萏。有美一人，硕大且俨。寤寐无为，辗转伏枕。

只是，霍利代的画中的白衣女子与薄伽丘的《但丁传》中描述的贝雅特莉齐似有不同。薄伽丘的描述是："贝雅特莉齐的谈吐非常优雅有礼和讨人喜欢。她的言行举止比她的年龄成熟和端庄。她五官小巧，比例完美，除了美丽面容之外，还充满了纯洁的魅力。许多人觉得她就是一位小天使。她或许比我所形容的更加美丽。"[2] 薄伽丘对贝雅特莉齐的描绘令人觉得这位天使是玲珑小巧美，不像霍利代画中的白衣女子给人以健硕之美。

图8.4是鲁本斯（Peter Paul Rubens，1577～1640）的名作。鲁本斯笔下的女性人体，一向以肥硕著称。该画描述的古希腊神话故事，是荷马史诗的源头故事。天后的生日宴会上掉下一个金苹果，上面刻有"献给最美的人"。于是天后、爱神和智慧之神都认为自己是最美的，久久争执不下，请人间的美男子巴里斯裁判。图8.4正是这个场面。三位自认最美的女神都是肥硕的体态，说明鲁本

斯的审美观很接近中国先民的审美观。

图8.4 巴里斯的裁判（Peter Paul Rubens，1639）

哪一种描述最接近真实？文学与绘画，都是创作。薄伽丘的《但丁传》与但丁时代最接近，薄伽丘与但丁生活的时代又非常的接近，可能会更为真实点。但就如布鲁尼所说，薄伽丘热情有余，可能有很多是自己的想象。（详见第二章）

4. 白衣女子的清高矜持

在霍利代的画中，白衣女子对男主人公似乎不屑一顾，完全沉浸在一种顾影自怜和孤芳自赏的情境之中。黑衣男子对她脉脉含情，自己的女伴一个在后面脉脉含情地注视着黑衣男子，一个挽着她的手竟忘记淑女姿态，夸张地从她身后大胆地、直愣愣地盯着黑衣男子，这些都不能影响她忘情地想着自己的心事，似乎将自己融入手中的玫瑰之中。她在想着什么？自己的爱情？与路边的男子毫无关系？

在但丁的《新生》中，可以读到他与贝雅特莉齐的恋爱故事并非如传说中的那样简单单纯。《新生》中两人的恋爱故事更为复杂。《新生》中叙述道：但丁在佛罗伦萨的街头见到贝雅特莉齐走在两位年龄比她稍大的淑女之间，贝雅特莉齐秋波婉转地向惶悚不安的但丁无比深情地亲切致礼，但丁如雷轰击，欣喜若狂，如痴如醉地离开。

过后不久，但丁在教堂发现贝雅特莉齐就坐在前面几排。毕竟当时的佛罗伦萨城与现代的城市比起来要远远小得多，居民们抬头不见低头见的。但丁在《新生》中写道，在但丁和贝雅特莉齐之间的座位中，"坐着一位面容姣美、

第八章 白衣女子

风度优雅的女郎。她好几次瞅着我,对我的凝视十分惊异。因为我的目光好像是盯着她的,因而许多人都留意到她的顾盼。人们对此已十分注意。当我离开那儿时,只听得身后有人在说:'瞧,那个女郎已把这条汉子弄得神魂颠倒了!'人们说出了她的名字,我明白他们说的就是这一排上在最可爱的贝雅特莉齐和我中间的那个姑娘。这时我如释重负,确信那天我的秘密不曾因我的目光而被人窥破。我立刻想到去利用这个柔美的女郎来掩盖事实的真相。短时间内,我就把这出戏演得十分逼真,对我说长道短的许多人都以为已经洞悉了我的秘密。凭借这个女郎,我把这件事的秘密保持了好几个月,甚至好几年;为了使别人更加信以为真,我还为她写了几首小诗……"但丁还专门到那位女郎

图8.5 纯真（Innocence, Bouguereau）

的家乡附近去转了一圈,虽然学者们至今还没有考证出但丁是什么原因离开了佛罗伦萨。

看样子这种谈恋爱的把戏似乎至今还在年轻人当中流传。那位面容姣美、风度优雅的女郎成了但丁的挡箭牌,流言蜚语因此而起,甚至传出许多不堪入耳的话。但丁在《新生》中继续写道:"因而我的心情异常沉重。基于这一理由,也就是说由于对我恶意中伤的这些流言蜚语,我心目中最美好的那位嫉恶如仇、品德极为高洁的女郎在某处路过时,竟对我置之不理,没有向我致以最亲切的敬礼……"痛苦的但丁在恍惚中,梦见上帝向他解释为什么贝雅特莉齐不理睬他,并批评他的这一行径:"我们的贝雅特莉齐听到某些人在对你说长道短,说是你在旅途上唉声叹气时,我曾指名道姓地给你介绍了一个女郎,而后来你却给那个女郎带来了不少麻烦。我们这位德行高尚的淑女最怕惹事生非,所以她不愿意屈就向你敬礼,怕因此会惹出是非来。"

那么,霍利代画中的白衣女子当时是正在为此事耍小性子吗?但丁的粉丝罗塞第倒确实是绘出过这样的场面,如图8.6。

少男少女情综
BOY - GIRL Complex

图8.6　贝雅特莉齐与但丁在婚礼上相遇（Dante Gabriel Rossetti, 1851–1855）

但是，根据《新生》，但丁受到贝雅特莉齐的嘲讽和敌意，还真不只这一次。在上述的误会后，有一天，但丁的朋友带他去参加一个婚礼。这是一个当地显赫人物的婚礼，上流社会的女士云集，贝雅特莉齐也去了。当但丁看见贝雅特莉齐时，"忽觉得我胸膛的左面部分剧烈地颤动起来，随即扩展到身体各部分……看到这位最可爱的女郎近在咫尺，我完全慑服于爱神的威力，不由神魂颠倒，六神无主，感到生命中除了'视觉的精灵'以外，其他几乎一无所有。即使是这个精灵也失去了常态，因为爱神想占有它最珍贵的地位，要亲自来看看那位动人的女郎。我感到自己变了样。这些视觉的精灵可十分怨恨，它们仿佛在唉声叹气说：'要不是爱神把我们赶了出去，我们就能待在那儿，像其他人的眼睛一样看到这位绝代佳人了。'"

在场的女士们看出了但丁的失态，她们先是觉得诧异，后来开始嘲笑但丁。贝雅特莉齐也在嘲笑的女士之中。这让但丁更觉得羞辱和不自在。他的朋友发现他的异常状况，把他带出了那个场合。但丁回到家中，一面啜泣，一面觉得羞愧

第八章 白衣女子

难当,自言自语地说:"如果那位女郎明白我的处境,我想她是不会嘲笑我的,相反的,我相信她会十分同情我。"

在如此复杂纠结的情感下,但丁为了排解心中的痛苦,写了三首十四行诗来表达这时的感情:

其一:
你同别的女士一起嘲笑我的脸,
女郎啊,你想不到我为何动容,
在你面前,我和陌生人相同,
当我看到你的芳容如此美艳。
如果你知真相,那就会对我垂怜,
不再像以前那样,面有怒容,
当爱神见我接近你的芳踪,
他就鼓足勇气,心里安适舒坦。

他蹂躏了我身体内的各个精灵,
有的被扼杀,有的被赶到外面,
我只好单独留着,把你凝视,
我一反常态,不论脸色和举止,
变化虽不太大,但我难以忍耐,
精灵被痛苦地驱逐,真是不幸。

其二:
当我看见你时,美人儿哟,
以前心中的苦痛都一一灭绝,
当我近在你身边时,我听到
爱神说,逃吧,倘你不想毁灭。
我的心,只要看我的脸色就知道,
我晕头转向,不知往哪儿安歇,
我浑身战栗,沉醉于爱情的狂涛,
"死,死吧,"顽石似叫我向人世告别。

看到我错乱的灵魂而不加安慰,

那么这个人真是一副铁石心肠,
对我的痛苦丝毫不寄予同情。
你用冷嘲热讽把怜悯摧毁,
痕迹仍残留在我苍白的脸上,
那双眼睛啊,恨不得快快失明。

其三:
哀愁的阴影经常萦绕在我的心头,
爱神啊,这是你给我的赐予;
即使有人怜悯,我也心神颤抖,
我常说:"唉,谁有我这等遭遇?"
爱神之箭突然射中我的心头,
这样,我的生命力几乎全失去。
为了你,我才振作精神抬起头,
我苟且偷生只是为能向你倾诉。

以后我又鼓起勇气,以期获救,
就这样失魂落魄,耗尽精力地
寻见你,想治好我的心病,
于是我抬起眼睛,向你凝眸,
可是一阵震颤从心里升起,
我的脉搏啊,一下子似乎全停。

  因此,图8.6是罗塞第描绘贝雅特莉齐对但丁的嘲讽。那么我们不得不怀疑,霍利代所画的,可能正是贝雅特莉齐对但丁不满的时候,见到但丁根本不屑一顾,只顾凝视自己手中的玫瑰。因为,城里流传着但丁的风流佚事,令所有正经女子所不齿。而但丁自己在《新生》中说是为了掩饰他对贝雅特莉齐的恋爱,而有意无意地勾引其他女子作为烟幕。
  在第二章,我们引用了薄伽丘和布鲁尼的两部《但丁传》。虽然两本传记文风不一,对但丁的评价不一,但是,似乎都没有否认但丁的风流。
  布鲁尼在他的《但丁传》中还有意无意地引用但丁的诗句:
  "三位女士在我心头缠绕";"你们这些女士让我察觉到爱情的存在"。

第八章　白衣女子

图8.7 博爱（Charity, Adolphe_Bouguereau1825-1905）

他似乎暗示但丁风流倜傥，并非钟情于一人。而在薄伽丘的《但丁传》中，却对此直言不讳。对但丁的风流史也进行了批评道：

"从他高尚的美德和勤奋的学习里，我们看到的只是这位天才诗人生活中的一部分，而放荡不羁的生活占了他的绝大部分时间。这些事情不仅发生在他的青年时代，同时也发生在他的成年时代。虽然不道德的行为对于当时的男子来说，是自然、正常的表现，从某个方面来说更是必需的生理需要，但我们无法表扬这样的行为，更不能寻找借口，为但丁正当地开脱罪名。但是，谁又可以做一个公正的审判员，对但丁进行谴责呢？肯定不是我。噢，薄弱的意志力啊！噢，男人野兽般的情欲呵！如果妇女们愿意的话，她们对我们的影响力无所不在。自古以来我们就注意到，妇女们拥有魅力、美丽、天然的情欲以及其他持续在男人心头发生作用的各种特质。"

三、陆游：山盟虽在，锦书难托

但丁在9岁时对贝雅特莉齐一见钟情，落入情海。9年后再见贝雅特莉齐，姑娘对他体态优雅，秋波脉脉，莺声婉转地致意。显然9年来，姑娘也一直惦记着男孩。此后，风云变幻，流言蜚语，种种误会，不一而生。君子好逑，淑女窈窕，竟成陌路，遂成就一段千古爱情传奇。

在中国历史上，也有不少类似故事。宋朝著名诗人陆游（1125～1210）与唐婉的爱情故事，也是今人津津乐道的。《宋史•列传第一百五十四•陆游传》说：陆游字务观，越州山阴人。十二岁即能吟诗作文，靠家族势力很早即进入仕途。评荐人连续两年把他放在第一位。当时的丞相秦桧的孙子还排在他的后面，足见他的才识在人们心中的地位。由于恃才傲物，直来直去，多次直言冒犯要贵，陆游的仕途并不顺利。范成大在蜀为帅时，陆游为参议官，以文字交，不拘礼法，人讥其颓放,因自号放翁。

在中国诗词领域,陆放翁的名声非常之高。他一生有诗9300多首(《剑南诗稿》),词100多首,是中国历史上留下诗歌最多的诗人。当然,清朝皇帝乾隆有诗近4万首,活到88岁;而陆游寿尽于85岁,诗作只是乾隆帝的三分之一。皇帝的诗有人代作加工,而陆游的诗全是他自己的心血。

唐婉是陆游的元配夫人。两人青梅竹马,两小无猜。陆游和唐婉是表兄妹。陆游母亲的嫂子即是唐婉的母亲。后人推测姑嫂之间本有不和。但从两人毕竟成婚来看,这种推断似不成立。关键是陆游19岁婚后三年多,唐婉仍未怀孕。当时习俗不孝有三,无后为大。因此,在这个压力下,两人离婚。离婚后,陆游先娶川女王氏,很快有子。唐家也有面子,把唐婉嫁给了当地皇亲贵族赵士程。赵姓可是宋代皇族之姓,百家姓中排名第一。但是,两位年轻人心中可绝对不是滋味。

1155年春,30岁的陆游回乡省亲,独自一人来到沈园。唐婉夫妇也在游园。自宋高宗南渡以来,皇族与士大夫阶层的界限减弱了许多。赵士程一副皇族气派,无疑也认识陆游,当此之境,允许唐婉去向其致意。唐婉带着点心与酒去向陆游问候。一别十多年,在此相见,前妻已作他人之妇,而且还是皇族,地位自然不同。

唐朝宪宗时有秀才崔郊与婢女绿珠相恋,后绿珠被卖入王府,有情人从此天涯两隔。有年寒食节郊游时,崔郊在王府的出游人群中见到昔日恋人,作为平民的秀才与王府姬妾根本无从相语,百感交集之下写下一诗:"公子王孙逐后尘,绿珠垂泪滴罗巾。侯门一入深似海,从此萧郎是路人。"后来有人持此诗向王爷告状。所幸王爷明智,由诗中知道两人并无来往,感诗人之才华及情真意切,遂将绿珠送给诗人,此是诗坛佳话。而陆游此时心情,可能更比崔郊还胜一等:侯门一入深似海,从此萧郎(前妻、表妹)是路人。眼见赵家人走后,陆游心中悲恸之情油然而生,化作诗兴,乘着酒意,征得主人同意,在沈园墙壁上一气呵成地写下了《钗头凤》一阕:

红酥手,黄藤酒,满城春色宫墙柳。东风恶,欢情薄,一怀愁绪,几年离索。错,错,错!

春如旧,人空瘦,泪痕红浥鲛绡透。桃花落,闲池阁,山盟虽在,锦书难托。莫,莫,莫!

"山盟虽在,锦书难托。莫,莫,莫",勾画出陆游的无奈心情与崔郊那种

第八章　白衣女子

"侯门一入深似海，从此萧郎是路人"的心态真有异曲同工之妙。就离婚事件，显然陆游道出了"一怀愁绪，几年离索。错，错，错"的悔恨心情。

很多人以为那个"红酥手"是唐婉的手。差矣！说是当地的一种点心小吃似乎更对，与黄藤酒相应。中国文化中表述女子之美，是肤如白雪。唐朝诗人白居易有词："炉边人似月，皓腕凝双雪。未老莫还乡，还乡需断肠。"月、皓与雪都是白色的。双手如双雪，如果女子为红酥手，可能就不美了。诗人应当不会如此思念一双红手，以致未老莫还乡，还乡需断肠。

应当注意的是，黄色是中国汉代以后的帝王专用色，这里黄藤酒应当是暗示了该酒是皇族专用的酒，与后面"宫墙"、"山盟虽在，锦书难托"遥相呼应。

这里最关键的一句"满城春色宫墙柳"，既是描写景色，也是描写唐婉的。唐朝诗人韩翃有诗："章台柳，章台柳，昔日青青今在否。纵使长条似旧垂，亦应攀折它人手。"元朝关汉卿："我玩的是梁园月，饮的是东京酒，赏的是洛阳花，攀的是章台柳。"古人以柳比喻美女。

宫墙柳可望不可及，生长在禁宫中、侯门内，同时也暗示了唐婉袅袅娉婷，婀娜多姿但又弱不禁风的体态。虽是近30岁的女子，却是青梅竹马，前妻旧情，酸甜苦辣，涌上心头。

来年春上，唐婉又到沈园，读到前夫的字迹与心曲，柔肠寸断。提笔和道：

世情恶，人情薄，雨送黄昏花易落。晓风干，泪痕残，欲笺心事，独倚斜阑。难，难，难！

人成个，今非昨，病魂常似秋千索。角声寒，夜阑珊，怕人寻问，咽泪装欢。瞒，瞒，瞒！

据说唐婉此后不久就郁郁去世了。这是她留给世人的唯一词作。心事无法表达，夜深却不能寐，怕人寻问，咽泪装欢，整首词是对人世的伤心泣诉。

心理对生理和躯体的影响是确实存在的。唐婉这样走了。而陆游却活到了85岁。在古代，人生七十古来稀，能活到这个岁数，说明陆游的心态很好。看来对唐婉的感情，并没有妨碍他留情处处，买醉时时，读他的其他诗作便知一二。

此处试举一例。宋乾道八年（1172年），陆游这年47岁，在四川宣抚使司（治所南郑，今陕西汉中）任职时，曾数次经过某地。按陆游是当年三月到任、十一月离任赴成都的，据词中所写情景应该是十一月间赴成都经过某地所写的。

少男少女情综
BOY - GIRL Complex

《清商怨·葭萌驿作》

江头日暮痛饮，乍雪晴犹凛。山驿凄凉，灯昏人独寝。鸳机新寄断锦，叹往事，不堪重省。梦破南楼，绿云堆一枕。

图8.8 沈园柳老不吹绵。春如旧，人空瘦，山盟虽在，锦书难托。

第八章　白衣女子

他刚刚收到远方寄来的断锦。梦破的南楼，有着不堪回首的往事，一枕绿云的秀发又属于哪一位美丽的女性呢？这一年是他在沈园见到唐婉后的第17年，唐婉亦去世16年，因此，新寄断锦的绝对不是唐婉！

正如陆游诗《放歌行》回忆其年轻时情状，悔恨当年轻狂无羁，教导儿孙辈不须仿效：

少年不知老境恶，意谓长如少年乐，朝歌夜舞狂不休，逢人欲觅长生药。
三二十年底难过，屈指朋侪余几个？就令未死身日衰，朱颜已去谁能那！
人间万事如弈棋，我亦曾经少壮时。儿曹纷纷不须校，岁月推迁渠自知。

随着岁月的推移，年纪越老，陆游对唐婉的思念越深。1192年，沈园一别唐婉后的第38年，陆游68岁，再到沈园。在此期间，园主已经换了三人，看到残破的园壁上当年醉后的题词，对唐婉的思念更增加几分惆怅，诗如下：

枫叶初丹槲叶黄，合阳愁鬓怯新霜。林亭感旧空回首，泉路凭谁说断肠？
坏壁醉题尘漠漠，断云幽梦事茫茫。年来妄念消除尽，回向蒲龛一炷香。

1199年，沈园别后第44年，陆游75岁，再到沈园，作诗两首：

城上斜阳画角哀，沈园非复旧池台。伤心桥下春波绿，曾是惊鸿照影来。
梦断香销四十年，沈园柳老不吹绵。此身行作稽山土，犹吊遗踪一泫然！

1205年腊月，沈园别后第50年，陆游81岁，梦见再回沈园，独吊梅花，醒后才觉只是南柯一梦，只见梅花不见人，吟诗两首：

路近城南已怕行，沈家园里更伤情。香穿客袖梅花在，绿蘸寺桥春水生。
城南小陌又逢春。只见梅花不见人。玉骨久成泉下土，墨迹犹锁壁间尘。

1210年，沈园别后第55年，陆游85岁，心知于世不久，最后一次再到沈园，但觉人生如白驹过隙，赋诗一首，不久便溘然长逝。于今正好相距800年！

沈家园里花如锦，半是当年识放翁；也信美人终作土，不堪幽梦太匆匆。

陆游凭吊唐婉的几首诗，都在老年之后，均以沈园为题，人去物在，睹物伤情，其中不乏刻骨铭心的眷恋与相思，也充满不堪回首的无奈与绝望，真是荡气回肠，震撼人心。他的诗集中，有多篇是为朋友丧妻（如：李季章参政哭其夫人）而作，却没有以悼念唐婉为题之诗，其实悼念唐婉的诗全部以沈园为名了。真正是："山盟虽在，锦书难托，莫！莫！莫！"更说明了诗人的无奈。再美的事物也因时间而为尘土。但是诗人的文字使沈园，使唐婉青春长在。犹如阿波罗与达芙妮的传说，但丁的诗令贝雅特莉齐永世垂名一样。清代陈衍的《宋诗精华录》评说："无此等伤心之事，无此等伤心之诗。就百年论，谁愿有此事？就千秋论，不可无此诗。"

四、少男少女情综之三

经过上面的分析，我们可以得出由白衣女子引出的少男少女情综（Boy-Girl Complex）之三。

1. 定义

清高矜持，特立独行，自命不凡，恃貌傲物。这类女子，一般都有极好的家庭背景，或者长相极美，甚至两者兼有。她们从小受宠，众星捧月，要什么有什么，受惯了爱怜，听惯了赞美，对一般人绝对是居高临下、颐指气使。很少有什么东西能够使她们动心，几乎没有什么是她们所缺的。

她们可能有显赫的家族，如《诗经·卫风·硕人》描述卫庄公夫人庄姜：父亲是齐侯，丈夫是卫侯，哥哥是齐太子，妹妹是邢侯的夫人，舅舅是谭公。父系、母系、夫系、兄系与妹系，一个女人的五大家族系都是王公贵族。如此身世，有谁可以入其眼中？因此，她们对一般的人，几乎都不屑一顾，认为人们都应当匍伏于她们的裙下。因此，她们一般都是头抬得高高，目不旁视，心不摇动。

但是，反过来，她们缺少真心的朋友，除了近亲属，她们很难得到其他人的真心。高处不胜寒。寂寞孤独往往是她们真正的内心感受。

她们可能相貌美丽，都在赞美声中长大。因此，她们非白马王子不嫁。但在她们眼中，很难遇到白马王子，因为能够被她们看作白马王子的人确实不多。而这类白马王子可能更喜欢灰姑娘，因此，她们能够遇上白马王子的机会并不多。年与日去，岁与时驰，青春易过，美貌难留，最后，她们只能"老大嫁作商人妇"。

据最新心理学研究称，任性是一种心理需求的表现。女性重视两性关系，最害怕被抛弃。她们的轻吟薄怒、花拳秀腿、刁蛮任性，不过是缘于对爱的渴求，是想引起对方注意，渴望丈夫的呵护与宠爱，试探自己在对方心目中的地位和分量。[3]

因此，这类女子只能听进赞美之词。人们只能顺从她的意思，更不能得罪。否则，她们多是耍小性子，率性任情，动辄生气，轻则流泪，重则哭泣，不理不睬；或作河东狮子状，翻天覆地，倒海倾江；或作南美黑蜘蛛，咬牙切齿，吞食雄性。这一类女子，能够成为贤妻良母的还真是不多！

但是，这一类女子，却很有可能是高尚纯洁的象征，她们之中大多温文尔雅，高贵华丽，光彩夺目，心地善良，乐善好施。她一出现，即可令许多人自惭形秽："嫣然一笑，迷上蔡，惑阳城；一笑倾人城，再笑倾人国。"对于但丁来说，贝雅特莉齐的一笑，已经让他从此坠入爱河。

2. 分析

我们来看一下画中白衣女子。其体姿既不像红衣女子具有典型的、夸张的、暴露的女性体姿，又不像蓝衣女子的含蓄与脉脉传情。

（1）目不斜视　白衣女子在画中占据了中心位置，其最具特征的姿势是目不斜视。那黑衣男子的眼光直愣愣地凝视着她，她却目不斜视。这种目不斜视是因为被异性紧紧凝视造成紧张，而不敢回视吗？时常也会听说这样的赞美词：美得让人不敢看。当然是说异性不敢看。尤其是女孩，见到英俊的男生就脸红，因此，不敢抬头注视。

白衣女子是因为黑衣男子太英俊而不敢看吗？显然不是。但丁并非美男，可能还没有画中男性更有魅力。白衣女子也非少女，是个成熟的已婚女子，因此，不是羞涩而不敢看。对比红衣女子和蓝衣女子直视黑衣男子的目光，白衣女子的目不斜视就显得特别有意思了。

在此，白衣女子目不斜视的原因可能只有三个：

一是不值得一看，心中唯我独尊，旁若无人，对周边事物不屑一顾，只在乎自己，不在乎别人。

二是故意不看，对黑衣男子有意见，生气，耍小性子，鄙视对方，装着没有看见。

三是心无旁骛，关注其他的事，心不在焉，另有所关注。

（2）心无旁骛　画中白衣女子注意力集中，眼神望着远方，内心似乎凝聚在手中的红玫瑰上。红玫瑰一向代表着爱情。那么她是在憧憬自己的爱情吗？作为14世纪前后的佛罗伦萨市民，贝雅特莉齐身为当地的大家族一员，又嫁给银行家。门当户对，财子佳人，难道还有什么不满足的吗？

根据我们上面引用但丁的《新生》，贝雅特莉齐第二次在佛罗伦萨的桥头见到但丁时，主动向他问候，体态优美，柔情似水，莺语婉转，美目流盼，使得但丁从此坠入情海，成为历史上最著名的爱情场面之一。而其后，当贝雅特莉齐听说但丁的风流佚事后，又对其冷眼横眉（见图8.6），说明贝雅特莉齐的一种妒忌，同时也暗示一种爱恋。哪怕是无意识的爱恋，也尽显贝雅特莉齐的心态。

那么，画中白衣女子心无旁骛地关注的是什么？显然画家暗示了白衣女子对纯洁如火的爱情的渴望、专注。就像那首电影歌曲："花儿为什么这样红，为什么这样红？啊，红得好像燃烧的火，它是用那青春的血液来浇灌！"

（3）群体中心　白衣女子不仅被画家设置在画面的中心，而且是在最为突出显目的位置。其服装的严密包裹与旁边的红衣女子身材的凹凸尽显形成明显的对比。白衣女子还是三个女子中最为前方的，似乎引领着其他两位女性。因此，画家着力描绘白衣女子的意图是很明显的。

但是，从心理分析学的角度来看，画家有意无意地把白衣女子放在中心位置，表达了白衣女子的心理状态是女性的主要心理状态，尤其是少女的主要心理状态。她们处于豆蔻年华，情窦初开，不解风情，憧憬纯洁炽热的爱情，幻想着白马王子拜倒在她们的石榴裙下，自命不凡，冰清玉洁，高贵矜持，对男子挑剔万分，尤其不能容忍男子的用情不专，或者千方百计地耍小性子，想让男子俯首帖耳。可是，物种千万年的进化，使男子永远都是用情不专的生物；社会使男性不得不打拼奋斗，首先要生存，其次才是爱情。裴多芬的诗说："生命诚可贵，爱情价更高。若为自由故，二者皆可抛！"说明社会的男性根本不把爱情放在第一位。因此，白衣女子所代表的少女基本上是找不到她们心中的白马王子的。而且，她们的初恋往往都是没有结果的。她们只有经过初恋，用失败悔恨的泪水洗却她们的幻想，真正认识到男性是物种的、动物的和社会的，最终放下身段，降低要求，接受现实，顺从宽容，才有可能获得真正的爱情和幸福。

不管是薄伽丘的《但丁传》，还是布鲁尼的《但丁传》，或是但丁的《新生》，我们都没有资料来证明贝雅特莉齐的婚姻是否是幸福的。她在24岁那年就去世，似乎也没有留下子嗣。但从《新生》中表现出来的，她对但丁的矜持和嗔怒，反而说明她对但丁是有感情和有所期望的，否则她自己已婚，而且是银行家的太太，但丁的风流逸事与她何干，根本不值得她动气与烦恼。她的行为，反倒像是个初恋的少女！

第八章　白衣女子

（4）飘然而逝　即使画中的红衣女子的左手压在白衣女子的右肩上，我们仍然可以隐隐约约地感到在画面正中的白衣女子似乎要从画上飘逸出来，飞上云端。给读者的感觉似乎是她想要逃离这个场合。在当下的时刻，她的心在怦怦跳吗？她的脸发红吗？她感觉到全身发热吗？她想逃离吗？这是少女在见到心仪的男性时常常会表现出来的生理反应。

但是，我们看到的白衣女子并没有这些反应，她想离开，或者只是对周边环境的厌恶，或者是对尘世的厌恶。她是那么的美丽、纯洁、高贵。

我们还是用但丁的诗来结束本章：

那美丽花朵的名字
使我集中精神去观看那伟大的光焰，
而我一早一晚总是把那名字祈祷呼唤。
我的一双目光把那颗灿烂的星辰
是如何明亮，又是怎样巨大，刚才辨清——
这星辰在天上压倒众星，在人间也曾压倒芸芸众生，
这时就有一支火把，穿过天空降临，
它的形状滚圆，宛如花环，
把那星辰缠绕，在它的周围旋转。
尘世响起哪怕是最甜蜜的乐曲，
哪怕这乐曲最能把心灵吸引过去，
倘若与那竖琴发出的乐音相比，
也会像是划破云雾的雷鸣，
正是那竖琴为那美丽的蓝宝石套上花环，
而在那蓝宝石辉映下，天空也显得更加碧蓝璀璨。
"我就是那天使之爱，围绕那崇高的欢乐旋转，
这欢乐来自那肚腹：
我们的渴望曾在其中寄宿；
天国的贵妇啊，我将不住旋转，
而你则追随你的儿子，
并将使那最高一重天变得更加辉煌灿烂，因为你进入它的里边。"
那回旋奏响的乐曲
就这样宣告结束，

所有其他的光辉则把玛利亚的名字唱出。
那笼罩宇宙各重天体的庄严外衣,
在上帝的气息和行动规则的激发下,
变得更加沸沸扬扬,更加充满生机,
那外衣在我们上方,还有一道十分遥远的内向边际,
这就使它的形象
还不曾显露在我所在的地方;
因此,我的双眼没有力量
去追随那环形的烈焰,
它则已飞升到她的种子身旁。
犹如小儿在吃罢奶水后,
在最后外露的炽热心灵推动下,
把双臂伸向妈妈;
那些灿烂夺目的光辉都各自把光焰
向上伸展开去,
这就使我看出他们对玛利亚怀有崇高的情感。
于是,他们就停在那里,恰好在我对面,
歌唱"天后",那歌声是如此甜美,
以致那欢悦始终不曾离开我的身边。
哦,收集在那琳琅满目的箱柜内
的珍宝是多么丰富!
这些箱柜在尘世曾是播种的好农妇。
在这里,靠享受珍品而度日,
而在放逐巴比伦时则曾靠哭泣才获得这样的珍品,
在那里,曾不惜撇下黄金。
在这里,获胜的正是这样一位:
他有上帝和玛利亚的崇高之子在指引,
——旧的和新的队伍一道,大获全胜,
他把如此光荣的钥匙掌握手中。

——《神曲·天堂篇 第二十三首》

参考文献:

[1] 薄伽丘. 但丁传. 桂林:广西师范大学出版社，2008年，3~96.
[2] 但丁（钱鸿嘉 译）. 新生. 上海:译文出版社，1993.
[3] 女人任性为心理需求表现 或缘于对爱的渴求。 http://fashion.xinmin.cn/2010/08/30/6562001.html

第九章

黑衣男子

在霍利代的画中,黑衣男子是最主要的男性,与三位女性构成画面的主要人物。而当我们讨论少男少女情综时,黑衣男子代表了男性的心理特征。

一、黑衣男子

黑衣男子无疑就是但丁,好在他去世后留下了面部的石膏拓模(见第二章),使后人对他的形象进行艺术创作时基本统一,不管是油画,还是雕塑,你几乎一下就可以认出这位长相独特的意大利文化巨人。

图9.1 阿根廷罗萨里奥市的但丁雕像(Erminio Blotta,1892-1976)

第九章 黑衣男子

二、黑衣男子的表现

1. 黑衣男子服色的心理学意义

霍利代画中的男子，身着黑色外套、暗红色的帽子和鞋子，再加上黑色外套暴露出来的一角，可见其衬里也是暗红色的。

如第七章所述，黑色为无色相无纯度之色。往往给人感觉沉静、神秘、严肃、庄重、含蓄，另外，也易让人产生悲哀、恐怖、不祥、沉默、消亡、罪恶等消极印象。尽管如此，黑色的组合适应性却极广，无论什么色彩，特别是鲜艳的纯色与其相配都能取得赏心悦目的良好效果。但是黑色不能大面积使用，否则，不但其魅力大大减弱，相反会产生压抑、阴沉的恐怖感。 如图9.2、图9.3和图9.6，黑色在画面中给人以沉静与震动的感觉。

红色易使人联想起太阳、火焰、热血、花卉等，令人感觉温暖、兴奋、活泼、热情、积极、希望、忠诚、健康、充实、饱满、幸福等向上的倾向，深红及带紫色的红给人感觉是庄严、稳重而又热情的色彩。

在画里，黑色与暗红色相搭配，给人以该男子沉静、神秘、深沉、苦痛的感觉。尤其男子与距离其最近的白衣女子，呈现黑白分明的颜色对比，已经使人感觉两者泾渭分离，明暗相分，不可调和，近在咫尺，不能相融的那种苦痛。

图9.2 大地母亲（William Adolphe Bouguereau，1883）

甚至，男子的帽子、鞋子和黑色外套一角掀起所展示出的暗红色，与白衣女子手中玫瑰的红色，也是那么的不同。白衣女子手中的玫瑰是朵含苞欲放的玫瑰，只能见到花苞上一抹鲜红，似乎暗示白衣女子的青春豆蔻，或者是心智还停留在少女时期。

白衣女子手中玫瑰的一抹鲜红，又与她身边的红衣女子身上的鲜红色不同。红衣女子从上到下全部为鲜红色，显得热情洋溢，触目惊心。在画面上，红色与男子的全身黑色形成一个鲜明的对比，同时使画面的颜色搭配具有稳定和协调的作用。从心理学上看，黑衣男子与红衣女子才是真正男女成熟的性征。

2. 黑衣男子在画中的方位

在第六章，我们讨论了霍利代画中人物的布置暗合佛教金刚界曼荼罗的结构，而在颜色上看，更多地符合中国传统文化的五行方位。

图9.3　圣母玛莉亚与天使
（William Adolphe Bouguereau，1889）

按照中国传统文化的八卦五行图，水与火代表坎卦与离卦，水为黑色，火为红色，正好是画中红色衣裳的万娜夫人与黑色衣裳的但丁相对。坎水位于北，离火位于南。但是，从卦象上表现的意义来看，水火不相射，黑衣男子与红衣女子是不可能相互欣赏、相互宽容、相互接受的。

如第五章图5.22　先天八卦图，也有称作伏羲八卦方位。该图配色有问题，金为白色，为乾，在南的方位；坤为黄色，为土（地），在北的方位；水为黑色，在西；火为红色，在东。白、黄二色在霍利代的画中，都体现在贝雅特莉齐身上了。

因此，我们看到霍利代的画虽然暗合了金刚界曼荼罗的方位，但并不完全相同，在颜色上肯定有差异。如果从人物衣着的颜色上看，画中人物的位置更多地符合中国传统文化的五行方位。

图中黑衣男子的身后，是一个灯柱。这个灯柱是龙形装饰。龙在西方可不是

第九章 黑衣男子

善良之辈，往往代表恶势力。可以看到那个龙似乎还有翅膀，泛着青色。红衣女子的身旁，有一个矮矮的水车。从车的上下前后盘旋停留着鸽子来看，可以排除这车是中国南方城市现代化建设以前的粪车。这种车10年前还是可以见到的，现在几乎消失了。细长的龙形灯柱无疑类似青龙，而粗矮的水车暗类于白虎。细长与粗矮，两者形成较为明显的对比。一般按照中国传统，东方为青龙，西方为白虎；男为青龙，女为白虎。在此，不得不怀疑霍利代对中国传统的文化概念有相当深的研究，或者可以用荣格的集体潜意识论来做分析。

但是，值得注意的是，那道黄色的河堤如一把尖刀把图中的男女分了开来。在第四章，我们分析过，在画上远远可以看见佛罗伦萨的老桥，因此，这幅画所描绘的但丁邂逅贝雅特莉齐的地方，应当发生在老桥下游的圣三一桥。那河水是从画中的远处向画中四位主要人物奔流而来。虽然画中的水面看似平静，长桥卧波，倒影如镜。但那水流到近处时，可以见到暗流涌动，风险难测。提示了黑衣男子与三位女子之间横隔着难以逾越的艰难险阻。美人近在咫尺，呼吸之气相通，含情秋波传送，闻得到体香，听得见心跳，就是不可触及。此情此境，令人更增多少悲伤与痛苦。

3. 黑衣男子的痛苦

在画中，黑衣男子的左手按在胸前，或者准确地说，是心脏的前面。他是要按捺住狂跳的心，还是想要抚慰心中的痛苦？

图9.4　贝雅特莉齐死后周年祭（Dante Gabriel Rossetti，1853）

根据传说，但丁在桥头邂逅贝雅特莉齐与她的两位女伴，贝雅特莉齐向但丁婉转致意，但丁如雷轰顶，欣喜若狂。但在霍利代的画中，贝雅特莉齐对但丁视若无物，不屑一顾。因此，霍利代画中的但丁，只能是痛苦万分，左手按住心头，痛苦悲伤。图9.4 是罗塞第描绘的但丁在贝雅特莉齐死后周年进行祭奠的场景。神父身边的戴花女子，大概是但丁的新婚妻子吧。

在《新生》中，自贝雅特莉齐逝世后，但丁的悲伤从未停止，不断有诗作涌出。在贝雅特莉齐逝世一周年时，他一面思念心上人，一面在画板上画一个天使。他沉浸其中，旁边来了许多人看他绘画，他许久都不知道。[1] 接着，他诗兴大发，诗作如下（该诗的开头有两种，这是其中一种）：

秀丽的淑女来到我的心房，
悲痛的爱神为她痛哭流涕，
她在高处以她的德行和威力，
引领你们观看我工作的模样。
爱神把这番情景看在心上，
就在我破碎的心中一跃而起；
对我悲叹说："别在里面！"
于是我吐出心中蕴积的悲伤。
叹息声从胸口含泪光迸出，
而一个声音，常给我忧郁的眼睛，
带来哀伤万分的盈盈泪水。
可是其中那些最痛苦的叹息声
说起话来："睿智的人啊，今日，
你升到天国之内正好满一岁。"

4. 黑衣男子与蓝衣女子

在霍利代的画中，只有蓝衣女子与黑衣男子遥遥相对，似乎形成某种镜像。一人抬左手，一人抬右手。两人的另外一只手，都搁置在河堤墙上。最妙的是，这一男一女，一左一右。一黑衣一蓝衣的两只手，竟然是同样的姿势：中指在河堤墙缘，食指与拇指自然下垂。

黑衣男子侧身而立，由于他与蓝衣女子的身姿相对，因此，很值得怀疑黑衣男子的眼神是不是与蓝衣女子的脉脉含情的眼神正好相对。

显然，霍利代的潜意识中对蓝衣女子是情有独钟的。虽然她的位置在画中主要的四个人物的最后面，最小，最远，但画家赋予她和男主人公最为接近的行为表象，并由此衍生出两者近似的内涵。所以，不少看了画的人认为蓝衣女子才是贝雅特莉齐是有一定道理的。因为从相近的表象中人们容易得出物以类聚的感觉，或者两者才是真正的一对。

三、李商隐：无题：心有灵犀一点通

李商隐(813～858)，字义山，号玉溪生，又号樊南生。唐代著名诗人。文学史上常将他与杜牧一起称作小李杜，相当于李白、杜甫一样的诗坛大家。纵观李商隐的一生，在世时为情所累，动荡流连，心系仙山，身在魏阙，总想在仕途上有所作为，却又牵挂着心上之人，到老来一事无成，然无意插柳柳成荫，诗作却流芳百世。人们早已经忘记他那个时代的王侯将相，却依然吟咏着他的诗，仅此一点，似与但丁相似。

在最为普及的《唐诗三百首》中，收入李商隐的诗22首，占第四位，数量仅次于杜甫（38首）、王维（29首）、李白（27首）。最关键的是，李商隐有些七言诗中的句子，几乎可以说是只要是读书人，无人不知。顺手摘撷几句如下：

相见时难别亦难，东风无力百花残。
春蚕到死丝方尽，蜡炬成灰泪始干。

身无彩凤双飞翼，心有灵犀一点通。

此情可待成追忆，只是当时已惘然。

玉珰缄札何由达，万里云罗一雁飞。

深知身在情长在，怅望江头江水声。

嫦娥应悔偷灵药，碧海青天夜夜心。

芭蕉不展丁香结，同向春风各自愁。

直道相思了无益,未妨惆怅是清狂。

春心莫共花争发,一寸相思一寸灰。

图9.5　灵魂飞向天堂(William Adolphe Bouguereau,1878)

李商隐不像与他齐名的同代诗人杜牧,可以豪放地向世人宣告说:"落魄江湖载酒行,楚腰纤细掌中轻。十年一觉扬州梦,赢得青楼薄辛名。"毫不掩饰青楼楚馆,笙歌艳舞,风流倜傥,放荡不羁,快意人生的生活。从历史上看,人们都说脏唐烂汉,主要是说当时之人对性的开放与随便。而李商隐把爱情诗写得让宋明理学家们都挑不出毛病,说明了即使在那种性开放的时代,李商隐的爱情是不能够随便表达的。那么这种爱是一种什么样的爱情呢?

根据《旧唐书》的记载,李商隐一生都身陷当时的政治斗争中。晚唐的牛、李两派控制着朝政,你争我夺,权势倾轧。李商隐年轻时为牛党,后来娶李党人之女,结果两派都瞧不起他。《旧唐书》说他:"无持操,恃才诡激,为当涂者所薄。名宦不进,坎壈终身。"[2] 他一生浑浑噩噩,抑郁而死,死时45岁。由于他的诗句美,用辞生僻,含义难解,又多是没有题目,1000多年来,诠释、注解、猜测李商隐诗歌的人如过江之鲫,数不胜数。人们编出各种故事、传说和佚闻,似乎都仅是猜猜而已,[3] 大多把注意力放在他的仕途不顺之上。中国的文学评论家总是喜欢说那些诗人们所说的美人都是比喻政治上或仕途上的君王将相

第九章　黑衣男子

或提携者，是以爱情来遮挡政治意图和当官的目的。

梁启超（1873～1929）评价说："李商隐的《碧城》和《圣女祠》诸诗，讲的是什么，我理会不着，拆开一句一句叫我解释，我连文义也解不出来，但我觉得它美，读起来令我精神上得着新鲜的愉快。须知美是多方面的，美是含着神秘性的，我们若还承认美的价值，对于这种文学，便不容轻轻抹煞。"[3] 诗如其人。如果真如《旧唐书》评价李商隐"无持操"，他的诗能够美吗？能够让1000多年以后的人还对其赞叹不已吗？

认李商隐作情诗大家，定不为过。1927年，苏州学者苏雪林出版《李义山恋爱事迹考》，1947年再版时更名为《玉溪诗谜》。苏雪林以其女性独特的敏感，悟出李商隐的诗中如泣如诉的爱情之歌，确实与千古以来那些才子骚客大有不同。她从李商隐的诗中举出情肠寸断的证据亦令人惊叹。苏雪林总结说："总之，义山一生恋爱史虽有女道士和宫嫔二种人物，但女道士旋即负心，后虽重聚，对他仍甚冷淡。故义山也不甚眷恋，只有和宫嫔的一段爱情，真是非比寻常。请看他们的遇合是那样的离奇，聚散是那样的不常，情节是那样的顽艳，结局是那样的悲惨，可为千古以来文人中罕有的奇遇，情史中第一的悲剧，怎样能教他舍得不记述出来吗？但为了种种阻碍之故，只好隐约地，曲折地，将他们的一番情史，做在灯谜似的诗里，教后人自己去猜，又恐后人打不开这严密奇怪的箱子，辜负了他一片苦心，所以又特制一把钥匙。这把钥匙，便是《锦瑟》诗。"[3]

苏雪林说李商隐恋人中有女道士，似乎不容置疑的，但说有宫嫔，且是姐妹两人，其中妹妹还为皇帝生下龙种，还证据欠足。唐朝宫禁固然很乱，但李商隐以当时道士身份，得以偷情，对象不是一般宫女，更是同时偷姐妹两人，实在令人感到离谱。而且事发后，这两人为了保护李商隐不受牵连，竟然同时投井自杀，大概理想虚构的成分为多。以李商隐诗中线索，肯定的是：1）他爱上的人不可明说。说了可能有杀身之祸，或者得罪他不想得罪的人；2）他爱上的人中有道士。唐朝公主多有出家修道。就连著名的杨玉环也曾经出家后再入宫，为明皇之妃。

李商隐把《锦瑟》一诗作为自己诗集的开篇。此诗历来众解纷纭，反而无解。后人"都将这首诗代表义山的全集，都想由这首诗解决全集的诗，可惜他们对于钥匙的本身问题，先闹不清楚，也就没法去追寻箱中的宝藏了。"[3] 因此，苏雪林对《锦瑟》一诗的注解，完全按照自己的推理，并将其作为探究《玉溪诗谜》的结尾。由于其定论在先，因此，整个注解都按照其定论而走，就连锦瑟、玉盘是李商隐与情人的定情之物，都从该诗中一一考证出来。但有时，人们总是

少男少女情综
BOY - GIRL Complex

把简单的问题复杂化，其实答案很简单！《锦瑟》如下：

锦瑟无端五十弦，一弦一柱思华年。庄生晓梦迷蝴蝶，望帝春心托杜鹃。
沧海月明珠有泪，蓝田日暖玉生烟。此情可待成追忆，只是当时已惘然。

《锦瑟》一诗可以说是总结了李商隐的一生，代表其一生。该诗词句之美，韵律之和谐自不必说，除此之外，还是一个对过去之情的追忆，一种无奈，一种迷惑，一种痴情，一种哭泣，一种悲伤，一种后悔，几乎没有爱情的甜蜜。

关于锦瑟五十弦的典故，人们都引用《史记·封禅书》："太帝使素女鼓五十弦瑟，悲，帝禁不止，故破其瑟为二十五弦。"足见，五十弦的锦瑟是极悲的，该诗的悲伤主题因此非常明确。首句就问为什么锦瑟要有五十弦，而不是二十五弦，或者其他数目的弦？换句话说，是悲叹此生为什么如此痛苦。太帝都因其太悲而破五十弦瑟为二十五弦，而作者一生仍然如五十弦瑟之悲歌。后一句"一弦一柱思华年"，把每一弦柱比喻为一个相思时年，描述的是年复一年的相思痛苦，嫌时间太长，

《锦瑟》的颔联写了困惑（庄生晓梦）与痴情（望帝春心），颈联写了月夜的哭泣和白日的迷茫。显然在一男一女（或者是多女）的恋爱中，有人犹疑，有人坚定；有人茫然，有人哭泣。最后尾联中，说出了这一感情已经过去了，只是追忆之中，后悔当时的惘然迷茫。失去了才更觉珍贵。显然李商隐一生都在为这个失去的感情而痛苦地追忆，后悔当时没有正确选择，以致今日只有追忆、悲伤和痛苦！《碧城三首》中，可以读到这位尊贵、华丽和雍容的女子是如何的富丽堂皇，如何的娇娜冷艳，如何的风流不羁，如何的生出龃龉，如何的别有所爱，最后让鄂君（诗人）怅望独眠。

碧城十二曲阑干，犀辟尘埃玉辟寒。阆苑有书多附鹤，女床无树不栖鸾。
星沉海底当窗见，雨过河源隔座看。若是晓珠明又定，一生长对水晶盘。

对影闻声已可怜，玉池荷叶正田田。不逢萧史休回首，莫见洪崖又拍肩。
紫凤放娇衔楚佩，赤鳞狂舞拨湘弦。鄂君怅望舟中夜，绣被焚香独自眠。

七夕来时先有期，洞房帘箔至今垂。玉轮顾兔初生魄，铁网珊瑚未有枝。
检与神方教驻景，收将凤纸写相思。武皇内传分明在，莫道人间总不知。

第九章　黑衣男子

　　值得注意的是，这三首诗被认为属于李商隐最美也最难懂的诗。诗中提及琴瑟（湘弦）、珠（晓珠）、玉（楚佩）和盘（水晶盘），这些都是《玉溪诗谜》中被认定的李商隐与宫嫔的定情之物，并且从《锦瑟》中举证出来，但《玉溪诗谜》认为这是李商隐与女道士宋华阳的爱情。诗中讲述了两人爱情的生变、猜疑和分手。似乎作者始终对情人放心不下，疑其另有新欢。

　　李商隐《龙池》："龙池赐酒敞云屏，羯鼓声高众乐停。夜半宴归宫漏永，薛王沉醉寿王醒。"非常形象地描绘了情人中的忌妒猜疑。寿王是唐明皇的儿子，杨玉环则是他的妻子。没有想到父亲唐明皇看上杨玉环，令其出家，先为女道士杨太真，后再入宫，成为杨贵妃。诗中写了唐明皇召集儿子们饮酒作乐，其他儿子都尽欢而醉，独有寿王，心知父亲图谋不轨，想要占有自己的妻子，有苦难言，暗中清醒。此诗与《碧城三首》的最后一句遥相呼应。"武皇内传分明在，莫道人间总不知。"这个武皇就是大名鼎鼎的唐明皇。诗人以此告诉情人，别以为你移情别恋，人无所知。

　　回头再读《锦瑟》，就可以想象李商隐当初酸刻地指责其情人的移情，可能后来发现其实并非如此，但后悔莫及，痛苦哀伤，已经晚矣！于是他度日如年，但觉人生太长。既然李商隐将《锦瑟》作为其诗集首开卷，说明这诗的完成基本在其诗集已经完成之时，并且诗人已经深为当时的年少孟浪感到后悔痛苦。他认为这诗能够代表其一生总结，才做如此安排。

　　拜伦的诗说：[4]

　　爱情对男子不过是身外之物，
　　对女人却是整个生命。男人可以
　　献身宫廷、军营、教堂、海船、市场，
　　有剑和袍，财富和光荣不断更替，
　　骄傲、声名、雄图，充满了他的心，
　　更有谁能永远占据他的记忆？
　　男人门路很多，而女人只有一法，
　　那就是爱了再爱，然后再受惩罚。

　　与但丁一样，李商隐的仕途没有更大的前景。他们那种无法公开，甚至不能够明白表达的爱情，最终化作诗情诗兴，化为如泣如诉的滴血文字，给予后人无限回味和美感。为情所伤，古今中外，莫不如此。

四、少男少女情综之四

但丁对贝雅特莉齐之恋实际上是少男之恋的一个典型情综：青春发育前期对异性的崇拜，纯洁的无性之爱在体内的沉淀、蓄积和升华。

1. 定义

少男情综与少女情综不同，只有一种。这是性别的生理差异造成的。

典型的就是但丁对贝雅特莉齐的爱恋：少男心中仰慕的女神，崇高、纯洁、无人可比、高不可攀。那是少年成长过程中逐步建立起来的圣洁形象，也可能是人类发展史上对女性崇拜的一种堆积、沉淀和升华，代代积累、代代进化和代代遗传而来。

这一圣洁的偶像可能与荣格所说的集体无意识有关。未经世事的少男，受到几千年民族文化的洗礼和熏陶，也有父亲、母亲、姐姐与妹妹的影响，更有本能的作用，使他们的心中建立起女性的偶像，近之怕玷污，捧之怕弄碎，亲近怕亵渎。由此，一条界限横在他们与偶像之间，或者说敬而远之，是他们得出的最佳办法。

说这种情综是圣洁的，是说它完全是脱离肉欲的。如但丁在《神曲》中描述的，他把那引起贪图肉欲的前人，都放在地狱的第二层。当听到佛兰切丝卡讲述她的爱情过程时，他竟然昏倒在地。这在但丁的整个地狱旅程中，是唯一的一次。可见但丁对肉欲之爱有着如何强烈的反应和排斥。

2. 分析

（1）眼神：

面对三种不同的女子，霍利代画中的黑衣男子但丁用眼睛直愣愣地盯着白衣女子。尽管红衣女子夸张地暴露出女性极具魅力性征的胴体，并毫不掩饰地挑逗着黑衣男子；蓝衣女子含情脉脉，以女性的温柔，默默地注视着黑衣男子；但黑衣男子却视其他女子如无物，似乎眼前只有白衣女子。

在霍利代的画中，由于黑衣男子是侧面的，看不见他的眼神是怎样的，但是，从白衣女子低头目不斜视的情景，我们可以感受到黑衣男子的眼神是多么的火辣和咄咄逼人。当然，我们也可以感觉到黑衣男子的眼神是崇拜、仰慕、痴迷和无奈！

（2）手按胸前

在霍利代的画中，黑衣男子的左手紧紧地按在心前区，表现了长久思念带来的痛苦。思念之痛产生肉体之痛。相信每一位恋爱中人都会有此体会。尤其是爱之愈深，却得之不到，这种痛楚，如刀剜心。

第九章　黑衣男子

（3）站立不能

前面章节我们有提到，黑衣男子放在堤墙上的手与蓝衣女子几乎一样。但是，黑衣男子的手在霍利代的技巧下可以明显看出是着力的，而不是像蓝衣女子那样只是搁着、轻放而已。在画中，我们可以看到，黑衣男子的重心是由右手支撑的。

为什么如此？见到心中的爱人，那种激动、狂喜、胸闷气喘、欣喜若狂，以致他站立不住，不得不用手撑住身体。这种情景往往都表现为初恋行为，或是爱恋之切，铭心刻骨。

（4）不可逾越的界线

但是，那堵尖利的黄色堤墙，横亘在男女之间，恰恰如利剑把男与女分开，暗示了他们之间的悲剧结果，同时也表现了少男少女之间盘根错节的情综，一般都是没有好结果的。因为，理想的多，现实的少。

3. 但丁的爱情：骑士之恋

后人多不太明白但丁为什么会对一位并没有多少了解的女孩产生那样一种爱恋，因为人们津津乐道这位多情的男子只见过她两面。人们道听途说地对但丁的爱情添油加醋。看网上的文字，我们可以读到后人已经把但丁与贝雅特莉齐的恋爱是如何误解、误传，并上升到了怎样一个理想的、神化的高度，或从另一个侧面反映了世人对爱情的憧憬。[5]

诗人、哲学家克尔凯戈尔说："许多人……会由于一个姑娘成为一个诗人，会由于一个姑娘成为一个道德高尚的人。"但丁九岁时，遇见了同是九岁的贝雅特莉齐。这一邂逅，使"九"这个数字染上了神异的色彩，恰如"五"之于香奈儿。九年后的他们再次相遇、分别。他在他人生的第三个九年创作了温柔的《新生》。在这本散文与诗歌的合集里，但丁记叙了他从邂逅贝雅特莉齐到她去世后的感情起伏。

用言情的眼光看《新生》，连标点都洋溢着爱慕，连绵的，甚至是笨拙的。名人的爱情故事永远都是人们津津乐道的话题。从《新生》可以感觉到：但丁并不爱贝雅特莉齐，至少不是我们所说的"天长地久"的爱情。贝雅特莉齐只是但丁使用的一个符号。

贝雅特莉齐，我们不知道她真实的名字。"贝雅特莉齐"是仰慕她的人对她的称呼。"降福的女人"——这也许是但丁的意图，他将为如此的荣名而创作。她是他生命的过客，诚然，她是美丽的，也许曾在一刹那间抓住过但丁的心。但是，但丁在整篇《新生》中缩减了她的美丽。我是说，他对贝雅特莉齐之美的描写是空的。邂逅，他写了"高雅"的"与她年龄很相称"的"朱红色衣服"，以及她的落落大方。他写了他的感觉。没有更多了。我的脑中没有她的形象。她去世后，他看到了她的幻象："穿着一件深红色的衣服……十分年轻。"没有更多了。接着他开始谈他对理性的崇奉以及他的信仰。文章里，他的文字轻轻触及她的眸子与唇；他用一句话封笺："我女郎的懿行淑德，就在这里。"他所流连的，是她的"疾恶如仇"、"极为高洁"的品行；他多是强调他自己的感受。即使他也描写了她"珍珠一般洁白"的肤色，她给我的印象却不是洋溢着人文色彩的丰腴之美，而是神色谦微、肤色苍白的"Dark Ages"的女子的典范。这让人产生一种感觉：他在小心翼翼地填补素材的空白，小心翼翼地雕饰着他心目中"神性的化身"，为了浇注他的炽热的情感。

从但丁的爱情诗《新生》来看，似乎这是一个误解。而从佛罗伦萨不论在当时来看是多么繁荣热闹的文明中心，以现在的眼光来看，也只是一个小城市。人们抬头不见低头见。何况但丁当时在城里是政治家，后来家族也是有名的商业大贾，不可能不参与社会交际，而有机会与其心上人经常见面。何况作为相思者，不可能不对自己爱恋的女子多加打听，尽量与她见面。其实《新生》中明确记载了但丁与贝雅特莉齐的一位至亲"论交情，他算得上是我的第二个知己"。[《新生》 P92]

不管发生什么，但丁在贝雅特莉齐去世后，对她的思恋越来越强，最后写出了影响世界文化的《神曲》。

但丁的爱情，在9岁时就开始，不能公开，明知没有结果，却始终不渝，即使所爱的人已经成婚，仍然坚持不放。这种爱被称作"骑士之恋"（courtly love）。[6]

"courtly"一词的原意是：尊严，雍容有礼，彬彬有礼，谦恭的，恳挚的……"courtly love"这一词组，欧洲在12～13世纪时用来命名当时的一种时尚的爱情。这种爱情是在骑士与贵妇人（通常是结过婚的）之间理想化的爱情。它有着不同的翻译，如：骑士之爱、优雅之爱、宫廷之爱、典雅之情、谦恭之爱……

这种骑士之恋往往是秘密的、无回报的和高度崇拜敬仰、谦恭卑敬的，而且对方并不知晓的。或者明明知晓却装作不知晓，因为一旦知晓，发展成双方的恋情，这种爱情就不能称作骑士之恋了。

骑士之恋的流行，始于11世纪，兴盛于12～13世纪，消退于1348年欧洲黑

第九章　黑衣男子

死病（鼠疫）流行时期。它最初出现于法国南部的游吟诗人的诗歌之中。他们骑马到处巡游，用奥克语（普罗旺斯方言）演唱情歌、牧歌、小夜曲、晨歌、感兴诗、辩论诗，内容以抒发爱情为主，后来传往意大利，慢慢又向欧洲其他地区传播。

当时在意大利的文化圈里掀起了一场诗歌变革，称作婉约新风尚(Sweet New Style，意大利文：Dolce stil novo)的运动。但丁是代表人物之一，无疑《新生》是其代表作。学者认为，《新生》中对贝雅特莉齐的爱恋的描写，可能是这种文体中最为生动和最具有柏拉图精神恋爱的性质。[7]

图9.6　但丁与维吉尔在地狱所见

但丁对爱情的神圣化，在《神曲·地狱·第五首》之中，还可以窥及一斑。在维吉尔的引领下，他们在地狱的第二环中看到了历史上著名的贪图享受肉欲者们正在受着地狱的惩罚。那些幽灵随风飘荡，惨痛呼叫，哭声震天。

正像紫翅鸟的双翼
把它们一群群带入寒风冷气，
那狂风也同样使这些邪恶的阴魂
上下左右不住翻腾；
他们永远不能抱有任何希望：
哪怕只是希望少受痛苦折腾，而不是停下不飞。
正像空中排成长列的大雁，
不住发出凄惨的悲鸣，
我所目睹的这些凄厉叫苦的幽魂
也同样被那狂风吹个不停；
因此，我说道："老师，这些是什么人？
他们被那昏暗的气流折腾得如此惨痛！"
"你想知道这些人的情况"，
我的老师于是对我说，
"其中第一个就是那位统治多国人民的女皇。
她是如此糜烂荒淫，
甚至她的法律也定得投其所好，
以免世人唾骂她的秽行。
她就是塞米拉密斯，观看史书，
可知她是尼诺之妻，还继承了他的王位，
她当时掌管的疆土就是苏丹今天统辖的国度。
另一个女人是为了爱情而自寻短见，
她毁弃了忠于希凯斯骨灰的誓言；
接踵而来的则是淫妇克丽奥帕特拉。
你看，那是海伦，为了她，
多少悲惨的岁月流逝过去；你再看伟大的阿喀琉斯，
为了她，他一直战斗到死。
你看，那是帕里斯，还有特里斯丹"；
老师向我指点一千多个阴魂，一一叫出他们的姓氏，

第九章　黑衣男子

正是爱情使他们离开了人世。
由于我听到我的老师说出
这些古代贵妇和骑士的姓名，
怜悯之情顿时抓住我的心灵。

看到这些，但丁几乎要晕厥过去。一对比翼双飞的男女吸引着但丁的注意，他们随风飘荡，似乎身轻如燕。维吉尔同意但丁与他们接触。但丁说：

"啊！备受折磨的幽魂啊！
倘若别人不反对，请到我们这边来叙谈一下！"
犹如两只被情欲招来的鸽子，
心甘情愿地展翅翱翔天际，
随后飞回到甜蜜的窝里；
这一对脱离了狄多所在的那个行列，
透过那黝暗的气流飞到我面前，
随之而来的一声呼叫是如此响亮而亲切。
"啊！慈悲而和善的灵魂！
你在昏天黑地中游荡，
来拜访我们这用鲜血染红世界的一双，
如果宇宙之王对你友好，
我们愿求他保佑你平安无恙，
因为你对我们的邪恶之罪抱有恻隐心肠。
你们喜欢听什么，谈什么，
只要狂风像现在这样减弱，
我们都会与你们攀谈，向你们诉说。
我诞生的那片土地坐落在海滨，
波河及其支流倾泻入海，
随即变得平波如镜。
是爱迅速启示我那高贵的心灵，
使我得知他爱上那美丽的身躯，
但这身躯却被人无情夺去，至今我为此仍不胜歔欷。
是爱不能原谅心爱的人不以爱相报，

他的英俊令我神魂颠倒,
你可以看出,至今这爱仍未把我轻抛。
是爱使我们双双丧命。
该隐正在等待那杀害我们的人。"
他们把这些话语讲给我们听。
听罢这双受害幽魂的诉说,
我不由得把头低低垂落,
这时,诗人对我说:"你在想什么?"
我答道:"咳!多么缠绵的情思,
多么炽烈的欲火,
这使他们犯下惨痛的罪过!"
接着我又转向他们,开言道:
"佛兰切丝卡,你的不幸遭遇
令我伤心怜惜,泪流如注。
但是,请告诉我:当初发出甜蜜的叹息时,
爱是用什么办法,又是以怎样的方式,
使你们洞悉那难以捉摸的情欲?"
她于是对我说:"没有比在凄惨的境遇之中
回忆幸福的时光更大的痛苦;
你的老师对此是一清二楚。
但是,既然你如此热切地想知道
我们相爱的最初根苗,
我就说出来,那个正在哭泣的人儿也会直言奉告。
有一天,我们一道阅读朗斯洛消遣,
我们看到他如何被爱所纠缠;
当时只有我们二人,而我们也并无任何疑虑之感。
我们一起阅读这部著作,
这使我们情不自禁多次含情相望,面容也为之失色;
但是,其中只有一段令我们无法解脱。
就在我们阅读时,那被他渴求的、嫣然含笑的嘴唇
终于得到这如此难得的情人的亲吻,
正是此人,我与他永远不会离分,

第九章　黑衣男子

他的嘴亲吻我，浑身抖个不停。
这本书和书的作者就是加列奥托：
那一天，我们再也读不下去了。"

图9.7　但丁听完佛兰切丝卡的故事后晕倒在地

当佛兰切丝卡在说她与情人的故事时，那位情人的幽魂则在不住哀啼，但丁不胜怜惜，哀肠寸断，"我蓦地不省人事，如同突然断气。我晕倒在地，好像一具倒下的尸体。"但丁在地狱里，见到那么多血淋淋的谋杀、强暴和横死的魑魅鬼魂，都没有像见到这对死后肉体仍然紧紧纠缠在一起，比翼双飞，任凭风暴把他们刮向四面八方的情人那样，晕倒在地。这充分说明了这两个对肉体爱恋如此之深的情人，对但丁的刺激有多大。虽然但丁崇尚的是心灵之恋、精神之恋，但肉体的爱恋却是如此的重要。从《新生》中，我们读到，作者并没有因为对贝雅特莉齐的透骨之恋，而放弃肉体之恋。显然这种肉体之欲，对但丁来说是深恶痛绝的。贪图肉欲者在地狱之中承受巨大的痛苦，并永无止境地受着煎熬。但丁不仅将那些悲惨的画面展示给世人，同时，对自己也一定是给予了强烈的警告。因为他并没有放弃肉欲。犹如我们在前面章节写到的，宋玉嘲笑登徒子好色，只是与其貌不扬的妻子生下五个孩子。而但丁也是有子女的。可见，但丁对于肉欲和情欲的看法是有所区别的。在拥有骑士之恋，或说柏拉图之恋的同时，他并不排除生理的需要和肉欲。

4. 但丁的爱情：柏拉图之恋

但丁生活的时代，柏拉图之恋还没有真正的作为一个术语被提出来。当时流行的只是骑士之恋。我们要进一步阐述我们的主题，不得不进一步地了解柏拉图之恋。

柏拉图之恋准确地说可能是苏格拉底之恋，其理论最主要的是表现在柏拉图记录苏格拉底言行的文章《会饮篇》（Symposium）中。

《会饮篇》是柏拉图在公元前385～公元前380年编写的著名的《对话录》中的一个篇章。在整个欧洲的文明史上，苏格拉底、柏拉图和亚里士多德可以说是建立了欧洲文明的基本思想，就像中国的老子、孔子和孟子。

柏拉图是苏格拉底的学生，亚里士多德的老师。不像老子还留下了五千字的《道德经》，苏格拉底一字未留。我们今天只能通过后人对他的评述来了解他的思想，其中最重要的就是柏拉图的《对话录》。这本书相当于孔子的学生编辑了《论语》记载孔子的教导。

《会饮篇》记录了2000多年前在雅典的悲剧作家阿加申（Agathon）的家中举行的一场宴会。每一个出席的人都被要求对爱神（古希腊神话中是厄洛斯，古罗马神话中是丘比特）吟诵一段赞美诗，演说爱神的伟大。《会饮篇》讨论了爱情的起源、目的和属性。值得注意的是，柏拉图并没有出席这场流传百世的宴会，他是根据阿波罗多洛（Apollodorus）的叙述，记载了这场讨论。阿波罗多洛本人也未到场，他是听阿里司托得姆叙述的。因此，更准确地说，《会饮篇》应当是柏拉图自己的观点，甚至可能是他自己编撰的故事。所以，后人把《会饮篇》所提倡的爱情观命名为柏拉图之恋。[8]

出席宴会的有七个人，他们是：

斐德罗（Protagonist），在《对话录》的其他篇章中也曾出现。

鲍萨尼亚（Pausanias），一个法学家。

第九章　黑衣男子

厄律克西马库（Eryximachus），一个医生。

阿里斯托芬（Aristophanes），一个杰出的喜剧家，不断成为公众的谈论话题。他是人们公认的喜剧天才，还经常从古典的希腊神话中提取素材，创造出大量同性恋或异性恋的讽刺作品。

阿伽松（Agathon）：他可以被看作是自我意识的诗人，遭到苏格拉底的善意嘲笑。

苏格拉底（Socrates）：宴会出席人中的长者，对爱情做了最重要的演说。而他的思想来自一位女先知狄奥提玛（Diotima）。这位先知生活在希腊南部古城曼提尼亚(Mantinea)。在古代的文献里只有柏拉图提到她。有人认为她是柏拉图虚构的，但是，《对话录》中的其他所有人物，都能够在当时的社会中找到相应真实存在的人。

阿尔基比亚德（Alcibiades）：雅典公民，苏格拉底的情人，很迟才到，一味地称赞苏格拉底。

斐德罗第一个发言。他认为：

爱是伟大的神，最古老的神，没有父母。也就是说，爱与天地共存。

爱是人类一切幸福的最高源泉。

没有什么幸福可以比得上做一个温柔的、有爱情的人；或者对有爱情的人来说，做一个被爱的人最幸福。

真正相爱的人可以为对方牺牲自己的生命。

斐德罗最后宣称："爱是最古老的神，是诸神中最光荣的神，是人类一切善行和幸福的赐予者，无论是对活人还是对亡灵都一样！"

鲍萨尼亚第二位发言，他不赞成斐德罗只是一味地对爱神进行赞美，因为爱不仅只有一种，他认为：

爱有两种。年长的爱神来自苍天本身，是天上的爱；年轻的爱神是宙斯与狄俄涅所生，是地上的爱。

属天的爱是纯洁的爱，与女性无关的爱，更喜欢强壮与聪明的人。属地的爱，是世俗的爱、肉欲的爱，关注的只是肉体，而非灵魂。实际上，身为法学家的鲍萨尼亚更加赞美对男性的爱。

法律应当对鼓励的爱与禁止的爱作一明确区分，以规定应当追求哪些爱，避免哪些爱。过分迅速地接受情人是不道德的，爱情应当接受时间考验；出于金钱和政治上的考虑，或者害怕威胁人是不道德的。因此，在同意接受爱情前，要考虑两条法律，一条涉及爱男童，一条涉及追求智慧和其他美德。

鲍萨尼亚最后宣称:"年轻人在各种好处的诱惑下接受爱情是不道德的,因为作为动机的这些东西都不是确定的或持久的,肯定不能产生高尚的友谊!"属天的爱,对于国家与个人都弥足珍贵,约束着爱他人与被爱,要求人们最热诚地注重道德方面的进步,其他的爱都是属地的爱。

厄律克西马库第三位发言,他承认鲍萨尼亚对爱情的两种区分,只是开头很好,结论不对。他认为:

除了把人的灵魂吸引到人的美上去,爱还有其他许多去爱、被爱与爱的对象之分,爱还可以追溯到动物的生殖与植物的生长。不论是神圣的爱,还是世俗的爱,爱的威力适用于一切类型的存在物。爱的威力是伟大的、神奇的、无所不包的。

身体的各种性质都包涵着两种不同的爱:健全、健康的欲望和邪恶、淫荡的欲望。医学可以说成是研究身体爱什么的学问,或者说医学研究的是欲望,什么是有害的欲望,什么是健康的欲望。鼓励健康的欲望,排除邪恶的欲望,那就是医生要做的事。医学只受爱神的指导,农艺与体育也是这样,音乐就更是明显了。"医学的技艺使身体产生和谐,所以,这种和谐要归结于音乐的技艺,它是音乐之间的爱和同情的创造者。因此,我们也可以把音乐说成是一门爱的学问……爱与谐音和节奏相关。"

厄律克西马库最后宣称:"爱的威力是完整的、多方面的、强大的,甚至可以说是无所不包的。但仅当爱,无论是天上的爱还是人间的爱,它的运作是公正的、节制的,以善为目的的时候,爱才能成为最伟大的力量。爱赐给我们各种欢乐,通过爱我们才能在与他人的交往中获得快乐。当然了,我们凡人能与我们的主人诸神结成友谊也是通过爱!"

第四位发言的是阿里斯托芬,古希腊杰出的喜剧家,插科打诨是其特长。作为喜剧诗人本来就是要逗人发笑,因此他不在乎别人怎么笑,但是害怕那种极端的荒谬可笑。阿里斯托芬用他的喜剧天才,诉说如下:

男人是太阳生的,女人是月亮生的,第三种人是由具有两性特征的月亮所生的阴阳人。最初的人是圆形的,如现在人的两半合在一起。因为他们想大闹天宫,天上诸神决定把他们砍成两半,即削减他们的力量,又增加人类的数量,使诸神的祭祀增加双倍。被诸神分开两半的人,经常想念他们的另一半,因此,就发生了男、女同性恋,而阴阳人的两半就是异性恋。

阿里斯托芬认为人类从来就没有真正认识到爱的力量。他宣称:当被众神分成两半的人"幸运地遇见他的另一半时,双方怎么会不沉浸在爱慕、友谊和爱情之中呢？对他们来说，哪怕是因为片刻分离而看不到对方都是无法忍受的。尽管很难说他们想从对方那里得到什么好处，但这样的结合推动着他们终生生活在一起，在他们的友谊中，那些纯粹的性快乐实在无法与他们从相互陪伴中获得的巨大快乐相比。他们的灵魂实际上都在寻求某种别的东西，这种东西他们叫不出名字来，只能用隐晦的话语和预言式的谜语道出。""我想说的是全体人类，包括所有男人和女人，全体人类的幸福只有一条路，这就是实现爱情。通过找到自己的伴侣来医治我们被分割的本性。"

阿伽松第五位发言。他认为：

首先，爱神是最年轻的；其次，爱神是最娇嫩的；第三，爱神是最柔韧的。如荷马史诗："她步履轻柔，从不沾地面，只在人们的头上行走。"如果她并不柔韧，如何能使人们卷入无限的爱情风波？

爱情美丽、正义、勇敢，而且有节制，具有非凡的创造力。万物皆靠爱的创造能力诞生和生长，并创造所有的美德。阿伽松宣称："爱神是我们的领袖和舵手，是我们的指路人和保护者。她是天地间最美丽的装饰，是最高尚、最可亲的向导。我们大家必须跟着她走。我们要放声高歌，赞美爱神，并让这和美的歌声飞上天空，使可朽的和不朽的心灵都皆大欢喜。"

苏格拉底第六位发言，这位西方最伟大的哲学家，用诱导、询问和推论的方式，对爱情做了重要的总结：第一，爱是对某种事物的欲望；第二，人们所爱的事物总是他们缺乏的。爱既非美，亦非善。

苏格拉底宣称，他对爱的见解原来也与阿伽松一样，但是，来自曼提尼亚的一位妇女狄奥提玛向他传授了什么是爱的真谛。

狄奥提玛说，爱介于有知与无知之间，他的父亲充满智慧与资源，而他的母亲却缺乏智慧与资源。爱这种人人皆知的，能迷倒所有人的力量包括各种对幸福

图9.8　苏格拉底

与善的企盼。爱的行为就是孕育美,既在身体中,又在灵魂中。而这种孕育是人的神圣的生育天性。爱就是对不朽的企盼。可朽的人追求不朽的性质,就是依靠生育。只有通过生育,凡人的生命才能延续与不朽。有爱情的人企盼善能够永远归自己所有,从而推论,人类一定会像企盼善一样企盼不朽。也就是说,爱就是对不朽的企盼。

图9.9 肉欲与智慧之恋的争夺

狄奥提玛说:"我们中的每一个人,无论他在干什么,都在追求无限的名声,想要获得不朽的荣誉。他们的品格越高尚,雄心壮志也就越大,因为他们有爱,所以永恒。"

狄奥提玛还向苏格拉底传授了如何一步步地养成高尚的爱。首先,他可以爱上美丽的形体,但不能过早地献身于他,而是把欲望转向高尚的目标。其次,他应当思考身体的美如何与其他的美相联系。如果他过分地沉醉于形体美,就会把自己的眼光限制在某种局限的、狭窄的、渺小的地方。第三,他会渐渐地把心灵美看作比形体美更重要,发现各种美之间的联系贯通。第四,这时他就会在美的汪洋大海遨

第九章　黑衣男子

游，凝神观照，沉思冥想，产生最富有成果的心灵对话，产生最崇高的思想，获得最丰富的哲学丰收。"苏格拉底，到了这个时候，他那长期辛劳的美的灵魂会突然涌现出神奇的美景，这种美是永恒的，无始无终，不生不灭，不增不减，因为这种美不会因人而异、因地而异、因时而异。它对一切美的崇拜者都相同。"

正当苏格拉底慷慨激昂地讲述完他心服口服、无限崇敬的狄奥提玛的爱情理论，受到在座众人的热烈欢呼和鼓掌时，门外一片喧哗，阿尔基比亚德烂醉如泥地进来，说是要为阿伽松庆贺。当阿尔基比亚德一看见苏格拉底坐在阿伽松的旁边，不由醋意大发，咆哮如雷。伟大的苏格拉底对阿尔基比亚德这个情人，就像今天的丈夫看见忌妒的老婆一样，爱得深，闹得亦不轻，怕得发抖，不得不请求阿伽松的庇护。大家说笑着，添酒加菜，重新落座。阿尔基比亚德成了第七位发言者。阿尔基比亚德说：

这个世界上只有苏格拉底使他有羞愧感。苏格拉底表面上对漂亮的人非常多情，围着他们转，向他们献殷勤，好像非常崇拜他们，实际上苏格拉底非常藐视他们，也经常诅咒那些大多数人羡慕的财富和名誉。阿尔基比亚德当着众人说出了他曾经如何千方百计地勾引苏格拉底，甚至与他同床共眠，用言语挑逗他，用身体搂抱着他，但是，苏格拉底都坐怀不乱，无动于衷，就如父亲与兄长一样。

后来，他们一起上战场，苏格拉底坚忍勇敢，不仅救了亚西比德一命，还把奖励让给了他。阿尔基比亚德赞美苏格拉底是古今无双的人物，今后也不会再有这样的人。还有许多年轻人也与他一样深受其害，一开始以为自己被苏格拉底追求，后来发现是他们在追求并深深爱着苏格拉底。在他平凡可笑的言辞里包含着十分圣洁的思想，其中充满着美德，把人引向最崇高的目标。

众人欢笑着，诙谐地说笑他们之间的爱情与友谊。众人皆醉时，苏格拉底还与阿伽松、阿里斯托芬讨论为何悲剧诗人同时可以是喜剧诗人。天快亮时，只有苏格拉底仍然清醒。他把大家安顿好，让大家睡得更舒服些，自己去洗了个澡，又继续一天的工作。[9]

值得注意的是，《会饮篇》的最后陈述，七位主人公中，苏格拉底年龄最长，但是，当其他人都坚持不住，昏昏睡去时，苏格拉底仍然精神抖擞，开始了新一天的工作，次日晚间才休息。这表明了作者柏拉图对苏格拉底的生活态度与生活方式的赞赏。

据学者们研究，"追求心灵沟通，排斥肉欲"最早由马西里奥·斐齐诺于15世纪提出，称其为柏拉图式的恋爱。但实际上，但丁在14世纪已经追求这种恋爱方式，并充分体现在他对贝雅特莉齐的爱恋上。那么为什么柏拉图的思想要到文艺复兴后才受到西方提倡呢？这里面有西方历史原因。

从公元5世纪西罗马帝国灭亡到15世纪意大利文艺复兴，被西方历史称作中世纪。古希腊和罗马文明都被经院哲学打入冷宫。幸好公元8世纪，阿拉伯语的学术界就已掌握了亚里士多德主要的学术著作、新柏拉图派主要的注解、格林医学著作的绝大部分，还有波斯——印度的科学著作。阿拉伯语对波斯语、叙利亚语、梵语和希腊语的翻译最终令古希腊、古埃及古巴比伦文化得以保存下来。而西方社会对古希腊文化的了解，最初绝大部分是来自于阿拉伯人的译著。

历史学家形容伊斯兰教在近东及西方文化发展史中所起的重要作用，是这样说的："这种文化是由一条溪水养育起来的。这条溪水发源于古代埃及、巴比伦、腓尼基和米迪亚，然后注入希腊，又以希腊文化的形式，倒流回近东；再由近东流向西西里岛与西班牙，重新流回欧洲，给欧洲文艺复兴以极大的推动力。"[10]

英国历史学家汤因比在他的名著《历史研究》中说："在伊比利亚半岛的穆斯林被完全驱逐和消灭以前，他们的文化就已经为战胜他们的敌人服务了。西班牙的穆斯林学者们对中世纪西方基督教的学者们所建筑起来的哲学大厦在不知不觉中作出了贡献。古代希腊哲学家亚里士多德的有些作品也是首先通过了阿拉伯的译本达到西方基督教世界的。西方文化所受到的许多东方影响，本来人们认为是由于十字军侵入叙利亚地区的缘故，事实上也是经过伊比利亚半岛的穆斯林那里来的。"阿拉伯人在西班牙的统治直至1492年，有700多年历史。12世纪西方学者阅读的有关古代希腊的著作，绝大多数都是从阿拉伯文翻译成拉丁文的。[11]

恩格斯说：但丁是中世纪最后一个诗人，又是文艺复兴最早的一位诗人。但丁承接着西方两个重要的历史时期。似乎他的爱情生活也是如此。但丁生活的意大利本身就是古罗马的一部分。我们不能排除他是否有读到民间私下收藏的柏拉图的书。即使没有读到，他也在潜意识里，发扬了古希腊罗马的文明。而这一文明，至今还是西方文化的基础。

我们还是引用但丁《神曲》中的诗句来结束本章：

爱欲，不容被爱者不去施爱。

猛然借此人魅力将我掳住。

你看，他现在仍不肯把我放开。

爱欲，把我们引向同一条死路。

《地狱篇·第五首》

参考文献：

[1] 但丁（钱鸿嘉译）. 新生. 上海译文出版社，1993. 1~117.

[2] 《旧唐书》卷一百九十下 列传第一百四十

[3] 苏雪林. 玉溪诗谜. 上海:商务印书馆 1947

[4] 拜伦（查良铮译）. 堂璜. 人民文学出版社，1998，194.

[5] 《新生》读后感. http://hi.baidu.com/%B9%A4%B4%F3%BA%A6%B3%E6/blog/item/81519e353b6771bdd1a2d362.html

[6] Platonic love. http://en.wikipedia.org/wiki/Platonic_love

[7] Dante and his Divine Comedy in popular culture. http://en.wikipedia.org/wiki/Dante_and_his_Divine_Comedy_in_popular_culture#Visual_arts

[8] Symposium (Plato). http://en.wikipedia.org/wiki/Symposium_(Plato)

[9] 柏拉图（王晓朝译）. 柏拉图全集第二卷. 人民文学出版社，2003，205~269.

[10] 希提. 阿拉伯通史. 北京:商务印书馆，1979

[11] 汤因比. 历史研究. 上海:人民出版社，1997

第十章

少男少女情综

经过前面九章的分析讨论，本章就少男少女情综做一总结。

一、定义

情综（Complex），常常也译作情结。荣格给出的定义为："情结是由于创伤的影响或者某种不合时宜的倾向而分裂开来的心理碎片。如联想实验所证明的那样，情结干扰意志意向，搅乱意识过程。它们起骚扰记忆和阻碍一连串联想的作用。它们能在短时间里围困住意识，或者用潜意识影响言谈与行动。简言之，情结的行为有如独立体，有如一个尤其在非正常的思想状态下十分明显的事实。"[1]（《心理结构与动态》，荣格全集，第8卷，第121页）

少男少女情综是指在个体性心理发展的潜伏期（The latency stage，一般认为女性为6～11岁，男性为6～13岁）阶段男、女性个性心理发展的一种特征。这一阶段个体的性心理发展，可以影响其终生的性观念和性行为。由于本书以但丁与贝雅特莉齐的传奇故事作为典型案例，并根据以此故事为题材所绘的一幅著名油画作为分析线索来阐述这一情综，因此，我们又命名其为但丁——贝雅特莉齐情综。

少男少女情综由三种女性心理和一种男性心理组合而成。四者合为一体，不可分离。只是在每个人身上四种因素各有所厚，各有所长，故其表现千变万化。

1. 少男少女情综之一

少女性心理的表现之一，以突出或夸张的性征吸引异性。在霍利代的画中，表现为红衣女子。

此期的这一类型的女性竭力要吸引男性的注意，潜意识地、或者不由自主地以彰显女性体征以吸引对方，渴望引起异性的注意。

也可能这一时期的少女第二性征并未发育，或者正要发育，但并不妨碍她们以各种方式来吸引男孩的注意。按照佛洛伊德的理论，她们刚刚度过阳具艳羡期（Phallic stage），对男孩的阳具可能多持有一种特殊的感觉，而母亲或其他女性成熟的性征又令其具有自己身体发展的倾向。看着自己身体的发育，乃至月经初潮或即将来临的那种感觉，使她们内心蓬勃发育出女性的欲望，并由此欲望表现出她们的同性偶像的种种行为。一种本能在内心蠢蠢欲动，就像较为原始的动物，盼望异性为了争夺自己而流血奋斗，以便它选择更为雄壮和强大的配偶。

在文明时代，以本体性征作为性别区分已经被文明所掩盖。潮流或时尚代替了性征。服饰、首饰、口红、纹眉……各种化妆用品、香水，乃至现代医学整形的假体，都已经成为吸引异性注意的手段。这一类型的少女受到同性长辈的影响，朝着社会认可的性感方向发展，因此，从内心、体型到气质都散发着女性性征的特点。

2. 少男少女情综之二

少女性心理的表现之二，含蓄地表达对异性的爱慕。在霍利代的画中，表现为蓝衣女子。

这一类型的女性，往往只通过眼神或动作流露出内心的爱意。与红衣女子的表现相比，后者是主动的、进攻性的，而这一类是内倾的、保守的、谦卑的，想要表达却不敢表达或不知道如何表达的。进一步地发掘可以发现，这类女性的母性因素或母性感特别强，对社会的亲和力较强，家庭也比较稳定。

温、良、恭、俭、让的女性，似乎更得到全社会的认可，这样的女子在男权社会中更受欢迎。实际上在社会上努力奋斗而求生存的男性可能更需要温柔顺从的女性。只是随着社会的发展、女权运动的努力、追求男女平等的要求，造成当今社会男女平权的趋势。

从心理学上讲，红衣女子是外倾的，蓝衣女子则是内倾的。但是，柔顺是阴性的特征，也是女性的特点，阴性特征越强的女性，越容易与阳刚的男性相匹配，正所谓刚柔相济，阴阳协调，琴瑟和谐。

3. 少男少女情综之三

少女性心理的表现之三，清高矜持，特立独行，自命不凡，恃才傲物。在霍利代的画中，表现为白衣女子。

这类女子，一般都有极好的家庭背景，或者长相极美，甚至两者兼有。她们从小受宠，要什么有什么，受惯了爱怜，听惯了赞美，对一般人居高临下，不屑一顾，颐指气使。很少有什么东西能够使她们动心，几乎没有什么是她们所缺。她们常常认为人们都应当匍伏于她们的裙下。因此，她们一般都是头抬得高高，目不旁视，心不摇动。她们缺少真心的朋友，除了近亲属，她们很难得到其他人的真心。高处不胜寒。寂寞孤独往往是她们真正的内心感受。自恋可能是她们更为常见的状态。

她们可能相貌美丽，在赞美声中长大，因此非白马王子不嫁。但在她们眼中，很难遇到白马王子，因为能够被她们看作白马王子的人确实不多。而这类白马王子可能更喜欢灰姑娘。因此，她们能够遇上白马王子的机会并不多。年与日去，岁与时驰，青春易过，美貌难留，最后，她们只能老大嫁作商人妇。

因此，这类女子只能听进赞美之词，只能顺从她的意思，更不能得罪。否则，她们会耍小性子，率性任情，动辄生气，轻则流泪，重则哭泣，不理不睬。或作河东狮子状，翻天覆地，倒海倾江；或作南美黑蜘蛛，咬牙切齿，吞食雄性。这一类女子，能够成为贤妻良母的还真是不多！而据心理学来分析，任性是一种心理需求的表现。是女性重视两性关系，对爱渴求，害怕被抛弃，想引起对方注意，渴望呵护与宠爱，试探自己在对方心目中的地位和分量的表现。

但是，这一类女子，却很有可能出现高尚纯洁、美丽娴淑的女性象征，成为出类拔萃的女性。她们之中大有温文尔雅、高贵华丽、光彩夺目、心地善良、乐善好施之人。她一出现，即可令许多人自惭形秽。

4. 少男少女情综之四

少男情综与少女情综不同，只有一种。这是性别的生理差异造成的。在霍利代的画中，表现为黑衣男子。

但丁对贝雅特莉齐的爱情就是典型的表现：少男心中景仰崇拜早已塑造在心底的女神，崇高、纯洁、无人可比、高不可攀。那是少年成长过程中逐步建立起来的圣洁形象，也可能是人类发展史上对女性崇拜的一种堆积、沉淀和升华，代代积累、代代进化和代代遗传而来。

这一圣洁的偶像可能与荣格所说的集体无意识有关。未经世事的少男受到几千年民族文化的洗礼和熏陶，也有父亲、母亲、姐姐与妹妹的影响，更有本能的作用，使他们建立起女性的偶像，近之怕玷污，捧之怕弄碎，亲近怕亵渎。由此，一条界限横在他们与偶像之间，或者说敬而远之，是他们得出的最佳办法。

说这种情综是圣洁的，是说它完全是脱离肉欲的。如但丁在《神曲》中描述的，他把那些引起贪图肉欲的前人都放在地狱的第二层。当听到佛兰切丝卡讲说她的爱情过程时，他竟然昏倒在地。这在但丁的整个地狱旅程中，是唯一的一次。可见但丁对肉欲之爱有着如何强烈的反应和排斥。

因此，这一情综的重点在于是一种脱离肉欲的、先天具备的、圣洁崇高的、对异性自然产生的情感。

5. 人类大脑发育成熟的过程

佛洛伊德对个性心理发展分期研究时，一直是以性欲表达的部位作为分期依据的。在少男少女的这个年龄段,性欲表达的部位消失了,因此,佛洛伊德困惑地把这一期归纳为潜伏期,但他指出:"人类的性发展被潜伏期分离成两个阶段,这件事值得引起注意。我认为,这也许是人类文明发展不可缺少的条件。但它有时又带来了心理症倾向。据我所知,在人类的动物近亲中,还没有发现这种现象。我认为,人类的这种特性很有可能开始于人种刚刚出现的史前期。"[2]

在此,可以发现佛洛伊德实际上已经隐隐体会到了后来荣格发现的全人类的潜意识。虽然这两位近代精神分析学的泰斗最后各持己见,分道扬镳,但实际上他们的观点绝对是有相近之处的。

荣格说:"我使用'个性发展过程(Individuation)'一词旨在表示一个人变为心理学上的'个人'的过程,即是说变为一个分离开来、又不可分割的一体或'整体'。"(《原始意象与集体潜意识》,荣格全集,第9卷,第275页)"个性发展过程意味着变为一个单一、同质的个体,而且,由于'个性地向前发展'就是要与我们最深处的、最后的,而且不可比较的太一相结合,因此它便包含了变为一个人的自性的意思。我们由此可以把人性发展过程转变为'走向自性'或者'自性实现'。"(原译文"自性"为"自我",详见下文论述。《论分析心理学的两篇论文》,荣格全集,第7卷,第171页)

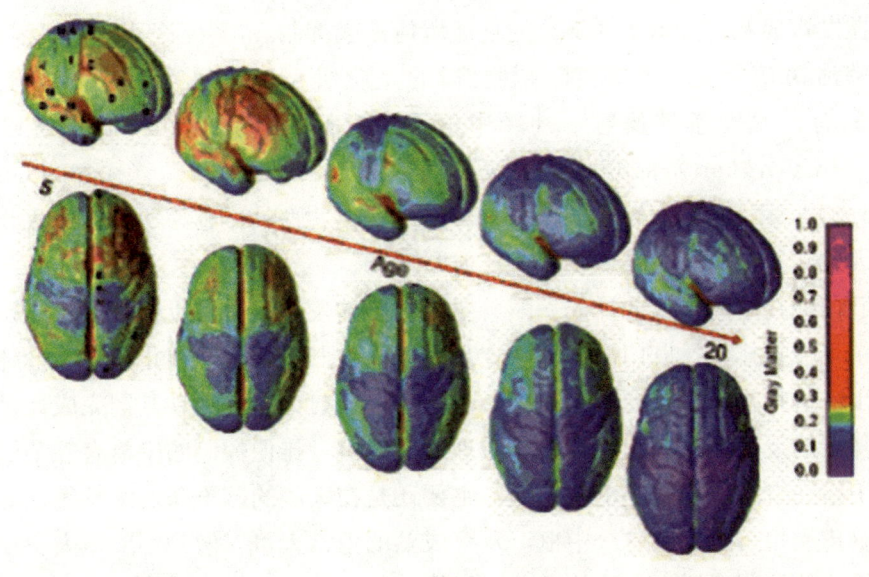

图10.1　5到20岁的健康人的大脑核磁共振成像。[3]

笔者认为在这一时期，人类的性心理表达的部位在经过口腔、肛门和生殖器后，继续向大脑高级皮质部分所投射的躯体部位发展。更准确地说，即使是口腔、肛门和生殖器的个性心理表达，也是这三个局部器官在大脑中枢部分发育成熟的过程。这一过程，也是从大脑最原始的部分向进化的更新部分或大脑的更高级部分转化的过程。在人类发育生长到了个体性心理发展的潜伏期的这一时期，大脑的新皮质部分开始成熟。所以，在个性表达上，也显现了大脑这一部分的功能、作用和影响，人类的这一部分皮质区，也是人类区别于其他物种的最重要、最具有特征的部分。在这一时期，全人类意识的共性部分开始显现出来。

图10.1为5到20岁的健康人的大脑核磁共振成像（MRI）。图中红色表示更多灰质，蓝色表示更少灰质。随着年龄的增长和脑的成熟，大脑从后到前灰质的比例逐渐减少，背侧的连结渐少。成熟早期，脑区执行更为基础的功能，如基本的生命维持，正如口腔、肛门和生殖器的欲望和本能的表现；成熟晚期，脑区执行较高的指令功能，如思维活动、高级的意识体现和逻辑推理。大脑控制推理和其他执行功能的是额叶前部的皮质，越是进化晚期形成的，越是成熟得较晚。在双生子的研究中发现，这种成熟晚期的区域，遗传因素较少，更偏向与较早的成熟区域相关。[3] 因此，可以说明在佛洛伊德所指的个体性心理发展的潜伏期的这一时期，人类大脑皮质正在成熟，表现在心理学上，就是大脑皮质的功能更为显现，并压制了那些原始的需要，或说大脑的原始结构所表现出的本能需要，渐渐被正在发育成熟的大脑皮质部分的功能所掩盖或抑制。

佛洛伊德所说的口唇期，主要指的是吮吸反射，人类婴儿出生以来就已经具有，是非条件反射。神经中枢不在脊髓灰质，而在大脑皮层以下的脑干（Brainstem）部分，是比较低级的神经活动，上连边缘系统（Limbic systerm），下连脊索（Spinal cord），是基本生命的中枢，所有低级生物都具备，因此，又常被称作爬虫复合体。如图10.2。

肛门期在于对排便的控制。随着婴儿大脑的发育，条件反射逐渐建立，婴儿的意识可控制排便。肛门部保持一定紧张力，使肛门紧闭，阻止粪便、液体、气体漏出，这种作用叫排便节制作用，由感觉、反射、肌肉活动共同完成，是一种比较复杂的反射活动，但主要还是生理性的反射。排便控制的中枢有三个层次。低级中枢在脊椎；高级中枢在大脑，主要还是在大脑的脑干和边缘系统；更高层的大脑皮质也可以控制这一中枢。发育成熟的正常人可以做到不随地大小便。因此，排便的控制表现出大脑的发育过程的完善。

生殖器期，在佛洛伊德原意来说，是阴茎期，主要表现为对男性阴茎的崇

第十章　少男少女情综

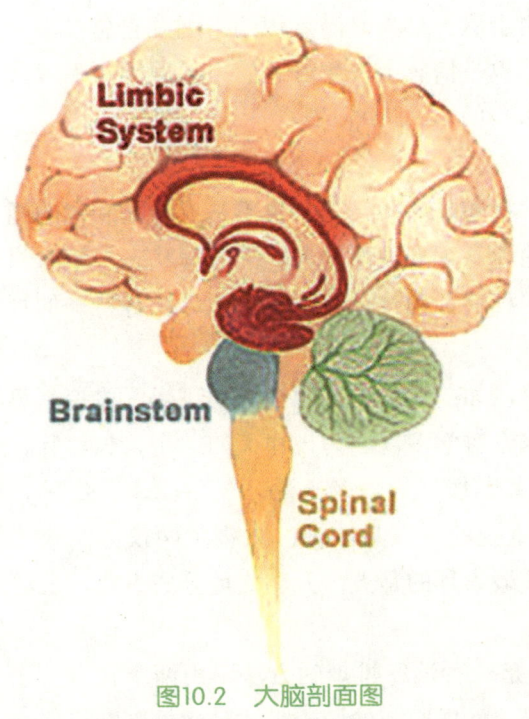

图10.2　大脑剖面图

拜，尤其是女孩对男孩阴茎的崇拜，已经表现出大脑皮质的意识作用，显然是比较低级、比较原始、比较本能的意识，以及原始的、与生殖相关的情绪活动。这一部分在大脑的投射主要位于边缘系统，指在脑干以外的部分，包含海马体及杏仁体在内的，支援多种功能，例如情绪、行为及长期记忆的大脑结构。如图10.2。

潜伏期的行为表现与生殖器期的表现比较，是更高层次的大脑皮质的作用。当大脑继而发展到成熟期后，整个完整的、发育完成的成人个性就展示在人们面前。人类区别于其他动物的特性在此表现出来。因此，佛洛伊德对人类性心理发展过程的分析，所指出的各个时期的性欲表达部位其实反映了人类大脑发育成熟的过程。

二、四位一体（Quaternity）

1. 女性意向和男性意向

少男少女情综以三女一男为其特点，并不是说分散的四种人格，而是一个整体，每一个个体均包括这四种情综，只是具体个体中某种倾向的多少不同而已。荣格认为：我们每个人的潜意识中都藏有异性的想象。女性意向(Anima)是男人身上的女性心理因素，男性意向(Animus)是女人身上的男性心理因素。女性意向的拉丁文的原意为精神，男性意向的原意为心智。或者说男中有女，女中有男；阴中有阳，阳中有阴。男性中的女性意向的发展和女性中的男性意向的发展，塑造并决定个体的性格特征。

荣格说："每个男人心中都有女人的一种永恒形象，不是这个或那个女人的形象，而是一种绝对女性形象。这一形象从根本而言是潜意识的，是从嵌在男人身上有机体系上的初源处（Primordial origin）遗传来的因素，是所有祖先对雌性经历所留下的一种印痕（In print）或'原始型'（The archetype），是女性打下的全部印象的一种积淀……由于这一形象是潜意识的，因此它总是潜意识地给一个人勾勒出所爱的人的形象，也是情感上产生好恶的重要原因。"《人格的发展》，荣格全集，第17卷，第198页）

2. 四元论和四位体

为什么以四种特征来综合描述一种状态，而不是三，也不是五？霍利代的画中主要人物是四个，画家（霍利代）的潜意识表现四种人物的心理状态。笔者只是以此为线索进行了分析。但是，以四种特征为一体，却是自然界一种特殊的规律。

一般认为，西方哲学多以三为规律，如：亚里士多德提出的逻辑三段论；事物发展的三个阶段，生、长、灭。而东方哲学多以四为规律，如：生、长、壮、灭。当然，中国似乎有三亦有四：道家崇拜三的，老子说：一生二，二生三，三生万物；而儒家包括道家也有对四重视的：《易》说：太极生两仪，两仪生四象，四象生八卦……但中国传统似乎最崇拜的是五：万物均可分成五行，五方（东、南、西、北、中）……

逻辑学上的三段论（Syllogism）是一种演绎推理的方法，由两个含有一个共同项的性质判断作前提，得出一个新的性质判断的结论。这种逻辑判断已经成为科学推理的常用方法。但与三或四个不同表现归结为一个结论还有所不同。

但讨论到物质基本结构时，东西方似乎有相同的见解。古希腊罗马和印度哲学都有四元素说。四元素说是西方医学的主要理论，希波克拉底因此创立四体质论，盖伦在此基础上再加上干、湿、冷、热四因素奠定西方医学基础；印度医学认为四大不和产生各种疾病。我们在第六章做了较详细讨论，不再重复。

基督教神学术语中亦有三位一体论（Trinity），又译为三位一神、三一神、圣三一、三一神论，是基督教神学术语，是天主教会与东正教会的基本信条。三位一体论主张，圣父、圣子、圣神（天主教会译为圣神，东正教会和新教则译为圣灵）为同一本体（本性）。三个不同的位格为同一本质，三个位格为同一属性。[4]在霍利代的画中，但丁正是站在圣三一教堂的桥头邂逅了贝雅特莉齐。

按照正统神学的观点，三位一体是有限的人类理性所无法理解的。例如在《系统神学》描述："天主三位一体的奥秘，非凡人的智慧能测。在人的有限经验上，没有类似的事可作比拟。因此一切比拟的想法，都不能达成愿望。在中古时代，乃视为一个奥秘；在18世纪，乃视为一种无意义和不合理的教义。即使到现在，三位一体论仍不能有一个圆满的解释。在人的经验和理解上，不能有一个

第十章　少男少女情综

完全恰当的比拟,更不能积极阐发其奥秘。"[4]

由于《圣经》并没有明确提出三一论,因此,基督教早期提出这一理论时,就有不同的声音。在中世纪,三一论完全确立。反对者甚至遭到残酷的镇压。反对三一论的人中不乏著名人士,例如有牛顿、威廉·惠斯顿(William Whiston)、伊曼纽·斯威登堡(Emanuel Swedenborg)和塞尔维特(Miguel Servet)等。[3] 西班牙神学家塞尔维特还是著名的解剖学家,因为反对三一论,被加尔文派的日内瓦政府予以逮捕,在火上活活烤了两个小时而死。到言论自由的近代社会,对三一论持不同看法者时有增加。

1950年,罗马教皇庇护七世(Pope Pius XII)对三一论的教义进行确定:"圣母玛丽亚(Virgin Mary)所借的肉身进入天堂,从而使基督教的三位一体转换成四位一体(Quaternity)。[5]"荣格认为这是天主教因大众势不可当的压力所造成的,这是16世纪基督教宗教改革以来最有意义的宗教事件。[5]

图10.3　圣母玛丽亚进入天堂[5]

一个四位体或叫四元经常具有3+1构架，那个组成四位体的一元数常占有一个特殊地位或者具有一种区别于其他数的性质。就是说这"第四个"与其他三个相加，将它们一起构成象征着整体的"一个"。在荣格的分析心理学中，"卑劣的"功能（即不听支配的主体意识功能）代表"第四个"，它对意识的整合是个性化过程中的重要任务之一。

荣格说："四位体是一种几乎发生在全世界的原始意象。它构成全部判断力的逻辑根基。倘若谁愿意做一下这种判断力测验，那准会得到这四层。例如，你若想整体地描述一下地平线，你就会指出天空的四个部分。万事万物总有四种因素、四种基本性质、四种颜色、四种阶层、四种精神发展道路，等等。同样，在心理学定向中也有四个方面。为了给我们自己定向，我们必须有一个能肯定存在的某种事物的功能（即感觉）；也必须有第二个功能，它能确定那是什么（即思维功能）；必须有第三功能，即说明那个东西是否与我们相适应，我们是否希望接受它（情感功能）；还有第四个功能，它显示出那东西源自何处，要去何处（直觉）。上述这些全做完毕，也就不必再说什么了……理想的完成形式就是圆形或球形，但它的自然最小分裂式是个四位体形式。"（《心理学与宗教：西方与东方》，荣格全集，第11卷，第167页）

图10.4　荣格的第一幅曼荼罗，1916年所作

我们在前面的章节讨论过，荣格在情绪低落的时期，漫无目的地在纸上画

第十章　少男少女情综

图，后来发现这些无意识之中画出的图像，竟然与佛教的曼荼罗（Mandala）相似。在此曼荼罗（图10.4）的背后，荣格用英文写了这样一行文字："这是我的第一幅曼荼罗，绘制于1916年，完全在潜意识中完成。卡尔·荣格。"[1]

荣格在其《自传》中说：[1]

"只是快到接近第一次世界大战结束之时，我才逐渐开始从黑暗中走出来。有两件事造成了这种情况。第一件事是我与那个决心要使我相信我的幻觉具有艺术价值的女人断绝了关系；第二件，而且是主要的事件是我开始理解曼荼罗的绘画了。这事发生在1918至1919年。在我写就了《七次布道词》之后，我画出了第一张曼荼罗的画。自然，当时我并不理解它。"

事后只是慢慢地，我才发现什么是真正的曼荼罗："成形、变形、永恒的心灵的永恒创造。"而这便是自性即人格的完整性，而如若一切顺利的话，自性是协调的，但它却无法容忍自欺欺人。

我所画的曼荼罗图是些关于自性的状况的一些密码，这些密码每天呈现在我脑海中时都是崭新的。在这些密码里，我看到了自性——也就是我的整个存在——在活跃地工作着。可以肯定地说，最初我只能模模糊糊地理解它们；但对我来说它们却显得极为重要，因而我便像珍珠那样保存它们。我明确地感到，它们是某种至关重要的东西，随着时间的推移，我通过它们而获得了有关自性的一个活生生的观念。我觉得，自性就像我那样的个体，而且还是我的世界。曼荼罗所代表的就是这个个体，并对应于精神的那种微观世界性。（187～188）

然而，当我开始画曼荼罗时，我便看出，一切东西，我一直在走着的所有道路，我一直在采取的所有步骤，均正在导向一个单一点——也就是说，导向居中的那个点。事情对我变得越来越明白，曼荼罗就是中心。它是一切道路的代表，是通向这个中心，通向个性化的道路。（189）

在1918至1920年间，我开始明白，精神发展的目标就是我性。没有直线性的演变，有的只是我性的弯弯曲曲的发展。均匀性的发展充其量来说只有在开始时才会存在。尔后，一切便向着这个中心点而发展。这一顿悟使我安定下来，慢慢地，我的内心平静而复归。我知道，在找到曼荼罗可作表现我性的工具之后，我便获得了在我看来是终极性的东西。也许某个别的人会知道得更多，但这不会是我。（请注意，最后一段落的"我性"，应当是与前面引文中的自性相同的。

——笔者注）

如我们在第五章引用过，荣格花了十余年时间收集曼荼罗符号的资料，然后首次宣布："曼荼罗是一种原型性意象，它的出现经历了时代的证实。它意味着我性具有完整性。这一圆形的意象表示的是精神基础的完整性…… 它争取的是统一性。它所表示的是对心灵破裂的一种补偿，或者表示的是预见到这种破裂行将得到克服。由于这一过程发生在潜意识之中，因而它便使自己到处显现出来。"[1] (P315)

3. 其他四元说

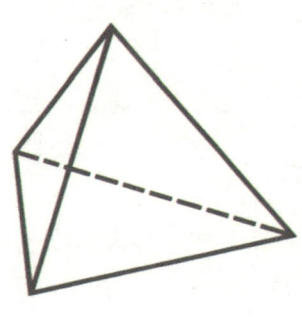

图 10.5

近年，有人提出四面体定理：[6]

（1）不在同一平面的四个点，可以构成面最少的体，即四面体——三角体；

（2）四面体，或三角体是最简单的体，也是最稳定的体，能耗最小；

（3）正三角体，其四个端点之间平衡互动。顶点的相对位置和各面的面积完全一样，夹角亦相同，四个端点的任一点变动，必定带动其他三点的变动，其体积不变；

（4）以正三角体的四个点做外切圆，形成的球体圆心即正三角体的中心，二者为和谐统一体。

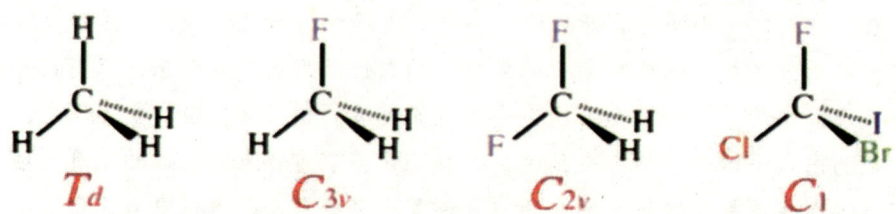

图10.6　四价碳的分子结构组成了四面体（甲烷是其中最稳定的结构）[7]

第十章　少男少女情综

　　四面体定理认为三角体是自然界最简单、最稳定和最和谐的基本单位。这一看法与传统观念和经典力学明显不同。其实，从量子力学和分子结构的角度，尤其在有机体不可或缺的重要组成——碳、水（氢与氧）和氮的分子结构上，我们可以发现自然的某些现实存在，并不是以圆，而是以四面三角体作为基本形式，来维持稳定的结构。

图10.7　砷化镓晶体的电子云。[6]

　　在自然界中，我们可以发现许多这种四点形成的三角体构成事物最基本的结构，如：碳是地球上最常见的元素之一，也是生命最重要的组成成分。碳分子是四面体；最基本的元素氢原子的电子云，除了圆以外，还有许多其他形式；氨离子结构是四面体；最新发现超导物质砷化镓（Gallium arsenide）晶体的电子云，是以三角体为基础的圆锥体。[8、9]（图10.6，图10.7）

　　碳水化合物是有机体的重要组成成分之一。两个氢原子和一个氧原子组成了水。水有自然界最柔软、最可塑的特性，不仅是地球表面含量最大的部分，也在有机体、人体和细胞中占最大的比例,与生命直接相关。或者可以说,没有水,就没有生命。水的分子结构是以三角体为基础的圆锥体。

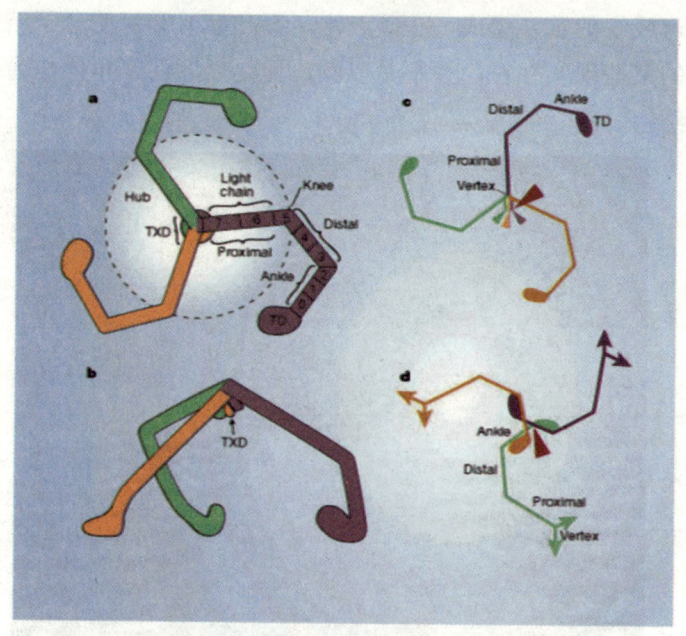

图10.8　网格蛋白三角复合体的空间结构。[9]图中a和 b 显示了三条重链的结构,三条链的一端连接成一点与另外三个端点形成四点三角体的空间结构。图中c 和d,同时还显现了三条轻链(Vertex以下的结构)的空间结构与重链的空间结构几乎是完全相同的,也是三角体结构。这说明了三角体在分子生物学中的重要性。

网格蛋白(Clathrin)是一种包裹在细胞质表面上的蛋白质,形成一种呈网络状的外袍,是组成细胞膜的重要结构,与低密度脂蛋白(LDL)、胰岛素及其他配体的内摄作用有关,起到随时分解和运输细胞膜内外传导物质(信号)的重要作用。已经发现它是由三条重链和三条轻链组成。(图10.8)重要的是三条重链和轻链分别形成三角体的空间结构。[10]

脱氧核苷酸在染色体上,染色体是人类基因的载体,也不是圆形的。很显然,核苷酸是以各种形式盘绕成团地存在于染色体之上的。蛋白质和核苷酸是生命最重要的基本结构。前者是生命的最基本形式,后者是生命的遗传物质。它们都有一个很重要的共同结构形式点,最基本的结构呈链状形式。不管是蛋白质的氨基酸残基排列序列,或者是DNA或RNA上核苷酸残基的排列序列都形成了生命最重要的基本组成成分,并具有最重要的特征意义。

在蛋白质和核苷酸的链状结构上，我们也发现了三角体的形式。我们以蛋白质为例。蛋白质二级结构是多肽链中相邻氨基酸残基形成的局部肽链空间结构，多肽链上的氨基酸残基是以α螺旋、β折叠、β转角和无规则卷曲形成的。其中，β折叠形成了肽键平面，起到令蛋白质稳定和特性形成的最为重要的因素。（图10.9）

与肽键（图10.10蓝色平面中心的氮(N与碳C的键）相连的六个原子构成刚性平面结构，称为肽单元或肽键平面。但由于α-碳原子（图10.9中两个平面之间的碳原子）与其他原子之间均形

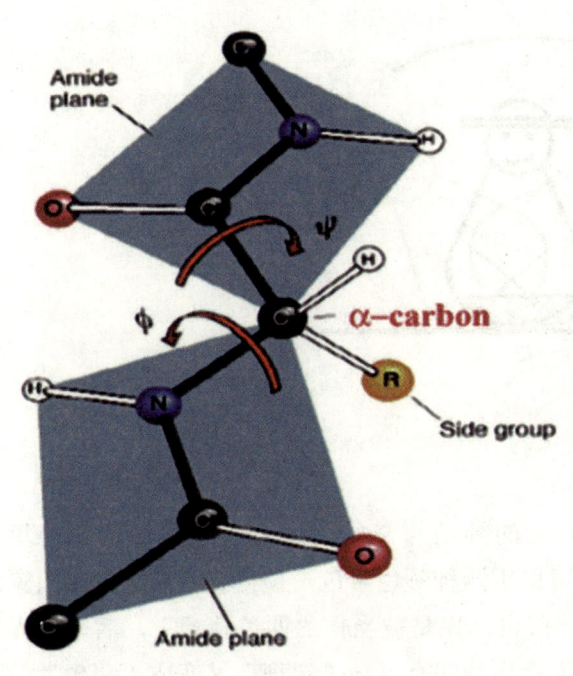

图10.9　β折叠和肽键平面。

成单键，因此两相邻的肽键平面可以作相对旋转。此单键的旋转决定两个肽键平面的位置关系，于是肽键平面成为肽链盘曲折叠的基本单位。

这个结构是蛋白质氨基酸链中最重要的结构。我们可以注意到连结两个肽键平面的α-碳原子与其周边的每三个原子或者基团的连结键形成一个四面三角体，即由四个四面三角体形成了两个肽键平面的连结区域。这个组合对六个原子构成刚性平面结构的肽单元或肽键平面是否具有稳定其结构的作用，还有待证明。但四面三角体能耗最少，最稳定，也是自然最好的选择。在自然界可以观察到许多这种现象。如：六角体组成的蜂巢，可以看作是每三个空间围绕着一个四面三角体；某些龟和甲壳虫以三角体的身体形状来求得平衡；包括脊椎动物的脊柱，都可以发现四面三角体的形态。

数学家们近年也已经注意到了三角体的稳定性。2006年，两位匈牙利数学家发现三角体也能够产生很好的平衡稳定性，形成不倒翁现象(Mono-monostatic body)，匈牙利叫做Gomboc。[11]（图10.10）实际上是一种三角体。他们经过数学计算，发现三角体可以增强物体的平衡性。[12]

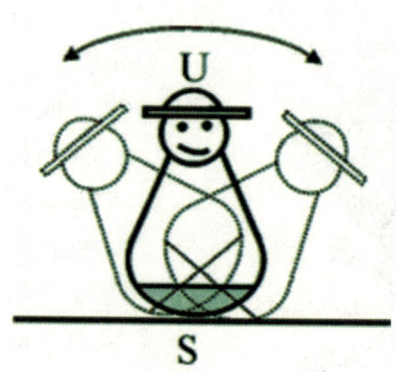

图10.10　三角体的不倒翁Gomboc。[12]

　　四色定理或许也可以说明四元素的神圣与奇妙。1852年，英国的古德里（Guthrie）兄弟发现：每幅地图都可以用四种颜色着色，使得有共同边界的国家着上不同的颜色。（图10.11）这一假设，先是被当作"四色猜想"，后来经人证明成为"四色定理"，然后又有人指出证明有误，"定理"又变成"猜想"。150多年来，许多数学家为证明这条定理绞尽脑汁，所使用的概念与方法大大刺激了拓扑学与图论的发展。

　　1976年，美国数学家Kenneth Appel与Wolfgang Haken在两台不同的电子计算机上，用了1200个小时，做了100亿次判断，终于完成了四色定理的证明。[13，14] 四色猜想的计算机证明轰动了世界。1996年，Neil Robertson和Daniel Sanders等人用一种新方法，同样也使用了计算机，再次证明了"四色定理"。[15]

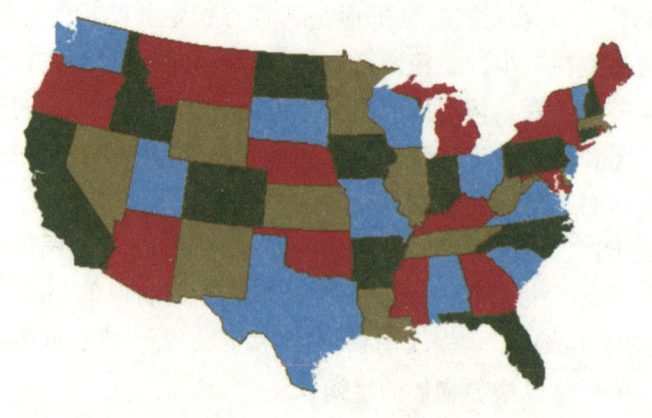

图10.11　四色定理

如上所述，四位一体，或四点定义一体、或说以四个特征来说明一个整体可能是较为合适并较为全面的一种方法。

三、自性与原型

1. 性欲与原始意向

如第六章所述佛洛伊德的性心理发展过程，佛洛伊德认为性的欲望（Sexual desire）是这一发展过程的原始动力，并将这一动力命名为力必多（Libido）。但是，荣格不同意这种观点，认为佛洛伊德过分强调了性欲的作用。荣格认为，力必多是一种随意自在的创造力，或说一种心理能（Psychic energy），可以推动个人的发展或者个性化的塑造。这种心理能是二元的，可以通过符号或标志（Symbols）来表达，既可以是生命过程本身，也可以作为一种努力和欲望被感觉。而在性行为的种类方面，力必多推动性欲产生、性行为的特异化，决定个体喜欢何种类型的配偶。[16]

荣格通过对世界各民族文化的大量研究，以及自身的体验，发现全世界各民族都有共同的潜意识，提出原型（Archetype）的概念，或译为原始意象，也有译作原始意向的。"意向"与"意象"有所不同，应当用"原始意象"更为贴切。在下面引用文中译作"意向"的，均改为"意象"。

荣格说："原始意象的概念……是从多次观察研究中得来，例如世界各国文学中的神话和童话全包含有绝对动机，这种动机到处都在发生着。我们在今天活着的人的幻象中、梦境中、极度兴奋中和错觉之中都会发现这些同样的动机。我把这些典型形象和联想称作原始思想。它们愈是生动逼真，它们愈会被染上非常强烈的情调色彩……它们给我们造成印象，影响着我们，迷惑着我们。它们在原始意象中均有出处，而原始意象本身又是一种不能表现出来的、潜意识的、先存的（Pre-existent）形式。该形式看上去像是继承下来的灵魂结构的一部分，因此可以随时随地地同时将自己显示出来。这一原始意象因具有本能性质，因此，它便成了情调情结（The feeling tonecl complex）的衬托，而且与情调情结一起自治该区域。（《过渡的文明》，荣格全集，第10卷，第847段）

"我一再碰到人们对原始意象产生的误解概念。该概念说，原始意象是由其内容决定的。换言之，即它是一种潜意识思想（假如这一表述能被接受的话）。很有必要再次指出，原始意象不被其内容所决定，只被其形式所决定，而且也只在很小程度上。一个原始形象只有在其成为意识因而被物质性的意识经验所充塞时才被其内容所决定。其形式，无论怎样……好像可以跟一个带轴的水晶体相比拟。好像可以这样说，该水晶体尽管自身没有物质实体，但却用液体弄出一个水晶结构来。这种现象的出现是依照了离子与分子相合成的具体方法。原始意象本身是空的，纯形式的，其间别无他物，除了具有特权的重现可能性以外。重现本身并非继承而来，它们也只是形式而已。从此角度看去，它们在每个方面都与本能特点相一致，而本能也仅被形式所决定。在谈及它们都不能以实体形式出现时，证实原始意象的存在与否正如证实本能的存在与否。（《原始意象与集体潜意识》，荣格全集，第9卷，第1段，第79页）

"在我看来，上述这种原始意象的真正实质不可能被意识到是很有可能的。它是超验的，因而我称其为心理状态也是可能的。"（《心理结构与动态》，荣格全集，第8卷，第213页）

"除了这些，我们必须包括那些或多或少具有全球性的对痛苦想法和感觉的诸多压抑。我把这些内容全部称为个人潜意识。但除此以外，我们也在潜意识中发现了许多种不仅个人后天才来的而且也是继承下来的性质。如，由于必需而没有意识动机介入的、作为冲动而采取行动的本能。在这'更深'层次中，我们也发现了……原始意象……本能与原始意象一起形成集体潜意识。我之所以称其为'集体'的，是因为它不像个人潜意识，它并非由个体和或多或少有些特殊的内容所构成，而是由那些具有普遍意义的东西所构成，由那些习以为常地发生的事物所构成。"（《伊比特》，第133页）

2. 自性与自我

荣格认为，原始意象的中心是自性（Self）。这里要特别提出的是，荣格的自性与佛洛伊德的自我（Ego）是有所区别的。有许多译者把self亦译作自我，因此造成许多中文的读者把荣格所说的自性与佛洛伊德所说的自我混为一谈。如下面三段引文，[5] 请注意该文字中"自我"所用的两个英文单词。

荣格说："但是我曾一再写道，个性发展过程与自我走进意识常相混淆，因而自我（Ego）常被误认为是自我（Self），这自然产生了一个令人无法指望可能澄清的混乱概念。个性发展过程便除了是自我中心论和自动起性而外就什么也不是了。但是自我（Self）比仅仅一个自我（Ego）所包含的东西要多得多……它不仅是一个人的自我，而且也是其他所有人的自我（Selves），而那个自我（Ego）则仅指一个人的自我。"（《心理结构与动态》，荣格全集，第8卷，第226页）

"自我（The self）不仅是个中心，而且是个包含意识和潜意识的圆圈；它

是这个整体的中心，正如自我（Ego）是意识思维的中心。"（《心理学与炼丹术》，荣格全集，第12卷，第41页）

"自我（The self）是我们生活的目标，因为我们正是把那一至关重要的整合所做的最完整的表述称之为人格。"（《两篇论文》，荣格全集，第7卷，第238页）

由上可见，荣格所说的"self"应当翻译成"自性"更为准确。

在第一章我们提到，佛洛伊德把个体的心理结构分成本我（Id）、自我（Ego）和超我（Superego）。

本我或译私我，往往被看作是潜意识或无意识的，是个性结构中包括基本驱动力在内的无序结构，由不断增加的本能张力，按照避免痛苦或不愉快的"愉快法则"（Pleasure principle）行事。

自我是受外部世界影响，直接控制与修正本我个性结构的部分。自我表现为理性与一般常识。佛洛伊德形容本我与自我的关系有如马匹与骑士。本我（马匹）按照愉快原则任意奔驰时，骑士（自我）挥鞭持缰让马跑在被允许的道路上。

超我是完善的机制，组成个性结构中的有序整合部分。超我对于不符合社会伦理道德要求的无意识驱力，幻想、情感和行为，进行限制和禁止。超我往往表现为个体的"自我理想"（Ego ideals）、精神目标和心理良知（Conscience），如内疚、悔恨、惭愧等。

由此，我们可以发现，荣格所说的自性，是全人类的自我，是全世界各民族的共性，同时是人类最深层的潜意识的核心。

荣格说："自性是一个总数量超过意识自我（The conscious ego）的数量。它不仅包含意识，而且也包含潜意识精神，因此可以说，是一种我们也在其中的人格……我们能达到自我意识的边缘的希望几乎没有，因为不管我们怎么样地去意识，总存在着一个没有定限也无法定限的潜意识物质的量。该量属于自我的整体之中。"

3. 禅宗的自性

自性是中国佛教禅宗中最基础的术语之一。荣格的自性与禅宗的自性确实有殊途同归的意思。《涅槃经》说"一切众生悉有佛性"，这个佛性实际上是人类的最初本性、本基、初始，是一种自性。在佛教传入中国后，对于自性表达的更为细致与明确。后来禅（Zen）竟独成一宗，在西方的理解上甚至有将禅宗独立出佛教的倾向。中国佛教传人的著作唯一被称作经书，后收入官修佛经大成《大正藏》中的《坛经》，就是惠能弟子法海记下的惠能讲法的语录。据发现最早的敦煌写本，该经全名为《南宗顿教最上大乘摩诃般若波罗蜜经六祖惠能大师于韶州大梵寺施法坛经》。《坛经》记载惠能得道的过程，特别强调了自性。略述如下，以助于理解什么是佛教所说的自性。

惠能（638～713），大字不识一个，且口齿不清。他的师傅五祖弘忍称他为"獦獠"（古时北方人对南方人的一种称呼）。后来他竟然继承释迦牟尼的衣钵，成为佛教在中国最大的传人，使禅宗在中国遍地开花，是中国佛教弟子最津津乐道，并以此为自豪的人物之一。

惠能自幼丧父，以卖柴供养母亲。一天为客人送柴时，他听得客人诵《金刚经》，心塞即悟，问客人："您从何处来，能够得到这个经典？"

客人说："我从蕲州黄梅县东禅寺来。五祖弘忍大师在这个寺庙里主持道场，门下弟子有一千多人；我到那里参拜，听受此经。大师常劝说，不管是出家人还是在家人，但持诵金刚经，即自见性，直了成佛。"

惠能当下将母亲托付朋友，风餐露宿，连行一个多月，从广东新兴走到湖北黄梅，礼拜五祖。他说："弟子是岭南新州百姓，这么远来参拜师父，只求作佛，其他一概不要。"

从当今广东韶关南华寺保留1000多年的惠能真身以及历代的画传来看，六祖是典型的广东人，讲一口南方话。五祖一开始没把他当一回事，说："你是岭南人，又是獦獠，话都说不清楚，怎么能够成佛？"

惠能从容答说："人虽有南北，佛性本无南北；獦獠身与和尚不同，佛性有何差别？"此处一语道出天下人皆有共性！惠能一语即直指佛性，令五祖大惊，知道来者不是一般人。据《五灯会元》记载，释迦牟尼将佛教传于迦叶时，同时以衣钵相传。其后历代祖师，基本都在找到传人后即从尘世消失。五祖当时门下弟子众多，看到他年事已高，谁不想传承衣钵，总是围绕在五祖身边，希望得到青睐。五祖当时见人多不便多说，即让惠能跟随众徒弟干活。可是惠能并不罢休，追说："报告师父，弟子自心，常生智慧，不离自性，即是福田。不明白师父要我去劳动做什么？"

《坛经》处处是禅语机锋。惠能在见到五祖前，已经证悟到只要顺着自性发展，自然就能得到福田，因此，很不明白师父为什么还要他去干活。这是修行人常遇到的问题。当年虚云大师修复南华寺时，就要求所有僧众，不劳动者不得食，受到不少自认为已经得道开悟者的不满，可能正像惠能此时的状态吧。

五祖说："这獦獠根性非常好。你别多说了，到厨房去！"

第十章　少男少女情综

图10.12　至今还在广东韶关南华寺供奉的惠能真身。

惠能来到厨房，师兄派他破柴舂米，如此一干就是8个多月。五祖一天偶然见到惠能，说："我想你的见解很对，但是怕有人害你，所以不和你多说，你明白吗？"

五祖召集弟子，说："我对你们讲过，解脱生死轮回才是世人最大的事。你们一天到晚只知道求来世福报，不求出离生死苦海，如果迷了自性，福报再大也不可救！你们分头回去，根据各人智慧，照看自家本心般若之性，作一偈子（佛经中的唱诵词）来给我看。如果谁能够参悟见性，我就把衣钵法事传给他，让他成为第六代传人。大家快快去吧，不得迟滞；再多思量也没有用。见性之人，得悟与不得悟，话一出口，就知道了。这样的人，即使抡刀上阵，也可以看得出来。"

那一众弟子，听得五祖如此一说，退下后私下讨论。有人说："我们这些人，即使花费精力写出偈来，给师父看了，又有什么用？大师兄神秀，现在是教授师，肯定是他做传人。我辈就是花再大精力，也是枉用心力。不如以后跟随大师兄，不必再烦劳心神作什么偈子。"

诸人闻此语，总皆息心，咸言："我等以后依止神秀师兄，何必现在烦心作偈？"

神秀能够在一千多弟子中排在最前头，可见其修行程度之高。后来武则天封其为禅宗领袖。据胡适考证，禅宗之发扬光大，他的功劳不可磨灭。此时，神秀思忖："众师弟都不呈偈子，是因为我是大师兄，是他们的教授师。因此，我不得不作个偈来，呈送师父。我如果不写，师父如何知我心中见解深浅？我如果呈送上去，求法是没有问题的，但是要想继承位置，可能是不良的举动，同凡夫之心一样，与争夺圣位有何区别？如果不呈送呢，今后可能得不到传承。大难！大难！"

神秀如此左思右想，作了偈后，前后4天，13次要呈递上去，可是走至师父堂前，心中恍惚，遍身汗流，终不敢递出。可见神秀用心之细，但反过来也证明其如此瞻前顾后，不是成大器之材。神秀最后想出一条妥善之计。半夜三更时分，他独自一人把偈子写在寺庙南廊的墙壁上。回到房中，他不知道师父会作什么评判，坐卧不安，辗转反侧，直至五更，心想："如果师父读到，说好的话，再去礼拜师父，说是自己所作；若是说不好，则是白白在此度了数年，还愧受师弟们礼拜。自是我迷，宿业障重，没有办法得到法，今后还修行什么？"

五祖自下达寻找衣钵传人的指示后，一等4天，无人动静，已经知道即使是最为优秀的上座弟子神秀也是没有入门，不见自性。天亮之后，他召来画师，拟在寺庙墙壁上绘上佛像，供信徒们礼拜。待他走到南廊，却见壁上写有一偈：

"身是菩提树，心如明镜台，时时勤拂拭，勿使惹尘埃。"

五祖一见，即对画师说："感谢您远道而来，现在不用画了。佛经说，凡所有相，皆是虚妄。还是留着这个偈，供人们诵持。按照这个偈修持，可以免堕恶道，按照这个偈修持，可以有大利益。"并下令弟子们燃香礼敬，尽诵此偈。弟子们一边诵偈，一边皆叹善哉。

当天晚上三更，五祖唤神秀入堂，问说："偈是你作的吗？"

神秀回答："确实是我作的。但弟子不敢妄求您的位置，还望师父慈悲，看看弟子是否有一点点智慧否？"

五祖说："你这个偈未见本性，只到门外，还未入门内。如此见解，觅无上菩提了不可得。无上菩提须得言下识自本心，见自本性不生不灭。于一切时中念念自见，万法无滞，一真一切真。万境自如如，如如之心即是真实。若如是见，即是无上菩提之自性也。你先回去，这一二天再想想，再作一偈给我看；如果这个偈能够入门，就把衣钵传给你。"

神秀作礼而出，又经过几天，作偈不成，心中恍惚，神思不安，犹如梦中，行坐不乐。

其后有一天，有一童子路过舂米坊，口里唱诵着神秀的偈。惠能一听，便知此偈未见本性，遂问童子说："这是什么偈呢？"那童子说："你怎么会知道……"如此这般，把前后故事加油添醋地说了一番。

惠能见此童子高高在上，谦卑地说："上人！我在此踏碓舂米八个多月了，还没有走到堂前，恳请上人带我到偈前礼拜。"

后面的故事几乎是脍炙人口，惠能礼拜完神秀的偈子后，请一位叫张日用的文人，写出了他的偈子：

菩提本无树，明镜亦非台，本来无一物，何处惹尘埃。

许多讲这个故事和评论禅宗的文章，到此就基本结束，无非赞叹惠能以不识字之身，顿悟得法，传承光大禅宗。以为本来无一物，一切空空如也，无我，空相，即是佛法，即是禅宗。其实差矣！可能这才仅仅是进门吧。其实仅就惠能之偈，还有其他三个版本，意思大不相同。仔细读去，各有特别意境，大有值得玩味之处。

菩提本无树，明镜亦无台。佛性常清净，何处有尘埃。

心是菩提树，身为明镜台。明镜本清净，何处染尘埃。

菩提本无树，明镜亦非台。本来无一物，何假拂尘埃。

五祖听到堂下弟子喧哗，下来一看，连忙脱下鞋子，将惠能的偈子擦了，说："这个亦未见性。"众弟子自然唯师父马首是瞻，不敢再议论什么。

次日，五祖悄悄来到舂米坊，见惠能腰上绑着石块正在舂米，说："求道之人，应当这样吗？"又问道，"米舂熟了吗？"

惠能说："米早就熟了，还需要筛。"

这一段对话含义甚深。首先，惠能腰上绑着石块舂米，原句是"见能腰石舂米"。有两种可能，这石是绑在惠能腰上，还是在舂上？其目的无非是加重分量，以增加舂击的力量，提高舂米的效率。五祖之问，是应对他们8个月前初次见面时，五祖让惠能去劳动。当时惠能认为自己心智已开，只求修佛，不愿劳动。现在看来，惠能不仅承受了劳动，而且还改进了方法，提高效率。这说明惠能求法之心切。

其次，五祖问米舂熟否，明是问米加工得怎样，实是问人修行如何。稻谷经过舂击，谷壳、糠和米分离，但却都混在一起，必须用筛子筛过后，才能得到纯净的米。"筛"字下面是师，暗指"师"。五祖问得好，问米加工完成否，暗问修行成就。惠能答得妙，以需要筛子分离谷壳、糠和米，暗指还要明师指点。

五祖以杖击碓三下而去。惠能即会五祖之意，夜半三鼓后悄悄来到五祖住处。1000年后，吴承恩写《西游记》，把这段情节写成孙猴子拜师学艺的故事。当惠能半夜进入五祖住处后所发生的一切，才是《坛经》讲禅宗所传法的重要关键。而一般读者却几乎不太关心，更注意的是前面的偈子。

五祖以袈裟作遮围，即使有人躲在室内，也无法窥见。在袈裟遮围之下，五祖对惠能说了《金刚经》。说到"应无所住而生其心"时，惠能听到这句，心中豁然大悟（直到此时，方才可以说是大悟！）：一切万法，不离自性。于是，惠能感悟道：

"何期自性，本自清净；

何期自性，本不生灭；

何期自性，本自具足；

何期自性，本无动摇；

何期自性，能生万法。"

自性的这五个特征才是《坛经》的真正核心、真正的要点；除此之外，均是皮毛！无法确定荣格是否读过《坛经》，但荣格对自性的研究已经涵盖了主要的宗教。荣格说：

"佛教的一个新的侧面在那里向我展现出来。我捕捉到了作为自性现实的佛的生命，自性展现出来，希求有人格的生命。对于佛来说，自性是高于一切神的，自性是一个统一的世界，代表了人类经验的整体和世界的本质。自性包含了固有存在方面及其可知性方面这二者。舍此世界就不存在。佛见到并且把握了人类意识的宇宙开辟性尊严。因此，他清楚地看到，如果人熄灭了这种光明，世界就沉沦于无。叔本华的伟大成就在于他也承认了这一点，或者在于他能自己重新发现了这一点。

第十章　少男少女情综

"基督像佛一样，也是自性的体现，不过含义完全不同。两者都旨在征服现世。佛是出自理性的顿悟，而基督则是命里早已注定的牺牲者。在基督教中，痛苦更多，而在佛教中，则所见所做的更多。两种途径都正确。但是印度人认为佛是更为完善的人。他是一种历史性的人格，因此易于为人理解。而基督既是历史的人，又是神，因此，理解起来就困难得多。究其根底，甚至对于他自己他都不是易解的，他只知道他必须牺牲自己，而且这一途径是从内心施加于他的。他的牺牲像一种命运的行为一样发生在他身上。佛则享尽天年，寿终而大行归西。而基督作为基督进行的活动，则大约不多于一年。

"后来，佛教和基督教一样，经历了变迁。佛变成了自性发展的形象，变成了人所效仿的楷模。他自己实际上也教导说，通过跳出轮回，每个人都可以彻悟，可以变成佛。同样，在基督教中，基督是一个榜样，是每个基督教徒的完整人格，寓于他心中。但是，历史的潮流导向效法基督，个人并不选取自己的通向完整的道路，而只是力图模仿基督所走的道路。在东方，同样，历史潮流导向对佛的虔诚模仿。佛应成为模仿的楷模一事本身就是对他的观念的一种削弱，正如对基督的效仿是基督思想演变中命定的停滞先兆一样。正如佛因为他的顿悟而比婆罗门诸神先进一样，基督也对犹太人呼吁'你们是神。'（《约翰福音》）[5]（P255～256）"

如此，自性实际是人类的最核心、最初始、最本基的部分，早就存在。这自性也是随着个体的成长而不断变化。在人类生长过程中，发生的各种积极和挫折的事件，产生了荣格所称的阴影。这些阴影逐渐掩盖、扭曲或者升华了自性，产生不同的性格特征。

四、意识：心理与生理

我们利用霍利代的油画《但丁邂逅贝雅特莉齐》来讨论少年期男女情综。在佛洛伊德的性理分期中，这一时期属于潜伏期。我们指出这一时期是与个体发育的过程相关的。在这一年龄段，个体发育的重要部位在于大脑皮质，这也正是人类区别于其他物种的重要特征。而大脑皮质的主要功能区是神经中枢，同时也与意识相关。

意识（Consciousness）向来是心理学的术语，而心理学和生理学向来是在两个完全不同的领域。笔者在大学期间，年少轻狂，利用所学的医学知识来表述德国爱尔维修的哲学思想，呈送给一位生理学权威审阅。这位学者上个世纪20年代就对神经生理学有过重要贡献，大脑的某个特殊功能的区域至今是以他的名字命名的。他对哲学与生理学的合并研究极为愤怒，直说这是不允许的。其实哲学（Philosophy）一词的最早含义就是研究自然科学的规律，也包括后来的社会学、行为学和心理学的内容。

在第一章我们就曾说到，1896年佛洛伊德写出《科学心理学规划》。他说："本规划旨在用心理学理论把我们武装起来，心理学必将成为一门自然科学。也就是说，它的目的是要展现心理过程，而这一过程表现为可以详加枚举的物质微粒的定量形态，心理学就是要毫不矛盾地解释它们。"接下去被描绘为心理学的是"处于大脑心理学外衣之下"的心理学，可见佛洛伊德一开始就是要给心理学以生理学的基础。21世纪神经生理学的研究，已经基本实现了佛洛伊德的预言。

荣格说："当一个人回忆着'意识'究竟是个什么东西的时候，下述的东西给他留下了深深的印象，即某种事实产生了极大的奇迹，以致在宇宙中发生的一个事件会同时在内心里产生一种形象，所谓发生即是说也在内心里发生了，即变成意识了。"（《巴塞尔讨论会》，出版于1934年，第1部分）

"因为我们的意识确乎没有自己把自己造出来——它是从未知的深层中冒出来的。孩提时，它缓缓地醒过来，然后通过生命，每天早晨从一种潜意识状态下的深层睡眠中醒来。这犹如一个逐日从潜意识的原始子宫中出生一样。"（《心理学与宗教：西方与东方》，荣格全集，第11卷，第569页）

荣格早就认识到意识只是人类与生俱有的产物，是先天就具备，后天被发掘出来的。随着科学的发展，对意识的研究已经进入到量子力学的时代，对意识的最新认识是：[17]

（1）意识是生命的重要组成。

（2）在经典物理学领域，意识是生命的独特功能。在量子物理学领域，意识是宇宙万物的特性，以规则、意义和规律来表达。

（3）意识包含精神与物质两种性状，但同时也是非物质、非精神的。

（4）意识可以穿越不同的时空。

（5）意识能够产生能量，故而可以影响周边状态。

（6）意识可以分成四大类。第一类意识，主要是指机体对外界的感觉，以及对这种感觉的接受分析、比较判断，并做出反应或不反应。第二类意识，机体内部结构的活动和变化，导致思维方式、思想和行为的变化。第三类意识，不受任何内、外部影响的自在、自为的活动。第四类意识，对外部世界实施影响。

（7）不同机体的意识可以相互交流。

（8）意识可以遗传。

(9) 意识永恒存在。

(10) 意识可以因各种原因被重叠、掩盖或者忘记（意识非记忆），但是，在一定情况下，可能重新被发掘出来。

意识是精神哲学、心理学、神经科学和认知科学研究的主体之一，但是对其认识至今还是模糊不清的。国人受笛卡尔的影响较深，从小受教育认为这个世界只是分成物质和精神两大类，意识无非是精神中的一种。至于意识到底是什么，不但现代人不清楚，就是古往今来，说法与解释也各不相同。

1. 意识的传统概念和定义

1.1 东方传统的意识概念

东方传统对意识有种种说法，尤其是佛教，对意识有着精细的理解和表述。并将意识分成八类：眼、耳、鼻、舌、身、意、末那、阿赖耶。[18]

前五类是生命的一般感觉，是生理对外界感受后在大脑投射后的反映。

第六类的意识则类似于当今一般人们所说的意识概念。准确地说，应当是前五类意识投射到大脑后，大脑对这些外界信号的加工，或为一般认为的大脑思维活动。

第七类末那（梵语Manas的音译）识是意识的根本，其本质是恒审思量，生起自我，所以末那识又称为"我识"。有点类似佛洛伊德的本我或潜意识的范围，也有点像荣格所说的自性。

第八类阿赖耶（梵语Alaya-vinana）识，又称为藏识，含能藏、所藏、执藏三义，是本性与妄心的和合体。

1.2 西方传统的意识概念

西方传统的意识概念，长期以来一直以亚里士多德和盖伦的灵力论（Vitalistic doctrine）为主，认为灵魂（Soul）与躯体不可分割。西方人所说的灵魂在某种程度上与佛教高层次的识有所相似。文艺复兴时代晚期的Bernardino Telesio（1509～1588）提出灵魂确实存在，并与躯体联结。这首次冲击了灵力论。到笛卡尔（René Descartes，1596～1650）才有了决定性的改变。笛卡尔认为所有的生物现象都可以用机械定律解释，只有人因为拥有灵魂才超越机器。[19] 笛卡尔因此说，我思，故我在。

1.3 机械论的意识概念

17世纪，笛卡尔——牛顿的机械唯物主义奠定了当代科学的思想基础。笛卡尔甚至被人们称作"现代哲学之父"，他把世界万物分作精神与物质两大类，后来哲学界称其为心身二元论（Mind-body dualism）。根据笛卡尔的分类，以物质为第一性的被称为唯物主义，以精神为第一性的称为唯心主义。多元论说罕有人提。可是，如果这个世界还有物质与精神以外的类型存在，那么，上述说法足以被证伪。实际上，现代哲学已经认为笛卡尔的二元论是不足以解释心与身的问题的。[20]

当代科学认为意识是知觉、记忆和运动的神经科学，无法用心身分离的二元论解释。然而，意识（Consciousness）一词至今无法准确描述。当前的神经生物学、生理机制和微细的解剖学都证明了意识的信息过程和社会环境的功能[21]在大脑的中枢神经系统而非大脑以外的其他地方整合，而且意识的影响或被影响的神经过程仍然是无意识的。[22]因此，仍然不能以一个完整的理论来概括意识。物理主义、机能主义、二元特性论和二元观的理论想要解释意识，都不能一探究竟。

1.4 当代意识的一般概念

当前人们一般认为Ned Block把意识分成知觉意识（Phenomenal consciousness）和获得意识（Access consciousness）是比较可取的。意识包括：主观性（Subjectivity）、感觉性（Sentience）、自我意识（Self-awareness）和智慧（Sapience），以及感知自身和自身环境之间关系的能力。[23] 这种意识的分类近年在哲学和神经科学的领域里受到了质疑。[24]

1.5 神经科学决定论

根据神经科学的最新研究成果，学者们推断世界上不存在自由意志和恒定不变的自我，因此推出神经科学决定论，认为：人的每个决定过程完全是机械程序，结果完全由预先的机械程序所决定；所有的行为百分之百由脑的功能决定，脑功能是由基因和经验的相互作用决定的；人仅仅是某种物理系统，我们不要责怪人们的反应行为，它是不可能不由物理规律控制的一系列完全的物理事件。[25]

神经科学决定论支持人自身行为具有内在因果性的观点，认为某个时间点的神经元活动状态和概率上的因果关联决定了人的行为。人类行为与神经网络有关。[26] 说得更明白些就是，我们的一切意识都无非是神经系统所决定的。

2. 意识的特性

① 意识不等同于精神（Mind）

有人认为：意识与精神是同一的，与物质相对应。辩证唯物主义认为精神是由社会存在决定的人的意识活动及其内容和成果的总称。唯物主义者认为精神是由物质派生的，唯心主义者则以不同形式把精神看作是世界的本原。[27]

但是，意识与精神确实有其不同性。精神是大脑的产物，而意识是生命的组成之一，而非产物。如上述辩证唯物主义的观点：精神是意识活动和意识活动的内容与成果，足以得出意识不等于精神的结论。

② **精神概念的演变**

公元前3000年，古希腊荷马时代就开始有了灵魂及其特性的概念：情感（Thymos）、愤怒（Menos）和理性（Nous），人死灵魂就消失。[28]

公元前400年，柏拉图证明灵魂包括理性（即现在的精神 Mind），是非物质和不死的。柏拉图的学生亚里士多德评论与物质的肉体相互作用的非物质的灵魂是不可能存在的。他创立了一个革命性的精神概念，其关键点在于指出了"精神"是在思考和记忆时说出了我们的心理动力。约定这种动力并非难事，问题在于没有提出在精神和肉体之间的关系。在其后的2000多年时间里，学者和神学家们就柏拉图和亚里士多德的思想争论不休。[29]

笛卡尔打破柏拉图的理论，证明非物质的灵魂（Soul）并不只是由情感、愤怒和理性组成，只能将其单独定义为精神（Mind）；意识（Consciousness）不只是相关于推理，还应当包括知觉和理性。因此，笛卡尔定义意识是与"我们所知道的、我们周围发生的一切"相为一致的。从17世纪英格兰的医生Thomas Willis最早提出意识和记忆与大脑相关起到20世纪早期，形成了由Sherrington和Kraepelin，以及其后许多学者们命名的神经生理学和精神病学的基础。Kraepelin认为精神疾病具有生物学的物质改变，但是，笛卡尔的二元理论成为Kraepelin理论最主要的阻力。同时，也说明了将精神看作是大脑的功能只不过是亚里士多德的理论。精神既不是柏拉图和笛卡尔的理论，也不是大脑的功能，就像我们现在一般认为的那样。[29]

③ **量子科学时代的意识概念**

根据当代科学的研究：意识可以是，也可以不是大脑的产物；意识可以是，也可以不是生命的产物。

在量子物理学的研究中，我们可以发现，原子核、电子、中子、质子，乃至更小的夸克，无不具有特定运动定律，具有特别的意识形态，从而形成特定结构。量子力学的某些理论，"既适用于物质（有生命的与无生命的），又适用于意识"。[30]

对单细胞的研究发现，它们没有大脑，但是同样具有意识。知道朝着适应生存的环境运动，知道捕食营养，同样具有感觉和运动。而这种感觉和运动最终进化为专门的通路、内分泌系统和神经系统，乃至大脑。分子水平的符号进化为语言系统，以至于使个体在社会中的状况与单个细胞在多细胞群和多细胞组成的生命体中的交流，并无本质的区别。[31, 32]

深量子化学（Deep quantum chemistry）研究发现细胞能够记忆，并具有"企图"，描述内外部世界的比照，理解它"看"到了什么，做出决定以选择它的结构变化、形式转化、行为表达和分裂，从而使细胞具有了意识，以及意识所具备的各种质量和能力。或许，我们可以将此理论从单细胞开始，扩展到多细胞，到组织、器官、多器官的有机体、多个体的群落（如蚂蚁、蜜蜂），乃至人类社会。[20, 33]

④ 意识的量子物理学与经典物理学模式：Hameroff-Penrose和Tegmark模式

Hameroff-Penrose模式的全称是和谐客观还原模式（Orchestrated objective reduction model，简称orch.OR）。虽然，细胞的内环境表面上是"温暖、潮湿、嘈杂"的，但是，微管（Microtubules，MTs）延迟了环境的剥离，使其达到"自我坍缩"（客观还原）的域值，即Penrose所说的量子引力机制。因此，该模式赋予大脑神经元中微管内的量子计算以认知的角色。[34]美国亚利桑那州立大学意识研究中心的Hameroff指出细胞内"实时"的动态活动是由细胞构架调节的，尤其是微管，这种圆柱状、晶格、高分子的微管蛋白质起着重要作用。微管内的信号、交流和传导性，以及理论模型，既符合经典的，也符合量子的信息过程。微管内局部结构对量子传导的调节、阻止剥离，是一种意识，故被称作意识的Hameroff-Penrose模式。[35]

普林斯顿高级研究所的Tegmark测算了神经细胞的剥离率。细胞内的剥离时间大约为10～20到10～13秒，远远地短于大约在10～3到10～1秒范围的相关动力学时间。因此，他认为神经细胞的传导符合经典力学而非量子理论，不同意Hameroff-Penrose模式与意识相关。[36]

生物学理论进一步的研究发现：

（1）Tegmark的批评并没有针对Hameroff-Penrose所提出的模式，而是混杂了对模式中提出的蛋白叠加构造的批评，orch.OR理论与微管蛋白的叠加构造不是一回事；

（2）在纠正了Tegmark计算的理论基础和orch.OR模式之间的差别后，剥离时间延长到10～5到10～4秒；

（3）在这一条件下的剥离时间使Tegmark认为衍生假设和测算的近似时间不适合用于orch.OR模式叠加；

（4）Tegmark发现形成场的剥离时间增加了温度，与建立良好的生理状态以及量子相干状态的观察行为完全相反；

（5）当剥离速度大大超过可以考虑剥离效应时（在室温下，同样的方法激光消除剥离），不连续的代谢能量进入靠近微管附近的、共同的动态排列的胞液中；

（6）微管由Debye的抗平衡离子层包绕，可以屏蔽热波动。肌动蛋白凝胶可以提高微管束中的水的有序排列，并进一步增加自由剥离带到更高一个等级。如果依靠在周围离子和叠加状态之间的距离可以精确地反射出Tegmark的计算，则可以拓展的剥离时间至三个等级；

（7）由于对剥离的阻抗，微管的拓扑量子计算可能被错误校正；

（8）微管量子状态剥离时的幅射传播效应微不足道。[37]

虽然上述观点并未完全得到支持，但是，学者们还是更为倾向于量子观点解释的精神与意识。更有学者以引力塌缩来代替Hameroff-Penrose模式的剥离时间。[38]

⑤ 意识的精神与物质两种性状

量子力学家Bohm DJ说："我们注意到物质一般是我们意识的首要对象。然而，如我们所看到的，诸如光、声等各种能量都在连续不断地把原则上涉及整个物质宇宙的信息卷入到每一空间区域中。经由这个过程，这种信息当然就可能进入我们的感觉器官，进而通过神经系统到达大脑。更深入地，我们身体中的一切物质从一开始就以某种方式卷入了宇宙。最初进入意识的就是这种被卷入的信息结构和物质结构吗（例如，在大脑和神经系统中）？"由于基本的量子过程是与时空结构关联的，因此，有人甚至假设意识本质上是与量子自旋（Quantum spin）相连的。[39]

量子力学的研究证实意识同时具备了精神与物质的两种性状。意识是以宇宙的特定存在和规律，表现为物质的性状的。

1927年，著名的量子力学家玻尔首次提出了互补（Complementarity）原理：物质世界中的客体、精神世界中的概念、语言文字中的单词，全都各自具有许多不同的"方面"，有如数学中同一个多值函数的许多不同的值。对于同一个研究对象来说，人们一经承认了它的某些方面就必须放弃另外的一些方面，在这种意义上二者是"互斥的"。然而，那些另外的方面却又不是可以彻底废除的，因为在另外的适当条件下，人们还必须用到它们（这时就必须放弃在前面提到的条件下所应承认的那些方面）。在这种意义上二者又是"互补的"。玻尔认为，微观客体的"粒子性"和"波动性"就是这样既互斥又互补的两个方面。这种想法，就是所谓互补原理的基本内容。 也许玻尔的初衷是想弥合牛顿经典物理学与量子力学之间的矛盾。玻尔、海森堡和保利都在人类经验的主体和客体方面完善了互补性，并在人类意识的许多常见的方面进一步应用了互补性原理。

实际上，物质与意识、肉体与精神就是属于互补的两个方面。认为其中某一方面是另一方面的附属或者衍生，都是不恰当的。互补性是量子力学自身的特性，按照爱因斯坦——波多尔斯基——罗森关联（EPR-correlation）或缠绕（Entanglement）理论，系统表现出相互关联的特性，不需要信号传导或者相互作用，即可以产生协调的行为。[40]

⑥ **意识的非物质非精神**

但是，意识却又是非物质、非精神的。

首先，宇宙中除了物质与精神之外，还有其他的属性，比如：语言、符号或信息。

其次，生命的意识是由有规则、有意义和有规律的分子或者符号组成并表达的。在高等生物，如人类中，这个符号进化到语言的层次。语言是人类思维和表达的工具，是非物质、非精神的。

第三，自然界的意识，也是以规则、意义和规律表现的，有些可能存在物质的表象，有些可能是精神的表象，有些可能同时存在物质与精神两种表象，但也有许多是无法用物质和精神的表象来表现的。

普林斯顿异常工程研究实验室（Princeton Engineering Anomalies Research (PEAR) laboratory）27年多以来，一直从事广泛的、与意识相关的特异躯体实验，提出了一组对应选择的理论模式，来解释特别躯体在各种状态下激发现象的基本性质。这类实验产生的结果，无一不是与政治、文化、个性，以及人际因素有关。这些因素在正常的科学实验中是不可能考虑的，可是却以许多不同的、既浓缩又复杂的方式表现出来。从而提示，在更多的综合性的科学范畴确立客观现实时，要允许意识及其主观信息加工能力起积极的作用，同时合并所有的特殊性、因果性和有限的再现性。[41]

⑦ **意识永恒存在**

意识一旦产生，就将永恒存在。就如我们经常说，一个伟大的人物去世了，但是他的精神永在。精神的基础，是意识的活动，同样是以规则、意义和规律来表达的。

生命的意识、自然界的意识，一旦产生，就将永恒存在。

物质消灭了，但是以规则、意义和规律表达的意识仍然存在，不因物质的消灭而消灭。

一旦天崩地裂，时空塌缩，万物进入黑洞，一切的一切，包括信息、能量都将消失，是否还有什么依然存在呢？2004年7月，当代最著名的理论物理学家霍金宣布了他对黑洞研究的最新成果。他认为，黑洞不会将进入其边界物体的信息淹没，反而会将这些信息"撕碎"后释放出去，推翻了29年前他自己提出的"黑洞悖论"。

⑧ 意识可以遗传

遗传是生物学的一个现象。亲代把自己的特征遗传给子代，乃至子子孙孙代，其中包括躯体的各种特征，也包括性格的某些特征。

性格特征的遗传，足以证明意识也是可以遗传的。性格从某种角度上讲，表现了生物对特定外界刺激的反应形式。接受外界刺激和反应，是与意识分不开的。

自然界的万物也是这样。一块巨石崩解，变成小石。巨石与小石同样保持着亲代石的某些特征。大的星球分裂成小的星球，小的星球依然保持着大的星球的某些特征。

众所周知，催眠是一种较为常见的通过调整意识状态进行治疗的手段，相关理论已经扩展到当前的神经科学，诸如与记忆、学习、行为改变，以及和治疗相关的基因表达的功能依赖、神经发生和干细胞。[42]

意识与基因表达的密切关系，提示意识可以与其他遗传内容一起被子代传承。

⑨ 意识与时空

意识可以穿越时空，其速度超过光速，甚至不受时间与空间的束缚。这个现象在众多的双生子的心灵感应研究、母子之间的心灵感应，[43]乃至梦境感应的研究都足以说明。Robert J. Stoller（1925～1991）是现代著名的心理分析学家、精神病学教授，其《性与性别》是当代精神心理学领域的名著。在他去世后，人们发现他于1973年就写了一系列他与他的病人之间的梦境感应的文章，但是始终没有发表。文章中，他很不情愿地使用了"精神感应"（Telepathic）一词。[44]

最新的研究发现，即使在无任何血缘关系的人之间，也可以有意识的传输。实验中有4个可能的发E-MAIL者，50个参与者在自己的网络上接收。在预先指令发信的动作前一分钟，让收信者猜测是谁发信，猜中的比率具有统计学意义。[45]

3. 人类历史事实

人体的结构，决定了人体的功能。意识作为宇宙万物的一种特性，在不同层面上具有不同的状态与功能。从人类历史来看，不论科学技术如何发展，人类对事物的认识只有细节的改变，而没有根本的不同。现代科学所能够实现的，我们的祖先基本都想到了。几千年前的《圣经》与《罗摩衍那》中都描述了类似核子战争的场面。《封神榜》中所幻想的光子武器、飞天、入地，几乎全部在现代社会中实现了。似乎可以得出这样一个结论，只要人类可能想到的，都将实现。

经典物理学建立在牛顿——笛卡尔的机械唯物主义理论基础之上，认为自然界中的一切事物都完全服从于机械因果律。现代的科学就是以这个哲学理论为基础，努力地去寻找自然界中的因果关系，得出所谓规律，并称之为科学。据佛经记载，释迦牟尼当年在菩提树下初转法轮，首先证悟的就是，万物唯缘的因果法则：若此有则彼有，若此生则彼生，若此无则彼无，若此灭则彼灭。

量子物理学以质量和速度为最终表达。爱因斯坦推测出在大于光速的情况下，可以到达过去或未来的世界，并推想不同的宇宙存在于不同的时空。印度教和佛教早就认为过去、现在和未来是同时存在的。

人类直立的历史至少有300多万年了，而文明史不过几千年。我们无法知道万年前的祖先们是如何看待这个世界的，但至少巫术时代的原始祖先也是认可因果律的。他们认为特殊的仪式、语言和行为可以与自然规律产生某种关联。他们对死者的安葬，说明他们确认不同的宇宙是同时存在的。

如前所述的Hameroff-Penrose意识模式，说明大脑产生意识时的时空几何状态。[46] 荣格在其《自传》中说："我一直深信，至少我们的精神存在的一部分是以空间和时间的相对性为特征的。这种相对性看来是与对意识的距离成比例地增长，直到一种非时间性的、非空间性的绝对境界。"意识成为人类自身结构的本性所然。

五、潜伏期的通过

按照佛洛伊德的分期，过了性欲休眠潜伏期，13岁以后就进入生殖器期，是性成熟期。据我们上述的讨论，所有性欲的表现在人体各个器官的分布，是与这些器官在大脑投射部分的成熟相关和相呼应的。潜伏期是大脑皮质的成熟期。大脑皮质是人猿相区别的重要标志之一，也是人类需要发育时间最长的解剖结构。显然，从功能上来看，大脑皮质功能自13岁以后，逐渐转向了成年性行为控制的部分，开始指导人类的性行为。

研究表明，在哺乳动物中，雄性与雌性在其一生中各个时期的行为都与生殖有关。对于雄性，成功的生殖是由其与其他雄性竞争的结果，优势胜出的雄性有尽可能多的雌性伴侣。因此，雄性基本上都有很强的社会行为。雄性之间的联合是具有典型的阶层关系的，但是强调的是攻击性而非合作的行为。而雌性则是以与母系雌性及未成年子女的联合纽带关系为其主要的社会行为。这些行为也是与其大脑新皮质区的结构和激素相关的。[17]

第十章　少男少女情综

按照生物学家和行为学家的观点来看，人类本性中有一条要求互惠的黄金规则：我对你好是因为你也对我好，或者说，人人为我，我为人人。如果互惠链断裂，则不可能存在利他主义（Altruism）。这种互惠是人类在发育过程中，通过大脑中枢神经系统的四个反应步骤而产生的，又称作四步论（A Theory in Four Steps）。[48] 因此，这种互惠规律在人类生物行为中，是普遍的行为。任何影响中枢神经系统的因素都可能影响这种正常的互惠原则，诸如：基因异常、激素、环境影响、药物和神经元异常。

但丁对贝雅特莉齐的爱是一种纯粹的利他主义，是潜伏期人类个体的心理状态，是人类个性发展的一个过程。正如佛洛伊德等人的分析，任何一个时期的个性发展发生异常事件或影响，都将影响个体的心理。贝雅特莉齐去世了，不影响但丁对她的爱情，也不影响但丁有正常的婚姻和性生活。在第二章中，我们引用了他的两部传记，都证明但丁是个风流倜傥之士，身边女性多多。这说明但丁顺利通过了这一时期。他把对贝雅特莉齐的爱一直埋藏在心底，最后为人类留下了《神曲》这部巨著。但丁的骑士之恋，或精神之恋与性爱有多少的重叠与转换，或说性欲因为抑制而升华，变成创作欲，不是本书讨论范围。

新近的研究，把性欲分成三种：本能性欲、诱惑性欲、理性性欲。在中国广州的一所医院里，"对300名22至65岁间的男性进行了调查，发现驱使男性进行性行为的主要因素中，本能性欲占12%，诱惑性欲占26%，理性性欲占33%，不能肯定者为23%。理性性欲高居榜首"。[49] 显然人类的异化作用使人类渐渐离自己的本能越来越远，受外界的控制越来越多。因此，现代的医学家鼓励人们：性爱，想爱就爱。这是可能的吗？

荣格在其《自传》中说："一个人如果没有走过他的情欲的炼狱，就等于从来没有战胜这些情欲。因而，情欲就寓于近邻，任何时候，一场大火都可能从中窜出，殃及这个人的房屋。任何时候，如果我们放任、弃置、忘记过多的东西，那么，我们所忽略的这一切时时刻刻都可能更为猛烈地卷土重来。"

潜伏期以后的故事，不属于少男少女情综，本书依霍利代的一幅画所讲述的但丁——贝雅特莉齐情综，就讲到这里。其后的故事，可见前人所述，也可由后人来说。

参考文献：

[1] 荣格（刘国彬 杨德友 译）．荣格自传．北京：国际文化出版公司，2005．（本书多处引用该书所译的荣格全集各卷片段，故在引文的段落后，保留原译作所注的出处及页码）。

[2] 佛洛伊德（罗生译）．性学与爱情性理学．南昌：百花洲文艺出版社，2009，71．

[3] Imaging Study Shows Brain Maturing. NIMH Press Office, http://www.mentalhealth.gov/press/prbrainmaturing.cfm

[4] 三位一体. http://zh.wikipedia.org/zh-cn/%E4%B8%89%E4%BD%8D%E4%B8%80%E4%BD%93

[5] On the Nature of Four – Jung's Quarternity, Mandalas, the Stone and the Self. http://www.redicecreations.com/article.php?id=1722

[6] 许诚．四面体定理、四元论和四元医学模式[J]．医学与哲学，2007，28(11)：77-81，28(12)：69～74．

[7] MarkLeach MR. Valance Shell Electron Pair Repulsion. The Chemogenesis Web Book. http://www.meta-synthesis.com/webbook/45_vsepr/VSEPR.html

[8] Yazdani A. Composite of microscopic visualization of electron cloud together with a model of the gallium arsenide crystal structure. 2007, http://www2.nanotechweb.org/articles/news/5/8/1/1/yazdani

[9] Gomes KK, Pasupathy, AN, Pushp A, et al. Visualizing pair formation on the atomic scale in the high-Tc superconductor Bi2Sr2CaCu2O8+. Nature. 2007, 447(7144):569～573.

[10] Brodsky FM. Cell biology: clathrin's Achilles' ankle. Nature. 2004, 432(7017):568-9.

[11] Gergely, Andras: Boffins develop a 'new shape' called Gomboc, The Age (via Reuters), February 13 2007.

[12] Varkonyi, P.L., Domokos, G. Mono-monostatic bodies: the answer to Arnold's question. The Mathematical Intelligencer, 2006, 28 (4):34～38.

[13] Appel K, Haken W. Every planar map is four colorable. Part I. Discharging, Illinois J.Math. 1977, 21 429～490. MR 58:27598d

[14] Appel K, Haken W. Koch J., Every planar map is four colorable. Part II. Reducibility, Illinois J. Math 1977, 21 491～567. MR 58:27598d

[15] Robertson N, Sanders DP. Seymour P, et al. A New Proof Of The

Four-Colour Theorem. Electronic Research Announcements Of The American Mathematical Society. 1996, 2(1)17~25.

[16] Libido. http://en.wikipedia.org/wiki/Libido

[17] 高也陶. 意识新论. 医学与哲学（人文社会版），2010, 31（10）：1~4。

[18] 求那跋陀罗译．楞伽阿跋多罗宝经[M] 石家庄:河北省佛教协会虚云印经功德藏，2003, 1~290.

[19] Federspil G, Sicolo N. The nature of life in the history of medical and philosophic thinking[J]Am J Nephrol. 1994;14(4-6):337-43.

[20] 高也陶. 临床交流学概论[M]. 上海:同济大学出版社，1989, 322~328.

[21] Nagatomo S, Leisman G. An east Asian perspective of mind-body[J]J Med Philos. 1996 Aug;21(4):439-66

[22] Zeman A. Consciousness[J]Brain. 2001 Jul;124(Pt 7):1263-89

[23] Tononi G. Consciousness, information integration, and the brain[J] Prog Brain Res. 2005;150:109-26

[24] Consciousness. http://en.wikipedia.org/wiki/Consciousness

[25] Rosenthal DM. How many kinds of consciousness?[J]Conscious Cogn. 2002 Dec;11(4):653-65

[26] 马兰. 神经科学决定论与自由意志[J] 医学与哲学（人文社会版），2010, 31（5）1-3, 70

[27] 马兰. 神经科学实验研究进展综述[J] 医学与哲学（人文社会版），2010, 31（5）4-5，封三.

[28] 精神 http://www.wiki.cn/wiki/%E7%B2%BE%E7%A5%9E

[29] Bennett MR. Development of the concept of mind[J]Aust N Z J Psychiatry. 2007 Dec;41(12):943-56.

[30] Bohm DJ. （洪定国 张桂权 查有梁 译）. 整体性与隐缠序——卷展中的宇宙与意识[M]. 上海科技出版社，2004, 222~223.

[31] Bellman KL, Goldberg LJ. Common origin of linguistic and movement abilities[J] Am J Physiol. 1984 Jun;246(6 Pt 2):R915-21.

[32] Ribeiro S, Loula A, de Araújo I, Gudwin R, Queiroz J. Symbols are not uniquely human[J]Biosystems. 2007 Jul-Aug;90(1):263-72. Epub 2006 Sep 15

[33] Ventegodt S, Hermansen TD, Flensborg-Madsen T, et al. Human development VIII: a theory of "deep" quantum chemistry and cell consciousness: quantum chemistry controls genes and biochemistry to

give cells and higher organisms consciousness and complex behavior[J] ScientificWorldJournal. 2006 Nov 14;6:1441-53.

[34] Rosa LP, Faber J. Quantum models of the mind: are they compatible with environment decoherence?Phys Rev E Stat Nonlin Soft Matter Phys. 2004 Sep;70(3 Pt 1):031902.

[35] Hameroff S, Nip A, Porter M, et al.Conduction pathways in microtubules, biological quantum computation, and consciousness[J] Biosystems. 2002 Jan;64(1-3):149-68.

[36] Tegmark M.Importance of quantum decoherence in brain processes[J] Phys Rev E Stat Phys Plasmas Fluids Relat Interdiscip Topics. 2000 Apr;61(4 Pt B):4194-206

[37] Hagan S, Hameroff SR, Tuszyński JA.Quantum computation in brain microtubules: decoherence and biological feasibility[J] Phys Rev E Stat Nonlin Soft Matter Phys. 2002 Jun;65(6 Pt 1):061901. Epub 2002 Jun 10

[38] Rosa LP, Faber J. Quantum models of the mind: are they compatible with environment decoherence? [J]Phys Rev E Stat Nonlin Soft Matter Phys. 2004 Sep;70(3 Pt 1):031902. Epub 2004 Sep 15

[39] Hu H, Wu M. Spin-mediated consciousness theory: possible roles of neural membrane nuclear spin ensembles and paramagnetic oxygen[J]Med Hypotheses. 2004;63(4):633-46.

[40] Jahn RG. The complementarity of consciousness[J]Explore(NY). 2007 May-Jun; 3(3):307-10, 344

[41] Walach H. The complementarity model of brain-body relationship[J] Med Hypotheses. 2005;65(2):380-8

[42] Rossi EL.Gene expression, neurogenesis, and healing: psychosocial genomics of therapeutic hypnosis[J]Am J Clin Hypn. 2003 Jan;45(3):197~216.

[43] Sanchez R. Empathy, diversity, and telepathy in mother-daughter dyads: an empirical investigation utilizing Rogers' conceptual framework[J]Sch Inq Nurs Pract. 1989 Spring;3(1):29-44.

[44] Mayer EL. On "Telepathic dreams?": an unpublished paper by Robert J. Stoller[J]J Am Psychoanal Assoc. 2001 Spring;49(2):629-57.

[45] Sheldrake R, Smart P.Testing for telepathy in connection with

e-mails[J] Percept Mot Skills. 2005 Dec;101(3):771-86.

[46] Hameroff S. Consciousness, the brain, and spacetime geometry[J]Ann N Y Acad Sci. 2001 Apr;929:74~104.

[47]Keverne E.B. Impact of Brain Evolution on Hormones and Social Behaviour. In, Kordon PC,Christen CY (Eds.) Hormones and Social Behavior. Berlin Heidelberg, Springer-Verlag 2008,pp 65~79

[48] Choleris E, Kavaliers M, Pfaff D. BrainMechanisms Theoretically Underlying Extremes of Social Behaviors: The Best and the Worst. In, Kordon PC,Christen CY (Eds.) Hormones and Social Behavior. Berlin Heidelberg, Springer-Verlag 2008,pp 13~25

[49] 性爱，想做就做. http://news.sina.com.cn/h/2010-02-03/110319620136.shtml